2024

위생사
[필기+실기]
1000제

김미경

2024
위생사 [필기+실기] 1000제

인쇄일 2024년 3월 5일 초판 1쇄 인쇄
발행일 2024년 3월 10일 초판 1쇄 발행
등 록 제17-269호
판 권 시스컴2024

발행처 시스컴 출판사
발행인 송인식
지은이 김미경

ISBN 979-11-6941-367-1 13590
정 가 15,000원

주소 서울시 금천구 가산디지털1로 225, 514호(가산포휴) | **홈페이지** www.nadoogong.com
E-mail siscombooks@naver.com | **전화** 02)866-9311 | **Fax** 02)866-9312

위생사라 함은 위생업무를 수행하는 데 필요한 전문지식과 기능을 가진 자로서 보건복지부장관의 면허를 받은 자를 말합니다. 위생사의 역할은 매우 중요하고 그 영역도 매우 확대되고 있습니다. 위생사가 되고자 하는 자는 다음 어느 하나에 해당하는 자로서 위생사 국가시험에 합격한 후 보건복지부장관의 면허를 받아야 합니다.

• 전문대학이나 이와 같은 수준 이상에 해당된다고 교육부장관이 인정하는 학교(보건복지부장관이 인정하는 외국의 학교를 포함)에서 보건 또는 위생에 관한 교육과정을 이수한 사람
• 「학점인정 등에 관한 법률」에 따라 전문대학을 졸업한 사람과 같은 수준 이상의 학력이 있는 것으로 인정되어 보건 또는 위생에 관한 학위를 취득한 사람
• 보건복지부장관이 인정하는 외국의 위생사 면허 또는 자격을 가진 사람

본서의 특징은 다음과 같습니다.
첫째, 약 1,000여 개의 기출 유사문제를 수록하고 정답과 해설을 권말에 별도로 첨부하였습니다.
둘째, 각 과목별 실전문제를 통해 앞으로 출제 가능한 내용을 제시함으로써 단시일 내에 시험준비를 할 수 있도록 수험생 여러분을 배려하였습니다.
셋째, 필기와 실기를 한 번에 준비할 수 있도록 실기시험에 출제 가능한 그림을 최대한 활용하였습니다.

위생사를 준비하시는 수험생 여러분의 건투와 최단시간 내에 합격하시길 기원드리며 아울러 본서가 탄생할 수 있도록 해주신 시스컴 출판사 사장님과 임직원 여러분께 깊은 감사를 드립니다.

위생사란?

지역사회단위의 모든 사람의 일상생활관 관련하여 사람에게 영향을 미치거나 미칠 가능성이 있는 일체의 위해요인을 관리하여 중독 또는 감염으로부터 사전예방을 위한 6개호의 위생업무를 법률로 정하고, 동 업무수행에 필요한 전문지식과 기능을 가진 사람으로서 보건복지부장관의 면허를 받은 사람을 말한다.

수행직무

위생사는 「공중위생관리법」에 따라 다음과 같은 업무를 수행한다.

• 공중위생업소, 공중이용시설 및 위생용품의 위생관리
• 음료수의 처리 및 위생관리
• 쓰레기, 분류, 하수, 그 밖의 폐기물 처리
• 식품 · 식품첨가물과 이에 관련된 기구 · 용기 및 포장의 제조와 가공에 관한 위생관리
• 유해 곤충 · 설치류 및 매개체 관리
• 그 밖에 보건위생에 영향을 미치는 것으로서 대통령령으로 정하는 업무

위생사의 전망

위생사는 해충방제회사, 식품업체, 대형마트, 호텔 등 관광업소, 일반기업체의 구내식당 등에 진출할 수 있다. 또한 국가기관이나 공기업에 식품위생감시원이나 식품위생관리인, 소독관리인 등으로 취업할 수 있으며 보건소에서 보건공무원으로 일할 수도 있다. 위생사에 관한 법률은 전국의 지역보건소에 2~3명의 위생사를 배치하도록 규정하고 있다. 경제 발전으로 오염물질의 배출은 점점 증가하고 있어 환경에 대한 관심이 높아지고 각종 환경규제와 오염물질처리 기준도 강화되고 있는 추세이므로 위생사 수요는 계속적으로 증가할 것으로 전망된다.

• 음료수처리(먹는 물 검사 및 위생관리)기관 및 업체 요원
• 분뇨 · 하수 · 의료폐기물 검사 및 처리기관 및 업체 요원
• 공중위생접객업소, 공중이용시설 및 위생용품제조업체의 위생관리담당자
• 식품, 식품첨가물 및 이에 관련된 기구용기포장 및 제조업체의 위생관리자
• 지역사회단위 유해곤충, 쥐의 구제 담당요원
• 집단주거시설, 대형유통시설 · 공항 · 버스터미널 등 집단이용시설의 방역업무 등

합격자 통계

연도	회차	응시	합격	합격률(%)
2023년	54회	7,685	4,013	52.2
2022년	44회	8,221	5,019	61.1
2021년	43회	9,302	4,617	49.6
2020년	42회	9,087	3,760	41.4
2019년	41회	9,624	5,630	58.5
2018년	40회	9,393	3,146	33.5
2017년	39회	8,891	3,760	42.3
2016년	38회	9,357	5,585	59.7
2015년	37회	9,782	5,211	53.3
2014년	36회	10,475	4,479	42.8

시험과목

시험종별	시험 과목 수	문제수	배점	총점	문제형식
필기	5	180	1점/1문제	180점	객관식
실기	1	40	1점/1문제	40점	5지선다형

시험시간표

구분	시험과목 (문제수)	교시별 문제수	시험형식	입장시간	시험시간
1교시	1. 위생관계법령(25) 2. 환경위생학(50) 3. 위생곤충학(30)	105	객관식	~08:30	09:00~10:30(90분)
2교시	1. 공중보건학(35) 2. 식품위생학(40)	75	객관식	~10:50	11:00~12:05(65분)
3교시	1. 실기시험(40)	40	객관식	~12:25	12:35~13:15(40분)

※ 위생관계법령 : 「공중위생관리법」, 「식품위생법」, 「감염병의 예방 및 관리에 관한 법률」, 「먹는물관리법」, 「폐기물관리법」 및 「하수도법」과 그 하위 법령

합격기준

- 필기시험 : 매 과목 만점의 40퍼센트 이상, 전 과목 총점의 60퍼센트 이상 득점한 자
- 실기시험 : 총점의 60퍼센트 이상 득점한 자
- 응시자격이 없는 것으로 확인된 경우에는 합격자 발표 이후에도 합격을 취소합니다.

합격자 발표

- 국시원 홈페이지 : [합격자조회] 메뉴
- 국시원 모바일 홈페이지
- 휴대전화번호가 기입된 경우에 한하여 SMS로 합격여부를 알려드립니다.

시험장소

서울, 부산, 대구, 광주, 대전, 전북, 강원

응시 가능자

공중위생관리법상 "전문대학이나 이와 같은 수준 이상에 해당된다고 교육부장관이 인정하는 학교에서 보건 또는 위생에 관한 교육 과정을 이수한 자"라 함은 전공필수 또는 전공 선택과목으로 다음의 1과목 이상을 이수한 자를 말함.
- 식품 보건 또는 위생과 관련된 분야 : 식품학, 조리학, 영양학, 식품미생물학, 식품위생학, 식품분석학, 식품발효학, 식품가공학, 식품재료학, 식품보건 또는 저장학, 식품공학 또는 식품화학, 첨가물학
- 환경 보건 또는 위생과 관련된 분야 : 공중보건학, 위생곤충학, 환경위생학, 미생물학, 기생충학, 환경생태학, 전염병관리학, 상하수도공학, 대기오염학, 수질오염학, 수질학, 수질시험학, 오물 · 폐기물 또는 폐수처리학, 산업위생학, 환경공학
- 기타분야 : 위생화학, 위생공학

응시 불가능자

- 정신건강증진 및 정신질환자 복지서비스 지원에 관한 법률(정신건강복지법)에 따른 정신질환자(다만, 전문의가 위생사로서 적합하다고 인정하는 사람 제외)
- 마약 · 대마 또는 향정신성의약품 중독자
- 「공중위생관리법」, 「감염병의 예방 및 관리에 관한 법률」, 「검역법」, 「식품위생법」, 「의료법」, 「약사법」, 「마약류 관리에 관한 법률」 또는 「보건범죄 단속에 관한 특별조치법」을 위반하여 금고 이상의 실형을 선고받고 그 집행이 끝나지 아니하거나 그 집행을 받지 아니하기로 확정되지 아니한 사람.

접수안내

인터넷 접수

1. 인터넷 접수 대상자

① 방문접수 대상자를 제외하고 모두 인터넷 접수만 가능

② 방문접수 대상자 : 보건복지부장관이 인정하는 외국대학 졸업자 중 국가시험에 처음 응시하는 경우

2. 인터넷 접수 준비사항

① 회원가입 등
- 회원가입 : 약관 동의(이용약관, 개인정보 처리지침, 개인정보 제공 및 활용)
- 아이디/비밀번호 : 응시원서 수정 및 응시표 출력에 사용
- 연락처 : 연락처1(휴대전화번호), 연락처2(자택번호), 전자 우편 입력
- ※ 휴대전화번호는 비밀번호 재발급 시 인증용으로 사용됨

② 응시원서
- 국시원 홈페이지 [시험안내 홈] – [원서접수] – [응시원서 접수]에서 직접 입력
- 실명인증 : 성명과 주민등록번호를 입력하여 실명인증을 시행, 외국국적자는 외국인등록증이나 국내거소신고증 상의 등록번호사용
- 금융거래 실적이 없을 경우 실명인증이 불가능함(코리아크레딧뷰 : 02-708-1000)에 문의
- 공지사항 확인
- ※ 원서 접수 내용은 접수 기간 내 홈페이지에서 수정 가능(주민등록번호, 성명 제외)

③ 사진파일 : jpg 파일(컬러), 276×354픽셀 이상 크기, 해상도는 200dpi 이상

3. 응시수수료 결제

① 결제 방법 : [응시원서 작성 완료] → [결제하기] → [응시수수료 결제] → [시험선택] → [온라인계좌이체 / 가상계좌이체 / 신용카드] 중 선택

② 마감 안내 : 인터넷 응시원서 등록 후, 접수 마감일 18:00시까지 결제하지 않았을 경우 미접수로 처리

4. 접수결과 확인

① 방법 : 국시원 홈페이지 [시험안내 홈] – [원서접수] – [응시원서 접수결과] 메뉴

② 영수증 발급 : https://www.easypay.co.kr → [고객지원] → [결제내역 조회] → [결제수단 선택] → [결제정보 입력] → [출력]

5. 응시원서 기재사항 수정

① 방법 : 국시원 홈페이지 [시험안내 홈] – [마이페이지] – [응시원서 수정] 메뉴

② 기간 : 시험 시작일 하루 전까지만 가능

③ 수정 가능 범위

- 응시원서 접수기간 : 아이디, 성명, 주민등록번호를 제외한 나머지 항목
- 응시원서 접수기간~시험장소 공고 7일 전 : 응시지역
- 마감~시행 하루 전 : 비밀번호, 주소, 전화번호, 전자 우편, 학과명 등
- 단, 성명이나 주민등록번호는 개인정보(열람, 정정, 삭제, 처리정지) 요구서와 주민등록초본 또는 기본증명서, 신분증 사본을 제출하여야만 수정이 가능
- ※ 국시원 홈페이지 [시험안내 홈] – [시험선택] – [서식모음]에서 「개인정보(열람, 정정, 삭제, 처리정지) 요구서」 참고

6. 응시표 출력

① 방법 : 국시원 홈페이지 [시험안내 홈] – [응시표출력]

② 기간 : 시험장 공고 이후 별도 출력일부터 시험 시행일 아침까지 가능

③ 기타 : 흑백으로 출력하여도 관계없음

방문접수

1. 방문 접수 대상자

보건복지부장관이 인정하는 외국대학 졸업자 중 국가시험에 처음 응시하는 경우는 응시자격 확인을 위해 방문접수만 가능합니다.

2. 방문 접수 시 준비 서류

외국대학 졸업자 제출서류(보건복지부장관이 인정하는 외국대학 졸업자 및 면허소지자에 한함)

① 응시원서 1매(국시원 홈페이지 [시험안내 홈] – [시험선택] – [서식모음]에서 「보건의료인국가시험 응시원서 및 개인정보 수집 · 이용 · 제3자 제공 동의서(응시자)」 참고)

② 동일 사진 2매(3.5×4.5cm 크기의 인화지로 출력한 컬러사진)

③ 개인정보 수집 · 이용 · 제3자 제공 동의서 1매(국시원 홈페이지 [시험안내 홈] – [시험선택] – [서식모음]에서 「보건의료인국가시험 응시원서 및 개인정보 수집 · 이용 · 제3자 제공 동의서(응시자)」 참고)

④ 면허증사본 1매

⑤ 졸업증명서 1매

⑥ 성적증명서 1매

⑦ 출입국사실증명서 1매

⑧ 응시수수료(현금 또는 카드결제)

※ 면허증사본, 졸업증명서, 성적증명서는 현지의 한국 주재공관장(대사관 또는 영사관)의 영사 확인 또는 아포스티유(Apostille) 확인 후 우리말로 번역 및 공증하여 제출합니다. 단, 영문서류는 번역 및 공증을 생략할 수 있습니다(단, 재학사실확인서는 필요시 제출).

※ 단, 제출한 면허증, 졸업증명서, 성적증명서, 출입국사실증명서 등의 서류는 서류보존기간(5년)동안 다시 제출하지 않고 응시하실 수 있습니다.

3. 응시수수료 결제

① 결제 방법 : 현금, 신용카드, 체크카드 가능

② 마감 안내 : 방문접수 기간 18:00시까지(마지막 날도 동일)

공통 유의사항

1. 원서 사진 등록

① 모자를 쓰지 않고, 정면을 바라보며, 상반신만을 6개월 이내에 촬영한 컬러사진

② 응시자의 식별이 불가능할 경우, 응시가 불가능할 수 있음

③ 셀프 촬영, 휴대전화기로 촬영한 사진은 불인정

④ 기타 : 응시원서 작성 시 제출한 사진은 면허(자격)증에도 동일하게 사용

2. 면허 사진 변경

면허교부 신청 시 변경사진, 개인정보(열람, 정정, 삭제, 처리정지) 요구서, 신분증 사본을 제출하면 변경 가능

시험 시작 전

- 응시자는 본인의 시험장이 아닌 곳에서는 시험에 응시할 수 없으므로 반드시 사전에 본인의 시험장을 확인하시기 바랍니다.
- 모든 응시자는 신분증, 응시표, 필기도구를 준비하셔야 합니다.
- 응시표는 한국보건의료인국가시험원 홈페이지에서 출력하실 수 있으며 컴퓨터용 흑색 수성 사인펜은 나누어 드리니 별도로 준비하지 않으셔도 됩니다.
- 시험 당일 시험장 주변이 혼잡할 수 있으므로 대중교통을 이용하셔야 합니다.
- 학교는 국민건강증진법에 따라 금연 지역으로 지정되어 있으므로 시험장 내에서의 흡연은 불가능합니다.
- 본인의 응시표에 적혀있는 응시자 입실 시간까지 해당 시험장에 도착하여 시험실 입구 및 칠판에 부착된 좌석 배치도를 확인하고 본인의 좌석에 앉으셔야 합니다.
- 시험 시작 종이 울리면 응시자는 절대로 시험실에 입실할 수 없습니다.
- 응시자는 안내에 따라 응시표, 신분증, 필기구를 제외한 모든 소지품을 시험실 앞쪽에 제출합니다.
- 응시자는 개인 통신기기 및 전자 기기의 전원을 반드시 끈 상태로 가방에 넣어 시험실 앞쪽에 제출하도록 합니다.
- 휴대전화, 태블릿 PC, 이어폰, 스마트 시계/스마트 밴드, 전자계산기, 전자사전 등의 통신기기 및 전자기기는 시험 중 지 할 수 없으며, 만약 이를 소지하다 적발될 경우 해당 시험 무효 등의 처분을 받게 됩니다.
- 신분증은 주민 등록증, 유효기간 내에 주민등록증 발급 신청 확인서 운전면허증, 청소년증, 유효 기간 내에 청소년증 발급 신청 확인서 만료일 이내에 여권, 영주증, 외국인등록증, 외국국적 동포 국내 거소 신고증, 주민등록번호가 기재된 장애인 등록증 및 장애인 복지카드에 한하여 인정하며 학생증 등은 신분증으로 인정하지 않습니다.
- 감독관이 답안 카드를 배부하면 응시자는 답안카드에 이상 여부를 확인합니다.
- 가방 카드의 모든 기재 및 표기 사항은 반드시 컴퓨터용 흑색 수성 사인펜으로 작성하도록 합니다.
- 응시자는 방송에 따라 시험 직종, 시험 교시, 문제 유형, 성명, 응시번호를 정확히 기재해야 하며 문제 유형은 응시번호 끝자리가 홀수이면 홀수형으로 짝수이면 짝수형으로 표기합니다.
- 시험 시작 전 응시자에 본인 여부를 확인하고 답안 카드에 시험 감독관 서명란에 서명이 이루어집니다.
- 감독관이 문제지를 배부하면 응시자는 문제지를 펼치지 말고 대기하도록 합니다.
- 응시자는 감독관에 지시에 따라 문제지 누락, 인쇄 상태 및 파손 여부 등을 확인하고 문제지에

응시번호와 성명을 정확히 기재한 후 시험 시작 타종이 울릴 때까지 문제지를 펼치지 말고 대기하도록 합니다.

- 시험문제가 공개되지 않는 시험의 경우 문제지 감독관 서명란에 서명이 이루어집니다.

시험 시작

- 답안카드의 모든 기재 및 표기 사항은 반드시 컴퓨터용 흑색 수성 사인펜으로 작성하도록 합니다.
- 연필이나 볼펜 등을 사용하거나 펜의 종류와 색깔과 상관없이 예비 마킹으로 인하여 답안카드에 컴퓨터용 흑색 수성 사인펜 이외에 필기구에 흔적이 남아있는 경우에는 중복 답안으로 채점 되어 해당 문제가 0점 처리 될 수 있으므로 반드시 수정테이프로 깨끗이 지워야 합니다.
- 점수 산출은 이미지 스캐너 판독 결과에 따르기 때문에 답안은 보기와 같이 정확하게 표기해야 하며 이를 준수하지 않아 발생하는 정답 표기 불인정 등은 응시자에게 귀책사유가 있습니다.
- 답안을 잘못 표기 하였을 경우 답안 카드를 교체 받거나 수정 테이프를 사용하여 답안을 수정할 수 있습니다.
- 수정 테이프가 아닌 수정액이나 수정 스티커는 사용할 수 없습니다.
- 수정 테이프를 사용하여 답안을 수정한 경우 수정 테이프가 떨어지지 않게 손으로 눌러 줍니다.
- 수정 테이프로 답안 수정 후 그 위에 답을 다시 표기하는 경우에도 정상처리됩니다.
- 방송 또는 시험 감독관이 시험 종료 10분 전 5분 전에 남은 시험 시간을 안내합니다.
- 시험 중 답안 카드를 교체해야 하는 경우 시험 감독관에게 조용히 손을 들어 답안 카드를 교체 받으며, 이때 인적 사항 문제 유형 등 답안 카드 기재 사항을 모두 기재해야 합니다.
- 교체 전 답안 카드는 시험 감독관에게 즉시 제출합니다.
- 시험 종료와 동시에 답안 카드를 제출해야 합니다.
- 시험 종류가 임박하여 답안 카드를 교체하는 경우 답안 표기 시간이 부족할 수 있음을 유념하시기 바랍니다.
- 시험문제가 공개되지 않는 시험의 경우 시험문제 또는 답안을 응시표 등에 옮겨 쓰는 경우와 시험 종료 후 문제지를 제출하지 않거나 문제지를 훼손하여 시험 문제를 유출하려고 하는 경우에는 부정행위자로 처리될 수 있습니다.
- 응시자는 시험시간 중 화장실을 사용하실 수 없습니다.
- 응시자는 시험 종료 전까지 시험실에서 퇴실하실 수 없습니다.

시험 종료

- 시험 시간이 종료되면 모든 응시자는 동시에 필기구에서 손을 떼고 양손을 책상 아래로 내려야 합니다.
- 시험 감독관에게 답안 카드를 제출하지 않고 계속 필기하는 경우 해당교시가 0점 처리됩니다.
- 감독관의 답안 카드 매수 확인이 끝나면 감독관의 지시에 따라 퇴실할 수 있습니다.
- 응시자는 교실 앞에 놓아두었던 개인 소지품을 챙겨 귀가합니다.
- 시험문제가 공개되는 시험의 경우 응시자는 시험 종료 후 본인의 문제지를 가지고 퇴실하실 수 있습니다.
- 시험문제에 공개 여부는 한국보건의료인국가시험원 홈페이지에서 확인하실 수 있습니다.
- 시험문제는 저작권법에 따라 보호되는 저작물이며 시험문제에 일부 또는 전부를 무단 복제 배포 (전자)출판하는 등 저작권을 침해하는 경우 저작권법에 의하여 민·형사상 불이익을 받을 수 있습니다.
- 시험 문제를 공개하지 않는 시험의 시험문제를 유출하는 경우에는 관계 법령에 의거 합격 취소 등의 행정처분을 받을 수 있습니다.
- 다음 내용에 해당하는 행위를 하는 응시자는 부정행위자로 처리되오니 주의하시기 바랍니다.

- 응시원서를 허위로 기재하거나 허위 서류를 제출하여 시험에 응시한 행위
- 시험 중 시험문제 내용과 관련된 시험 관련 교재 및 요약 자료 등을 휴대하거나 일을 주고 받는 행위
- 대리 시험을 치른 행위 또는 치르게 하는 행위
- 시험 중 다른 응시자와 시험과 관련된 대화를 하거나 손동작, 소리 등으로 신호를 하는 행위
- 시험 중 다른 응시자의 답안 또는 문제지를 보고 자신의 답안 카드를 작성하는 행위
- 시험 중 다른 응시자를 위하여 답안 등을 알려 주거나 보여 주는 행위
- 시험장 내외의 자로부터 도움을 받아 답안 카드를 작성하는 행위 및 도움을 주는 행위
- 다른 응시자와 답안카드를 교환하는 행위
- 다른 응시자와 성명 또는 응시번호를 바꾸어 기재한 답안카드를 제출하는 행위
- 시험 종료 후 문제지를 제출하지 않거나 일부를 훼손하여 유출하는 행위
- 시험 전, 후 또는 시험 기간 중에 시험문제, 시험 문제에 관한 일부 내용 답안 등을 다른 사람에게 알려 주거나 알고 시험을 치른 행위
- 시험 중 허용되지 않는 통신기기 및 전자기기 등을 사용하여 답안을 전송하거나 작성하는 행위
- 시행 본부 또는 시험 감독관의 지시에 불응하여 시험 진행을 방해하는 행위
- 그 밖의 부정한 방법으로 본인 또는 다른 응시자의 시험결과에 영향을 미치는 행위

- 다음 내용에 해당하는 행위를 하는 응시자는 응시자 준수사항 위반자로 처리 돼 오니 주의하시기 바랍니다.

  - 신분증을 지참하지 아니한 행위
  - 지정된 시간까지 지정된 시험실에 입실하지 아니한 행위
  - 시험 감독관의 승인을 얻지 아니하고 시험시간 중에 시험실에서 퇴실한 행위
  - 시험 감독관의 본인 확인 요구에 따르지 아니한 행위
  - 시험 감독관의 소지품 제출 요구를 거부하거나 소지품을 지시와 달리 임의의 장소에 보관한 행위(단 시험문제 내용과 관련된 물품의 경우 부정행위자로 처리됩니다.)
  - 시험 중 허용되지 않는 통신기기 및 전자기기 등을 지정된 장소에 보관하지 않고 휴대한 행위
  - 그밖에 한국보건의료인국가시험원에서 정한 응시자 준수사항을 위반한 행위
  - 다리를 떠는 행동
  - 몸을 과도하게 움직이는 행동
  - 볼펜 똑딱이는 소리 등은 다른 응시자에게 방해됩니다.
  - 응시자 여러분들은 다른 응시자에게 방해되는 행동을 하지 않도록 주의하여 주시기 바랍니다.

기타 응시자 유의사항

- 편의 제공이 필요한 응시자는 시험일 30일 전까지 편의제공 대상자 지정신청서를 제출해야 합니다.
- 시험장 주변에서 단체 응원은 시험 진행에 방해되고 시험장 지역 주민의 생활 침해 및 민원 대상이 되므로 단체응원은 하실 수 없습니다.
- 식사 후 도시락 및 음식물 쓰레기는 반드시 각자 수거해 가셔야 합니다.
- 시험장 내 기물이 파손되지 않도록 주의합니다.
- 시험실 책상 서랍 속에 물건이 분실되지 않도록 주의합니다.
- 응시자 개인 물품에 관리 책임은 응시자 본인에게 있으므로 개인 소지품이 분실되지 않도록 주의합니다.
- 합격 여부는 한국보건의료인국가시험원 홈페이지, 모바일 홈페이지, ARS를 통해 확인하실 수 있습니다.
- 응시원서 접수 시 휴대폰 연락처를 기재한 경우 시험 전에는 시험장소 및 유의사항을 시험 후에는 합격 여부 및 성적을 문자 메시지로 발송하여 드립니다.

실전문제

다년간의 기출문제를 분석하여 시험에 반복 출제되는 빈출문제를 과목별로 엄선·수록함으로써 문제은행식 문항에 완벽히 대비할 수 있도록 하였습니다.

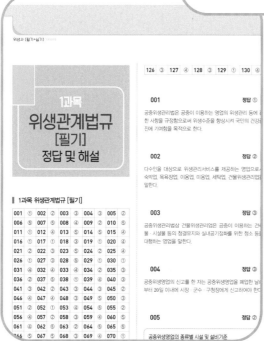

1 과목 위생관계법규

정답 및 해설 154p

001 다음 중 공중위생관리법의 목적으로 옳은 것은?
① 위생수준의 향상
② 위생상의 위해 방지
③ 식품영양의 질적 향상
④ 감염병의 발생과 유해 방지
⑤ 공중이 이용하는 영업시설의 확충

002 다음 중 공중위생영업에 해당하지 않는 것은?
① 숙박업   ② 소독업
③ 이용업   ④ 미용업
⑤ 세탁업

004 공중위생영업을 폐업한 자는 폐업한 날부터 며칠 이내에 시장·군수·구청장에 신고하여야 하는가?
① 10일   ② 15일
③ 20일   ④ 25일
⑤ 30일

005 이용업과 미용업에 공통적으로 필요한 건복지부령으로 정하는 설비는?
① 소독기, 진공청소기
② 소독기, 자외선살균기
③ 진공청소기, 마루광택기
④ 진공청소기, 자외선살균기
⑤ 마루광택기, 자외선살균기

위생사 [필기+실기]

1과목 위생관계법규 [필기] 정답 및 해설

1과목 위생관계법규 [필기]

001	①	002	②	003	③	004	③	005	②
006	⑤	007	⑤	008	④	009	②	010	⑤
011	①	012	④	013	⑤	014	①	015	④
016	①	017	①	018	③	019	①	020	④
021	②	022	③	023	⑤	024	②	025	④
026	①	027	③	028	⑤	029	①	030	①
031	④	032	④	033	④	034	③	035	③
036	②	037	⑤	038	①	039	④	040	③
041	③	042	②	043	③	044	③	045	②
046	④	047	④	048	⑤	049	⑤	050	②
051	②	052	①	053	④	054	⑤	055	②
056	⑤	057	②	058	③	059	④	060	②
061	③	062	⑤	063	②	064	⑤	065	①
066	⑤	067	③	068	⑤	069	④	070	①

126	③	127	④	128	③	129	①	130	④

001   정답 ①
공중위생관리법은 공중이 이용하는 영업의 위생관리 등에 관한 사항을 규정함으로써 위생수준을 향상시켜 국민의 건강증진에 기여함을 목적으로 한다.

002   정답 ②
다수인을 대상으로 위생관리서비스를 제공하는 영업으로서 숙박업, 목욕장업, 이용업, 미용업, 세탁업, 건물위생관리업을 말한다.

003   정답 ③
공중위생관리법상 건물위생관리업은 공중이 이용하는 건축물·시설물 등의 청결유지와 실내공기정화를 위한 청소 등을 대행하는 영업을 말한다.

004   정답 ③
공중위생영업의 신고를 한 자는 공중위생영업을 폐업한 날부터 20일 이내에 시장·군수·구청장에게 신고하여야 한다.

005   정답 ②
공중위생영업의 종류별 시설 및 설비기준

정답 및 해설

빠른 정답 찾기로 문제를 빠르게 채점할 수 있고, 각 문제의 해설을 상세하게 풀어내어 문제와 관련된 개념을 이해하기 쉽도록 하였습니다.

목 차

효율적인 학습을 위한 CHECK LIST

연 도	과 목	학습 기간	정답 수	오답 수
필기	1과목 위생관계법규	~		
	2과목 환경위생학	~		
	3과목 위생곤충학	~		
	4과목 공중보건학	~		
	5과목 식품위생학	~		
실기	1과목 환경위생학	~		
	2과목 식품위생학	~		
	3과목 위생곤충학	~		

위생사 [필기+실기]

1000제

SANITARIAN

위생사 [필기]
실전문제

001 다음 중 공중위생관리법의 목적으로 옳은 것은?

① 위생수준의 향상
② 위생상의 위해 방지
③ 식품영양의 질적 향상
④ 감염병의 발생과 유해 방지
⑤ 공중이 이용하는 영업시설의 확충

002 다음 중 공중위생영업에 해당하지 않는 것은?

① 숙박업   ② 소독업
③ 이용업   ④ 미용업
⑤ 세탁업

003 공중위생관리법상 공중이 이용하는 건축물·시설물 등의 청결유지와 실내공기정화를 위한 청소 등을 대행하는 영업은?

① 주택관리사업
② 건축시설관리업
③ 건물위생관리업
④ 시설물하자보수업
⑤ 시설물유지관리업

004 공중위생영업을 폐업한 자는 폐업한 날로부터 며칠 이내에 시장·군수·구청장에게 신고하여야 하는가?

① 10일   ② 15일
③ 20일   ④ 25일
⑤ 30일

005 이용업과 미용업에 공통적으로 필요한 보건복지부령으로 정하는 설비는?

① 소독기, 진공청소기
② 소독기, 자외선살균기
③ 진공청소기, 마루광택기
④ 진공청소기, 자외선살균기
⑤ 마루광택기, 자외선살균기

006 목욕장 목욕물의 수질기준 중 욕조수의 과망간산칼륨 소비량은?

① 5mg/L 이하   ② 10mg/L 이하
③ 15mg/L 이하   ④ 20mg/L 이하
⑤ 25mg/L 이하

007 공중위생관리법상 이·미용기구의 소독기준으로 옳지 않은 것은? ⑤

① 자외선소독: 1cm²당 85μW 이상의 자외선을 20분 이상 쬐어준다.

② 건열멸균소독: 섭씨 100℃ 이상의 건조한 열에 20분 이상 쬐어준다.

③ 증기소독: 섭씨 100℃ 이상의 습한 열에 20분 이상 쐬어준다.

④ 열탕소독: 섭씨 100℃ 이상의 물속에 10분 이상 끓여준다.

⑤ 크레졸소독: 크레졸수에 20분 이상 담가둔다.

008 다음 중 공중위생영업자가 준수하여야 하는 위생관리기준으로 틀린 것은?

① 목욕물은 매년 1회 이상 수질검사를 하여야 한다.

② 목욕실 및 탈의실은 만 4세 이상의 남녀를 함께 입장시켜서는 안 된다.

③ 이용업 영업장 안의 조명도는 75럭스 이상이 되도록 유지하여 한다.

④ 미용업자는 피부미용을 위하여 약사법에 따른 의약품을 사용하여야 한다.

⑤ 드라이크리닝용 세탁기는 유기용제의 누출이 없도록 항상 점검해야 한다.

009 위생사는 누구의 면허를 받아야 하는가?

① 환경부장관

② 보건복지부장관

③ 여성가족부장관

④ 행정안전부장관

⑤ 시·도지사

010 위생사에 관한 법률상의 위생업무로 볼 수 없는 것은?

① 음료수의 처리

② 쓰레기·분뇨·하수 기타 폐기물의 처리

③ 유해곤충 및 쥐의 구제

④ 공중이 이용하는 공중위생 접객업소와 공중이용시설 및 위생용품의 위생관리

⑤ 기타 보건위생에 영향을 미치는 것으로서 보건복지부령이 정하는 업무

011 위생사 국가시험에 응시할 수 없는 자는?

① 대학 및 대학원 또는 이와 동등 이상의 학교에서 보건 또는 위생에 관한 교육과정을 이수한 자

② 전문대학 또는 이와 동등 이상의 학교에서 보건 또는 위생에 관한 교육과정을 이수한 자

③ 전문대학 또는 이와 동등 이상의 학교를 졸업한 자로서 보건복지부령이 정하는 위생업무에 1년 이상 종사한 자

④ 고등학교 졸업자 또는 이와 동등 이상의 학력이 있다고 인정되는 자로서 보건복지부령이 정하는 위생업무에 3년 이상 종사한 자

⑤ 보건복지부장관이 인정하는 외국의 위생사의 면허나 자격을 가진 자

012 위생사에 관한 국가시험의 시행권자는?

① 시 · 도지사
② 시장 · 군수 · 구청장
③ 식품의약품안전처장
④ 보건복지부장관
⑤ 국무총리

013 위생사에 관한 법률상 부정한 방법으로 국가시험에 응시한 자 또는 국가시험에 관하여 부정행위를 한 자에 대한 처벌 내용은?

① 그 시험 후 1년간 응시할 수 없다.
② 그 시험 후 2년간 응시할 수 없다.
③ 그 시험 후 5년간 응시할 수 없다.
④ 그 시험 후 차기에 한하여 응시할 수 없다.
⑤ 그 시험 후 2회에 한하여 응시할 수 없다.

014 위생사에 관한 법률상 시험자격의 제한 등에 관한 내용으로 틀린 것은?

① 정신건강복지법에 따른 정신질환자(다만 전문의가 위생사로서 적합하다고 인정하는 사람 제외)
② 마약 중독자
③ 대마 중독자
④ 향정신성의약품 중독자
⑤ 알코올 중독자

015 위생사 면허증은 신청일로부터 며칠 이내에 교부하여야 하는가?

① 5일　　② 7일
③ 10일　　④ 14일
⑤ 30일

016 보건복지부장관은 위생사의 면허를 부여하는 때에는 위생사 면허대장에 그 면허에 관한 사항을 등록하고 면허증을 교부하여야 하는데 면허대장에 기재할 사항이 아닌 것은?

① 국가시험 과목별 점수현황
② 국가시험 합격연월일
③ 면허번호 및 면허연월일
④ 성명 · 주소 · 성별 및 주민등록번호
⑤ 면허취소 또는 취업의 정지처분을 한 경우에는 그 사유 및 연월일과 정지처분 기간

017 면허의 취소사유로 틀린 것은?

① 부정행위로 합격한 때
② 정신건강복지법에 따른 정신질환자가 된 때
⑥ 마약 중독자가 된 때
⑦ 대마 중독자가 된 때
⑧ 면허증을 대여한 때

018 국가시험 합격자 결정사항이다. ( ) 안에 들어갈 말로 적당한 것은?

> 국가시험의 합격자 결정은 필기시험에 있어서는 매 과목 만점의 (   )퍼센트 이상, 전과목 총점의 (   )퍼센트 이상 득점한 자를 합격자로 하고, 실기시험에 있어서는 총점의 (   )퍼센트 이상 득점한 자를 합격자로 한다.

① 40, 40, 40
② 40, 60, 40
③ 40, 60, 60
④ 60, 40, 60
⑤ 60, 60, 60

019 다음 〈보기〉 위생사 면허 재교부사유를 모두 고른다면?

> 보기
>
> ㄱ. 면허증을 잃어버린 때
> ㄴ. 면허증을 못쓰게 된 때
> ㄷ. 면허증의 기재사항에 변경이 있는 때
> ㄹ. 면허증 대여시 임대차 관계 기록시

① ㄱ, ㄴ, ㄷ
② ㄱ, ㄴ, ㄹ
③ ㄱ, ㄷ, ㄹ
④ ㄴ, ㄷ, ㄹ
⑤ ㄱ, ㄴ, ㄷ, ㄹ

020 위생사 면허를 취소하고자 하는 경우 청문을 실시하여야 하는데 청문권자는 누가 되는가?

① 식품의약품안전처장
② 시 · 도지사
③ 시장 · 군수 · 구청장
④ 보건복지부장관
⑤ 국가고시원장

021 동일한 명칭 사용금지를 위반하여 위생사 면허 없이 위생사 명칭을 사용한 자에게 부과하는 처벌내용은?

① 50만 원 이하의 과태료
② 100만 원 이하의 과태료
③ 500만 원 이하의 과태료
④ 1000만 원 이하의 과태료
⑤ 면허정지 또는 취소처분

022 위생서비스수준에 평가에 따른 위생관리 등급 구분 색상이 맞게 짝지어진 것은?

	우수업소	최우수업소	일반관리대상업소
①	백색	녹색	황색
②	녹색	백색	황색
③	황색	녹색	백색
④	녹색	황색	백색
⑤	황색	백색	녹색

023 식품위생법의 목적이 아닌 것은?

① 위생상의 위해방지
② 식품영양의 질적 향상 도모
③ 식품에 관한 올바른 정보의 제공
④ 국민보건의 증진에 이바지
⑤ 위생업무에 종사하는 위생사의 자격 및 업무의 범위 규정

024 집단급식소의 대상 시설이 아닌 것은?

① 기숙사
② 하숙
③ 학교
④ 병원
⑤ 사회복지시설

025 식품위생법령상 집단급식소라 함은 1회 몇 명 이상에게 식사를 제공하는 급식소를 말하는가?

① 10명 이상　　② 20명 이상

③ 30명 이상　　④ 50명 이상

⑤ 100명 이상

026 식품위생법상 용어 설명으로 옳지 않은 것은?

① 식품이란 의약으로 섭취하는 것을 포함한 모든 음식물을 말한다.

② 식품첨가물이란 식품을 제조·가공 또는 보존하는 과정에서 식품에 넣거나 적시는 등에 사용되는 물질을 말한다.

③ 용기·포장이란 식품 또는 식품첨가물을 넣거나 싸는 것으로서 식품 또는 식품첨가물을 주고받을 때 함께 건네는 물품을 말한다.

④ 위해란 식품, 식품첨가물, 기구 또는 용기·포장에 존재하는 위험요소로서 인체의 건강을 해치거나 해칠 우려가 있는 것을 말한다.

⑤ 표시란 식품, 식품첨가물, 기구 또는 용기·포장에 적는 문자, 숫자 또는 도형을 말한다.

027 식품위생의 대상 범위에 속하지 않는 것은?

① 식품　　　　② 식품첨가물

③ 식품제조방법　④ 용기

⑤ 포장

028 식품위생법령상 식품 등을 판매하거나 판매할 목적으로 채취·제조·수입·가공·사용·조리·저장·소분·운반 또는 진열하여서는 안 되는 경우를 모두 고른다면?

> ㄱ. 썩거나 상하거나 설익어서 인체의 건강을 해칠 우려가 있는 것
> ㄴ. 유독·유해물질이 들어 있거나 묻어 있는 것 또는 그러할 염려가 있는 것
> ㄷ. 병을 일으키는 미생물에 오염되어 있거나 그러할 염려가 있어 인체의 건강을 해칠 우려가 있는 것
> ㄹ. 불결하거나 다른 물질이 섞이거나 첨가된 것 또는 그 밖의 사유로 인체의 건강을 해칠 우려가 있는 것
> ㅁ. 수입이 금지된 것 또는 수입신고를 하지 아니하고 수입한 것

① ㄱ, ㄴ, ㄷ, ㄹ　　② ㄱ, ㄴ, ㄷ, ㅁ

③ ㄱ, ㄷ, ㄹ, ㅁ　　④ ㄱ, ㄴ, ㄷ, ㅁ

⑤ ㄱ, ㄴ, ㄷ, ㄹ, ㅁ

029 조리·제공한 식품을 보관할 때에는 매회 1인분 분량을 섭씨 영하 몇 도 이하로 보관하여야 하는가?

① 영하 18도 이하　② 영하 15도 이하

③ 영하 10도 이하　④ 영하 5도 이하

⑤ 영하 1도 이하

030 다음 중 영양표시 대상 식품이 아닌 것은?

① 즉석판매제조·가공업자가 제조 가공하는 식품

② 장기보존식품(레토르트식품만 해당)

③ 과자류 중 과자, 캔디류 및 빙과류

④ 빵류 및 만두류

⑤ 어육가공품 중 어육 소시지

031 식품위생법상 유전자재조합식품 등의 표시대상, 표시방법 등에 필요한 사항은 누가 정하는가?

① 대통령령

② 보건복지부장관

③ 시·도지사

④ 식품의약품안전처장

⑤ 국립중앙의료원장

032 식품위생법령상 식품에 대하여 표시·광고를 하려는 자는 식품의약품안전처장의 심의를 받아야 하는데 그 대상이 아닌 식품은?

① 영유아용 식품

② 체중조절용 조제식품

③ 특수의료용 식품

④ 건강보조식품

⑤ 임산부·수유부용 식품

033 식품위생법령상 소비자의 위생검사 등을 요청할수 있는 경우는?

① 같은 영업소에 의한 같은 피해를 입은 5명 이상의 소비자의 검사요청

② 같은 영업소에 의한 같은 피해를 입은 10명 이상의 소비자의 검사요청

③ 같은 영업소에 의한 같은 피해를 입은 15명 이상의 소비자의 검사요청

④ 같은 영업소에 의한 같은 피해를 입은 20명 이상의 소비자의 검사요청

⑤ 같은 영업소에 의한 같은 피해를 입은 30명 이상의 소비자의 검사요청

034 식품위생법령상 판매를 목적으로 하거나 영업에 사용할 목적으로 식품 등을 수입하려는 자는 식품 등의 통관장소를 관할하는 지방식품의약품안전처장에게 수입신고서를 제출하여야 하는데 미리 신고하는 경우 언제까지 가능한가?

① 도착 예정일 3일 전부터 미리 신고 가능

② 도착 예정일 5일 전부터 미리 신고 가능

③ 도착 예정일 10일 전부터 미리 신고 가능

④ 발송일로부터 3일 후부터 미리 신고 가능

⑤ 발송일로부터 5일 후부터 미리 신고 가능

035 식품위생법령상 식품위생검사기관의 지정에 관한 유효기간은?

① 1년   ② 2년

③ 3년   ④ 5년

⑤ 10년

036 식품위생법령상 식품 등을 제조·가공하는 영업자는 제조·가공하는 식품 등의 기준과 규격에 맞는지를 검사하여야 하는데 이러한 검사를 자가품질검사라고 한다. 자가품질검사에 관한 기록의 보관기간은?

① 1년간 보관   ② 2년간 보관

③ 3년간 보관   ④ 5년간 보관

⑤ 영구적 보관

037 식품위생법령상 식품위생감시원의 직무로 옳지 않은 것은?

① 식품 등의 위생적인 취급에 관한 기준의 이행지도

② 수입·판매 또는 사용 등이 금지된 식품 등의 취급 여부에 관한 단속

③ 표시기준 또는 과대광고 금지의 위반 여부에 관한 단속

④ 출입·검사 및 검사에 필요한 식품 등의 수거

⑤ 식품위생의 자가검진 실시 결과의 보고

038 식품위생법상 식품위생감시원을 두어야 하는 기관으로 맞지 않는 것은?

① 보건복지부

② 식품의약품안전처

③ 광역시도

④ 특별자치도

⑤ 시·군·구

039 다음 중 시민식품감사인으로 위촉할 수 있는 자를 모두 고른다면?

> ㄱ. 보건복지부장관
> ㄴ. 식품의약품안전처장
> ㄷ. 시·도지사
> ㄹ. 시장·군수·구청장

① ㄱ, ㄴ   ② ㄱ, ㄷ

③ ㄱ, ㄹ   ④ ㄴ, ㄷ

⑤ ㄱ, ㄴ, ㄷ, ㄹ

040 식품위생법령상 식품의약품안전처장, 시·도지사 또는 시장·군수·구청장은 우수등급의 영업소에 대하여는 우수등급이 확정된 날부터 얼마 동안 출입·검사·수거 등을 하지 않을 수 있는가?

① 6개월   ② 1년

③ 2년   ④ 3년

⑤ 5년

041 식품위생법령상 시설기준에 맞는 시설을 갖추어야 하는 영업의 종류에 속하지 않는 것은?

① 식품의 제조·가공업

② 식품첨가물의 제조업

③ 기구의 판매 또는 제조업

④ 용기·포장의 제조업

⑤ 식품접객업

042 식품위생법령상 식품조사처리업의 허가관청은?

① 보건복지부장관
② 식품의약품안전처장
③ 시 · 도지사
④ 시장 · 군수 · 구청장
⑤ 국립보건원장

043 식품위생법령상 단란주점영업과 유흥주점영업의 허가권자는?

① 보건복지부장관
② 식품의약품안전처장
③ 시 · 도지사 또는 시장 · 군수 · 구청장
④ 시 · 동 · 읍면장
⑤ 국립보건원장

044 식품위생법령상 건강진단 대상자로 옳지 않은 것은?

① 식품 또는 식품첨가물을 채취하는 일에 종사하는 영업자 또는 종업원
② 식품 또는 식품첨가물을 가공하는 일에 종사하는 영업자 또는 종업원
③ 완전 포장된 식품 또는 식품첨가물을 운반하거나 판매하는 일에 종사하는 영업자 또는 종업원
④ 식품 또는 첨가물을 저장하는 일에 종사하는 영업자 또는 종업원
⑤ 식품 또는 첨가물을 운반하는 일에 종사하는 영업자 또는 종업원

045 식품위생법령상 영업에 종사하지 못하는 질병이 아닌 것은?

① 제1군 감염병
② 지정감염병
③ 결핵
④ 피부병 또는 그 밖의 화농성 질환
⑤ 후천성면역결핍증

046 식품위생법령상 식품위생교육의 대상자가 아닌 것은?

① 식품제조 · 가공업자
② 즉석판매제조 · 가공업자
③ 식품첨가물 제조업자
④ 식용얼음판매업자
⑤ 식품보존업자

047 식품위생법령상 우수업소의 지정권자를 모두 고른다면?

> ㄱ. 보건복지부장관
> ㄴ. 식품의약품안전처장
> ㄷ. 특별자치도지사
> ㄹ. 시장 · 군수 · 구청장

① ㄱ, ㄴ, ㄷ
② ㄱ, ㄴ, ㄹ
③ ㄱ, ㄷ, ㄹ
④ ㄴ, ㄷ, ㄹ
⑤ ㄱ, ㄴ, ㄷ, ㄹ

048 식품위생법령상 모범업소의 지정권자를 모두 고른다면?

> ㄱ. 보건복지부장관
> ㄴ. 식품의약품안전처장
> ㄷ. 특별자치도지사
> ㄹ. 시장·군수·구청장

① ㄱ, ㄴ   ② ㄴ, ㄷ
③ ㄷ, ㄹ   ④ ㄴ, ㄹ
⑤ ㄱ, ㄷ

049 식품위생법령상 위해요소중점관리기준을 준수해야할 대상 식품이 아닌 것은?

① 어육가공품 중 어묵류
② 냉동수산식품 중 어류·연체류·조미가공품
③ 냉동식품 중 피자류·만두류·면류
④ 빙과류
⑤ 가열음료

050 식품위생법령상 식품이력추적관리 등록의 유효기간은?

① 등록한 날로부터 1년
② 등록한 날로부터 2년
③ 등록한 날로부터 3년
④ 등록한 날로부터 5년
⑤ 등록한 날로부터 7년

051 식품위생법령상 위생수준 안전평가 결과 우수등급이 결정되면 그 표시·광고를 할 수 있는 기간은?

① 우수등급이 결정되어 통보받은 날부터 1년
② 우수등급이 결정되어 통보받은 날부터 2년
③ 우수등급이 결정되어 통보받은 날부터 3년
④ 우수등급이 결정되어 통보받은 날부터 4년
⑤ 우수등급이 결정되어 통보받은 날부터 5년

052 식품위생법령상 조리사를 두지 않아도 되는 경우는?

① 복어를 조리·판매하는 업자가 영양사 면허를 받은 자를 두는 경우
② 국가 및 지방자치단체 집단급식소
③ 학교, 병원 및 사회복지시설 집단급식소
④ 특별법에 따라 설립된 법인의 집단급식소
⑤ 지방공기업법에 따른 지방공사 및 지방공단 집단급식소

053 다음 중 집단급식소에 근무하는 조리사의 직무와 거리가 먼 것은?

① 집단급식소에서의 식단에 따른 조리업무
② 구매식품의 검수 지원
③ 급식설비 및 기구의 위생·안전실무
④ 종업원에 대한 영양지도 및 식품위생교육
⑤ 그 밖에 조리실무에 관한 사항

054 조리사의 면허 발급기관은?

① 보건복지부장관

② 식품의약품안전처장

③ 시 · 도지사

④ 특별시장 및 광역시장 · 도지사

⑤ 특별자치도지사 · 시장 · 군수 · 구청장

055 조리사의 결격사유에 해당하지 않는 것은?

① 정신질환자

② B형간염환자

③ 마약 중독자

④ 그 밖의 약물 중독자

⑤ 조리사 면허취소처분 받고 그 취소된 날부터 1년이 지나지 아니한 자

056 식품위생법령상 식품위생심의위원회의 조사 · 심의사항과 거리가 먼 것은?

① 식중독 방지에 관한 사항

② 농약 · 중금속 등 유독 · 유해물질 잔류 허용기준에 관한 사항

③ 식품 등의 기준과 규격에 관한 사항

④ 식품 등의 포장 및 용기 재질에 관한 사항

⑤ 그 밖에 식품위생에 관한 중요한 사항

057 보건복지부에 두는 식품위생심의위원회의 구성 및 운영과 관련된 내용으로 옳지 않은 것은?

① 위원장 1명과 부위원장 2명을 둔다.

② 위원장과 부위원장을 포함한 50명 이내의 위원으로 구성한다.

③ 위원장은 위원 중에서 호선한다.

④ 부위원장은 위원장이 지명하는 위원이 된다.

⑤ 위원의 임기는 2년으로 하되 공무원인 위원은 그 직위에 재직하는 기간 동안 재임한다.

058 식품산업의 발전과 식품위생의 향상을 위하여 설립되는 식품위생 단체는?

① 동업자 조합

② 동업자 공제회

③ 한국식품산업협회

④ 식품안전정보센터

⑤ 식품의약품안전처

059 식품위생 단체 중 식품의약품안전처장의 위탁을 받아 식품이력추적관리업무와 식품안전에 관한업무 등을 효율적으로 수행하기 위해 두는 것은?

① 동업자 조합

② 동업자공제회

③ 한국식품산업협회

④ 식품안전정보원

⑤ 식품위생연구소

060 식품위생법령상의 위해식품 등의 공표방법에 대한 내용이다. ( ) 안에 들어갈 말로 적당한 것은?

> 위해식품 등의 공표명령을 받은 영업자는 ( ) 위해 발생 사실 또는 위해식품 등의 긴급회수문을 전국을 보급지역으로 하는 1개 이상의 일반일간신문에 게재하고, 식품의약품안전처의 인터넷 홈페이지에 게재를 요청하여야 한다.

① 당일 이내
② 3일 이내
③ 5일 이내
④ 7일 이내
⑤ 지체 없이

061 다음 중 청문을 하여야 하는 경우가 아닌 것은?

① 수입식품신고 대행자 등록취소
② 식품위생검사기관의 지정취소
③ 위해요소중점관리기준 적용업소의 지정취소
④ 품목·품목류 제조정지 처분
⑤ 조리사 등의 면허취소

062 식중독환자나 식중독이 의심되는 자를 진단하였거나 그 사체를 검안한 의사 또는 한의사, 집단급식소에서 제공한 식품 등으로 인하여 식중독환자나 식중독으로 의심되는 증세를 보이는 자를 발견한 집단급식소의 설치·운영자는 지체 없이 누구에게 보고하여야 하는가?

① 보건복지부장관
② 시·도지사
③ 시장·군수·구청장
④ 식품의약품안전처장
⑤ 관할 보건소장 또는 보건지소장

063 식중독 발생의 원인을 규명하기 위하여 식중독 의심환자가 발생한 원인시설 등에 대한 조사절차와 시험·검사 등에 필요한 사항을 정하는 자는?

① 보건복지부장관
② 식품의약품안전처장
③ 시·도지사
④ 시장·군수·구청장
⑤ 관할 보건소장

064 마황, 부자, 천오 등을 이용하여 판매할 목적으로 식품을 제조한 자의 처분 내용은?

① 5년 이상의 징역
② 4년 이상의 징역
③ 3년 이상의 징역
④ 2년 이상의 징역
⑤ 1년 이상의 징역

065 집단급식소를 설치 · 운영하려는 자의 신고기관은?

① 보건복지부장관
② 식품의약품안전처장
③ 특별시장 · 광역시장 · 도지사
④ 보건지소장
⑤ 특별자치도지사 · 시장 · 군수 · 구청장

066 집단급식소를 설치 · 운영하는 자의 위생적 관리를 위한 내용으로 (   ) 안에 들어갈 말로 적당한 것은?

> 조리 · 제공한 식품의 매회 1인분 분량을 보건복지부령으로 정하는 바에 따라 (   ) 이상 보관할 것

① 24시간   ② 48시간
③ 72시간   ④ 122시간
⑤ 144시간

067 집단급식소의 설치 · 운영자의 준수사항으로 조리 · 제공한 식품을 보관할 때 매 1인분 분량을 섭씨 영하 몇도 이하로 보관하여야 하는가?

① 영하 1도   ② 영하 5도
③ 영하 10도   ④ 영하 15도
⑤ 영하 18도

068 식품위생법상 식품진흥기금을 설치하여야 하는 자는?

① 보건복지부장관
② 식품의약품안전처장
③ 시 · 도 및 시 · 군 · 구
④ 보건지소장
⑤ 집단급식소 설치 · 운영자

069 식품위생법상 이 법에 위반되는 행위를 신고한 자에게 신고 내용별로 최대 얼마까지 포상금을 지급할 수 있는가?

① 100만 원   ② 200만 원
③ 500만 원   ④ 1,000만 원
⑤ 5,000만 원

070 다음 중 질병에 걸린 동물을 사용하여 판매할 목적으로 식품 또는 식품첨가물을 제조 · 가공 · 수립 또는 조리한 자에게 3년 이상의 징역에 처할 수 있는 질병의 내용을 모두 고른다면?

> ㄱ. 소해면상뇌증(광우병)
> ㄴ. 탄저병
> ㄷ. 가금인플루엔자
> ㄹ. 설사병

① ㄱ, ㄴ, ㄷ   ② ㄱ, ㄴ, ㄹ
③ ㄱ, ㄷ, ㄹ   ④ ㄴ, ㄷ, ㄹ
⑤ ㄱ, ㄴ, ㄷ, ㄹ

071 수출할 식품 또는 식품첨가물의 기준과 규격은 누구의 요구에 의해 정할 수 있는가?

① 보건복지부장관
② 식품의약품안전처장
③ 시 · 도지사
④ 수입자
⑤ 수출자

072 식품조사처리업의 허가권자는?

① 보건복지부장관
② 식품의약품안전처장
③ 시 · 도지사
④ 시장 · 군수 · 구청장
⑤ 보건지소장

073 수입식품에 대한 검사 중 관능검사가 아닌 것은?

① 맛
② 냄새
③ 색깔
④ 미생물학적 검사
⑤ 표시 · 포장상태

074 다음 중 감염병의 예방 및 관리에 관한 법률 상감염병의 종류에 들지 않는 것은?

① 지정감염병
② 화학적 중독감염병
③ 세계보건기구 감시대상 감염병
④ 생물테러감염병
⑤ 성매개감염병

075 다음 중 제군 감염병이 아닌 것은?

① 콜레라
② 세균성이질
③ 파상풍
④ A형간염
⑤ 장출혈성대장균감염증

076 감염병의 예방 및 관리에 관한 법률상 제2군감염병이 아닌 것은?

① 세균성이질
② 폴리오
③ B형간염
④ 일본뇌염
⑤ 디프테리아

077 감염병의 예방 및 관리에 관한 법률상 제3군감염병이 아닌 것은?

① 말라리아
② 결핵
③ 탄저병
④ 풍진
⑤ 매독

078 감염병의 예방 및 관리에 관한 법률상 국내에서 새롭게 발생하였거나 발생할 우려가 있는 감염병 또는 국내 유입이 우려되는 해외 유행 감염병으로서 보건복지부령으로 정하는 감염병은?

① 제1군감염병
② 제2군감염병
③ 제3군감염병
④ 제4군감염병
⑤ 제5군감염병

079 감염병 예방 및 관리 계획의 수립(기본계획)은 몇 년마다 수립 · 시행되어야 하는가?

① 분기마다　　② 매년마다
③ 3년마다　　④ 5년마다
⑤ 10년마다

080 감염병관리위원회는 어디에 두는가?

① 보건복지부　　② 환경부
③ 식품의약품안전처　④ 시/도
⑤ 시 · 군 · 구

081 감염병의 예방 및 관리에 관한 법률상 감염병관리위원회의 직무가 아닌 것은?

① 감염병 관련 의료 제공
② 감염병에 관한 조사 및 연구
③ 감염병의 예방 · 관리 등에 관한 지식보급
④ 감염병 통계 및 정보의 관리 방안
⑤ 예방접종의 실시기준과 방법에 관한 사항

082 의료기관에 소속되지 아니한 의사 또는 한의사는 누구에게 감염병 발생보고를 하여야 하는가?

① 의료기관의 장
② 보건복지부장관
③ 시/도지사
④ 관할보건소장
⑤ 감염병관리위원회장

083 감염병 신고의무자가 아니더라도 감염병 환자 등 또는 감염병으로 인한 사망자로 의심되는 사람을 발견하면 누구에게 알려야 하는가?

① 보건복지부장관
② 감염병관리위원회장
③ 인근 의료기관의 장
④ 관할보건소장
⑤ 시장 · 군수 · 구청장

084 탄저, 고병원성조류인플루엔자, 광견병 등 인수 공통감염병의 신고를 받은 특별자치도지사 · 시장 · 구청장 · 읍장 또는 면장은 누구에게 즉시 통보하여야 하는가?

① 보건복지부장관
② 감염병관리위원회
③ 질병관리청장
④ 인근 의료기관의 장
⑤ 관할보건소장

085 국민건강에 중대한 위협을 미칠 우려가 있는 감염병으로 사망한 것으로 의심되어 시체를 해부하지 아니하고는 감염병 여부의 진단과 사망의 원인규명을 할 수 없다고 인정하면 그 시체의 해부를 명할 수 있는데 이러한 해부명령권자는?

① 보건복지부장관
② 감염병관리위원회
③ 시 · 도지사
④ 질병관리청장
⑤ 관할보건소장

086 감염병의 진단 및 학술연구 등을 목적으로 고위험병원체를 국내로 반입하려는 자는 일정 요건을 갖추어 누구의 허가를 받아야 하는가?

① 보건복지부장관
② 감염병관리위원회
③ 질병관리청장
④ 시 · 도지사
⑤ 관할보건소장

087 다음 중 정기예방접종 대상이 아닌 것은?

① 디프테리아   ② 백일해
③ 일본뇌염   ④ A형간염
⑤ 파상풍

088 예방접종에 관한 역학조사에서 예방접종의 효과에 관한 조사는 누가 하는가?

① 보건복지부장관
② 감염병관리위원회
③ 질병관리청장
④ 시 · 도지사
⑤ 시장 · 군수 · 구청장

089 감염병환자 등이 있다고 인정되는 주거시설, 선박 · 항공기 · 열차 등 운송수단 또는 그 밖의 장소에 들어가 필요한 조사나 진찰을 하게 할 수 있으며, 그 진찰 결과 감염병환자 등으로 인정될 때에는 동행하여 치료받게 하거나 입원시킬 수 있는 감염병으로 옳지 않은 것은?

① 제1군감염병
② 제2군감염병 중 디프테리아, 홍역 및 폴리오
③ 제3군감염병 중 결핵, 성홍열 및 B형간염
④ 제4군감염병 중 보건복지부장관이 정하는 감염병
⑤ 세계보건기구 감시대상 감염병

090 감염병 예방에 관한 업무를 처리하는 자는?

① 방역관   ② 역학조사관
③ 검역위원   ④ 예방위원
⑤ 보건소장

091 감염병의 예방 및 관리에 관한 법률상 국고부담경비 대상이 아닌 것은?

① 감염병환자 등의 진료 및 보호에 드는 경비

② 감염병 교육 및 홍보를 위한 경비

③ 감염병 예방을 위한 전문인력의 양성에 드는 경비

④ 해부에 필요한 시체의 운송과 해부 후 처리에 드는 경비

⑤ 건강진단 · 예방접종 등에 드는 경비

092 한국건강관리협회의 예방사업 대상은?

① 제1군감염병   ② 제2군감염병

③ 제3군감염병   ④ 제4군감염병

⑤ 제5군감염병

093 감염병의 예방 및 관리에 관한 법률상 가장 무거운 벌칙 대상은?

① 고위험병원체의 반입 허가를 받지 아니하고 반입한 자

② 업무상 알게 된 비밀을 누설한 자

③ 고위험병원체에 대한 안전관리 점검을 거부 · 방해 또는 기피한 자

④ 식중독 발생 등의 보고 또는 신고를 게을리 하거나 거짓으로 보고 또는 신고한 의사, 한의사, 군의관, 의료기관의 장 또는 감염병 표본감시기관

⑤ 식중독 발생에 의사, 한의사, 군의관, 의료기관의 장 또는 감염병표본감시기관의 보고 또는 신고를 방해한 자

094 감염병의 예방 및 관리에 관한 법률 시행령에 의한 감염병 예방에 필요한 소독을 하여야 하는 시설로 잘못된 것은?

① 공중위생관리법에 따른 객실 수 20실 이상의 숙박업소

② 관광진흥법에 따른 관광숙박업소

③ 연면적 100제곱미터 이상의 식품접객업소

④ 종합병원 · 병원 · 요양병원 · 치과병원 및 한방병원

⑤ 한 번에 100명 이상에게 계속적으로 식사를 공급하는 집단급식소

095 감염병의 예방 및 관리에 관한 법률 시행령상 예방접종 등에 따른 피해보상 내용이 아닌 것은?

① 진료비   ② 간병비

③ 장제비   ④ 소득보전금

⑤ 일시보상금

096 먹는물관리법상의 용어 설명이 올바르지 않은 것은?

① 먹는물이란 먹는 데에 통상 사용하는 자연상태의 물, 자연상태의 물을 먹기에 적합하도록 처리한 수돗물, 먹는 샘물, 먹는염지하수, 먹는 해양심층수 등을 말한다.

② 먹는샘물이란 암반대수층 안의 지하수 또는 용천수 등 수질의 안전성을 계속 유지할 수 있는 자연상태의 깨끗한 물을 먹는 용도로 사용할 원수를 말한다.

③ 염지하수란 물속에 녹아 있는 염분 등의 함량이 환경부령으로 정하는 기준 이상인 암반대수층 안의 지하수로서 수질의 안전성을 계속 유지할 수 있는 연상태의 물을 먹는 용도로 사용할 원수를 말한다.

④ 먹는염지하수란 염지하수를 먹기에 적합하도록 물리적으로 처리하는 등의 방법으로 제조한 물을 말한다.

⑤ 먹는해양심층수란 해양심층수의 개발 및 관리에 관한 법률 제2조 제1호에 따른 해양심층수를 먹는데 적합하도록 물리적으로 처리하는 등의 방법으로 제조한 물을 말한다.

097 먹는물관련영업과 거리가 먼 것은?

① 먹는샘물 제조업
② 먹는염지하수 수입판매업
③ 먹는해양심층수 유통전문판매업
④ 수처리제 제조업
⑤ 정수기의 제조업

098 샘물의 수질보전을 위하여 샘물보전구역을 지정하는 자는?

① 환경부장관
② 특별시장 · 광역시장
③ 시 · 도지사
④ 시장 · 군수 · 구청장
⑤ 환경위원회

099 먹는물관리법상 샘물보전구역에서의 금지행위가 아닌 것은?

① 가축의 사체 매몰
② 폐기물처리시설의 설치
③ 특정토양오염관리대상시설의 설치
④ 공공하수처리시설 또는 분뇨처리시설의 설치
⑤ 규모 이상의 정수처리시설의 설치

100 먹는물관리법상 샘물 등의 개발허가의 유효기간은?

① 1년
② 2년
③ 3년
④ 5년
⑤ 10년

101 먹는샘물 등의 제조업을 하려는 자는 누구에게 무엇을 받아야 하는가?

① 시 · 도지사의 인가
② 시 · 도지사의 허가
③ 시 · 도지사의 승인
④ 시 · 도지사의 동의
⑤ 시 · 도지사의 면허

102 먹는샘물 등, 수처리제 또는 그 용기를 수립하려는 자는 누구에게 어떤 절차를 밟아야 하는가?

① 시 · 도지사의 허가
② 시 · 도지사의 승인
③ 시 · 도지사에 신고
④ 시 · 도지사의 면허
⑤ 시 · 도지사에 통보

103 수질개선부담금의 용도로 맞지 않은 것은?

① 먹는물의 수질관리시책 사업비의 지원
② 먹는물의 수질검사 실시 비용의 지원
③ 먹는물의 개발 · 활용 · 연구 등의 비용 지원
④ 먹는물공동시설의 관리를 위한 비용의 지원
⑤ 공공의 지하수 자원을 보호하기 위하여 대통령령으로 정하는 용도

104 먹는물관리법상 반드시 청문이 필요하지 않은 경우는?

① 샘물 등의 개발허가의 취소
② 증명표지 제조자의 지정취소
③ 검사기관의 지정취소
④ 영업허가나 등록의 취소 또는 영업장의 폐쇄
⑤ 샘물보전구역 지정 취소

105 먹는물 수질검사 지정기관의 절대적 취소 사유가 아닌 것은?

① 거짓이나 그 밖의 부정한 방법으로 지정을 받은 경우
② 고의나 중대한 과실로 거짓의 검사성적서를 발급한 경우
③ 업무정지처분 기간 중 검사업무를 대행한 경우
④ 법인 또는 기관의 임원이나 대표자가 금치산자인 경우
⑤ 지정 받은 후 1년 이내에 검사대행 업무를 시작 하지 아니하거나 계속해서 1년 이상 그 실적이 없는 경우

106 먹는물관리법상 3년 이하의 징역이나 1천만 원이하의 벌금에 처하는 대상이 아닌 것은?

① 등록을 하지 아니하고 수처리제 제조업을 하거나 거짓이나 그 밖의 부정한 방법으로 등록한 자
② 신고를 하지 아니하고 먹는샘물 등의 유통전문 판매업을 하거나 거짓이나 그 밖의 부정한 방법으로 신고한 자
③ 검사기관에서 고의로 거짓의 검사성적서를 발급한 자
④ 영업정지처분을 위반하여 먹는샘물 등의 제조업이나 수입판매업을 한 자
⑤ 허가 또는 변경허가를 받지 아니하고 샘물 등을 개발하거나 거짓이나 그 밖의 부정한 방법으로 허가나 변경허가를 받아 샘물 등을 개발한 자

107 폐기물관리법상 지정폐기물이 아닌 것은?

① 폐합성 수지　② 폐합성 고무

③ 오니류　④ 폐농약

⑤ 인체조직 등 적출물

108 사업장폐기물 중 폐유·폐산 등 주변환경을 오염시킬 수 있거나 의료폐기물 등 인체에 위해를 줄 수 있는 해로운 물질은?

① 생활폐기물　② 지정폐기물

③ 의료폐기물　④ 특별폐기물

⑤ 환경폐기물

109 폐기물관리법 적용대상 예외가 아닌 것은?

① 사람의 생활, 사업활동에 필요하지 않게 된 물질

② 방사성 물질과 이로 인하여 오염된 물질

③ 용기에 들어 있지 않은 기체상태의 물질

④ 수질오염방지시설에 유입되거나 공공수역으로 배출되는 폐수

⑤ 폐기되는 탄약

110 폐기물관리법상의 폐기물관리의 기본원칙으로 옳지 않은 것은?

① 누구든지 폐기물을 배출하는 경우에는 주변 환경이나 주민의 건강에 위해를 끼치지 않도록 사전에 적절한 조치를 하여야 한다.

② 폐기물을 그 처리과정에서 양과 유해성을 줄이도록 하는 등 환경보전과 국민건강보호에 적합하게 처리되어야 한다.

③ 국내에서 발생한 폐기물은 가능하면 국외에서 처리되어야 하고 폐기물의 수출을 적극적으로 도모하여야 한다.

④ 폐기물은 소각, 매립 등의 처분을 하기 보다는 우선적으로 재활용함으로써 자원생산성의 향상에 이바지하도록 하여야 한다.

⑤ 폐기물로 인하여 환경오염을 일으킨 자는 오염된 환경을 복원할 책임을 지며, 오염으로 인한 피해의 구제에 드는 비용을 부담하여야 한다.

111 폐기물관리법상 시·도지사는 관할 구역의 폐기물 처리에 관한 기본계획을 몇 년마다 수립하여 환경부장관의 승인을 받아야 하는가?

① 매년마다　② 분기마다

③ 3년마다　④ 5년마다

⑤ 10년마다

112 폐기물관리법상 폐기물관리 종합계획의 수립권자는?

① 환경부장관
② 시 · 도지사
③ 시장 · 군수 · 구청장
④ 환경위원회
⑤ 특별자치도지사

113 폐기물관리법상 생활폐기물 처리의무자는?

① 환경부장관
② 특별시장 · 광역시장
③ 시 · 도지사
④ 특별자치도지사, 시장 · 군수 · 구청장
⑤ 읍 · 면장

114 폐기물관리법상 폐기물처리업의 업종구분으로 옳지 않은 것은?

① 폐기물 중간 수집 · 운반업
② 폐기물 중간처분업
③ 폐기물 중간재활용업
④ 폐기물 최종처분업
⑤ 폐기물 종합재활용업

115 폐기물관리법상 폐기물처리업 허가 결격사유로 잘못된 것은?

① 미성년자, 금치산자 또는 한정치산자
② 파산선고를 받고 복권되지 아니한 자
③ 이 법을 위반하여 금고 이상의 형을 선고받고 그 형의 집행이 끝나거나 기간이 지나지 아니한 자
④ 폐기물처리업의 허가가 취소된 자로서 그 허가가 취소된 날부터 2년이 지나지 아니한 자
⑤ 임원 중 위 결격사유에 해당하는 자가 있는 법인

116 폐기물처리업자의 절대적 허가 취소사유가 아닌 것은?

① 속임수 등 부정한 방법으로 허가를 받은 경우
② 영업정지기간 중 영업 행위를 한 경우
③ 계약갱신 명령을 이행하지 아니한 경우
④ 임원 중 결격사유에 해당하는 자가 있는 경우로 2개월 이내에 그 임원을 바꾸어 임명하지 아니한 경우
⑤ 관리기준에 맞지 아니하게 폐기물처리시설을 운영한 경우

117 폐기물관리법상 매년 폐기물의 발생 · 처리에 관한 보고서를 언제까지 해당 허가 · 승인 · 신고기관 또는 확인기관의 장에게 제출하여야 하는가?

① 회계연도 말까지
② 처리종료일로부터 3개월 이내
③ 처리종료일로부터 6개월 이내
④ 처리종료일로부터 1년 이내
⑤ 다음연도 2월 말일까지

118 폐기물관리법상의 폐기물처리공제조합에 관한내용으로 옳지 않은 것은?

① 조합은 법인으로 한다.
② 조합은 주된 사무소의 소재지에서 설립등기를 함으로써 성립한다.
③ 조합은 조합원의 방치폐기물을 처리하기 위한공제사업을 한다.
④ 조합의 조합원은 공제사업을 하는 데에 필요한 분담금을 조합에 내야 한다.
⑤ 조합에 관하여 이 법에서 규정한 것 외에는 민법 중 재단법인에 관한 규정을 준용한다.

119 폐기물관리법상 5년 이하의 징역이나 3천만 원 이하의 벌금 대상이 아닌 것은?

① 허가를 받지 아니하고 폐기물처리업을 한 자
② 거짓이나 그 밖의 부정한 방법으로 폐기물처리 업 허가를 받은 자
③ 폐쇄명령을 이행하지 아니한 자
④ 대행계약을 체결하지 아니하고 종량제 봉투 등을 제작 · 유통한 자
⑤ 규정을 위반하여 검사를 받지 아니하거나 적합판정을 받지 아니하고 폐기물처리시설을 사용한 자

120 하수도법상 환경부장관은 국가 하수도정책의 체계적 발전을 위하여 몇 년마다 국가 하수도종합계획을 수립하여야 하는가?

① 1년마다
② 3년마다
③ 5년마다
④ 10년마다
⑤ 20년마다

121 다음 중 하수도정비기본계획의 수립권자가 아닌 것은?

① 환경부장관
② 특별시장
③ 광역시장
④ 특별자치도지사
⑤ 시장 · 군수

122 개인하수처리시설의 소유자 또는 관리자는 대통령령이 정하는 부득이한 사유로 방류수 수질기준을 초과하여 방류하게 되는 때에는 누구에게 미리 신고하여야 하는가?

① 공공하수도관리청장
② 환경부장관
③ 시 · 도지사
④ 지방환경청장
⑤ 시장 · 군수 · 구청장

123 방류수 수질검사 결과 방류수 수질기준을 초과하는 경우 개인하수처리시설에 대한 개선명령권자는?

① 환경부장관
② 공공하수도관리청장
③ 지방환경청장
④ 시 · 도지사
⑤ 특별자치도지사 · 시장 · 군수 · 구청장

124 시장 · 군수 · 구청장은 분뇨의 재활용시설에 대한 개선기간이 끝난 보고를 받았을 때에는 보고받은 후 며칠 이내에 개선명령의 이행상태를 확인하여야 하는가?

① 3일   ② 5일
③ 7일   ④ 10일
⑤ 15일

125 시장 · 군수 · 구청장은 분뇨수집 · 운반업자에게 영업정지처분을 하여야 할 경우 그 영업정지가 당해 사업의 이용자 등에게 심한 불편을 주거나 그 밖에 공익을 해할 우려가 있는 때에는 그 영업정지에 갈음하여 얼마의 과징금을 부과할 수 있는가?

① 1천만 원 이하
② 2천만 원 이하
③ 3천만 원 이하
④ 4천만 원 이하
⑤ 5천만 원 이하

126 분뇨수집 · 운반업자가 그 영업을 휴업 · 폐업 또는 재개업하는 때에는 며칠 이내에 신고서에 등록증을 첨부하여 등록관청에 제출하여야 하는가?

① 3일 이내   ② 5일 이내
③ 10일 이내   ④ 15일 이내
⑤ 30일 이내

127 공공하수처리시설 또는 분뇨처리시설을 운영 · 관리하는 자는 대통령령이 정하는 바에 따라 방류수의 수질검사, 찌꺼기의 성분검사를 실시하고 그 검사에 관한 기록을 보존하는 기간은?

① 1년   ② 2년
③ 3년   ④ 5년
⑤ 영구 보존

128 공공하수도관리청은 소관 공공하수도에 대한 기술진단을 몇 년마다 실시하여 공공하수도의 관리 상태를 점검하여야 하는가?

① 1년마다 ② 3년마다

③ 5년마다 ④ 10년마다

⑤ 15년마다

129 공공하수처리시설의 방류수 수질기준 중 BOD(생물화학적 산소요구량)의 기준은?

① 10mg/L 이하 ② 20mg/L 이하

③ 30mg/L 이하 ④ 40mg/L 이하

⑤ 50mg/L 이하

130 하수도법상의 비용부담 등에 관한 설명으로 옳지 않은 것은?

① 공공하수도에 관한 비용은 이 법 또는 다른 법률에 특별한 규정이 있는 경우를 제외하고는 당해 공공하수도관리청이 속하는 지방자치단체의 부담으로 한다.

② 공공하수도관리청은 당해 공공하수도로 인하여 이익을 받는 다른 지방자치단체에 대하여 그 이익의 범위 안에서 공공하수도의 설치 · 개축 · 수선 · 유지에 필요한 비용의 전부 또는 일부를 분담시킬 수 있다.

③ 협의가 성립되지 아니한 때에는 관계 지방자치단체는 시 · 도지사(관계 지방자치단체의 일방 또는 쌍방이 시 · 도인 경우에는 환경부장관을 말한다)에게 재정을 신청할 수 있다.

④ 비용의 분담에 관하여는 관계 지방자치단체가 상호 협의하여야 한다.

⑤ 환경부장관은 재정을 하는 때에는 기획재정부장관과 미리 협의하여야 한다.

2과목 환경위생학 [필기] SANITARIAN

정답 및 해설 171p

001 대기의 표준상태에서 가장 많이 포함된 기체는?

① N_2
② CO_2
③ CO
④ O_2
⑤ SO_2

002 중독 시 일산화탄소가 혈중의 헤모글로빈과 결합하여 혈중 산소 농도를 저하시키는 것을 무엇이라고 하는가?

① 무호흡증
② 무산소증
③ 진폐증
④ 잠함병
⑤ 군집독

003 다음 중 일산화탄소(CO)의 중독 후유증과 거리가 먼 것은?

① 뇌장애
② 신경장애
③ 소화기장애
④ 지각기능장애
⑤ 시야협소

004 다음 중 군집독의 증상과 거리가 먼 것은?

① 식욕부진
② 불쾌감
③ 현기증
④ 두통과 구토
⑤ 복통과 소화장애

005 공기 중에 산소가 몇 % 이하이면 호흡곤란 증세가 발생하기 시작하는가?

① 5%
② 10%
③ 12%
④ 15%
⑤ 20%

006 공기성분 중 적외선을 흡수하여 온실효과를 일으키는 가스는?

① N_2
② CO_2
③ SO_2
④ O_2
⑤ CO

007 소위 잠함병과 관련이 깊은 공기성분은?

① N_2
② O_2
③ CO_2
④ SO_2
⑤ CO

008 실내공기의 오염요인으로 화학적 변화요인이 아닌 것은?

① CO_2의 증가
② O_2의 감소
③ 악취의 증가
④ 습도의 증가
⑤ 기타 가스의 증가

009 표준상태에서의 공기의 평균분자량은?

① 약 12.24g ② 약 16.42g

③ 약 21.20g ④ 약 28.84g

⑤ 약 30.21g

010 성인 한 사람이 1회 호흡할 경우 어느 정도의 산소를 소비하는가?

① 1~2% ② 2~3%

③ 3~4% ④ 4~5%

⑤ 5~6%

011 다음 중 공기밀도의 값으로 옳은 것은?

① 0.253g/L ② 0.824g/L

③ 1.293g/L ④ 1.628g/L

⑤ 2.245g/L

012 다음의 특징을 갖는 가스는?

가. 무색	나. 자극성
다. 액화성이 강함	

① N_2 ② O_2

③ CO_2 ④ CO

⑤ SO_2

013 실내공기의 대표적인 오염측정지표로 CO_2를 이용하는 이유는?

① 공기 중에 많이 함유되어 있기 때문에

② O_2와 관련성이 없기 때문에

③ CO_2가 CO로 변화가 되기 때문에

④ 전반적으로 공기의 상황을 추측할 수 있기 때문에

⑤ 측정이 용이하기 때문에

014 군집독에 관한 설명으로 옳지 않은 것은?

① 공기가 잘 소통되지 않는 장소에 다수인이 있는 경우에 주로 발생한다.

② 군집독은 기후상태에 따라 악화되는 질환이다.

③ 주요한 증상은 두통, 현기증, 구토이다.

④ 실내의 기온, 습도, 이산화탄소량 증가가 요인이다.

⑤ 폐와 심장이 나쁜 사람에게 많이 나타난다.

015 공기의 자정작용과 그 관련 요인의 연결이 잘못된 것은?

① 살균작용 − 헬륨과 수소

② 세정작용 − 강우와 강설

③ 희석작용 − 바람과 기류

④ 교환작용 − 산소와 이산화탄소

⑤ 산화작용 − 산소, 오존, 과산화수소

016 대기오염으로 인해 나타나는 지구온난화 현상을 설명한 것으로 틀린 것은?

① 원인은 대기 중 CO_2, CH_4, N_2O, CFC 등의 오염 농도 증가다.

② 태양열이 각종 물질에 흡수되어 온도가 상승한다.

③ 해수면 상승, 수자원 악영향, 생태계 파괴, 농업과 산림 피해, 감염병 증가를 가져온다.

④ 엘리뇨현상의 원인이 된다.

⑤ 기후변화는 거의 없는 편이다.

017 다음 물질 중에서 광화학 반응에 의하여 생성되는 2차 오염물질은 무엇인가?

① 오존, PAN

② 일산화탄소, 일산화질소

③ 이산화황, 이산화질소

④ 탄화수소, 질소산화물

⑤ 탄산가스, 유기산

018 유해물의 허용치 표시방식 중에서 최고 허용치를 의미하며 어떠한 경우라도 이 허용치를 넘어서는 안 되는 것을 무엇이라고 하는가?

① TLV — STEL

② TLV — TWA

③ TLV — C

④ TLV — STEA

⑤ TLV — STELL

019 다음은 분진과 직업병과의 관계를 연결한 것이다. 틀리게 연결된 것은?

① 탄폐증 — 탄광근로자

② 규폐증 — 광산 및 금속제련 근로자

③ 면폐증 — 석탄 및 석면관련 근로자

④ 진폐증 — 먼지가 많은 작업장 근로자

⑤ 석면폐증 — 발화재 및 내열재 취급 근로자

020 열중증 중에서 만성적으로 나타나는 것을 무엇이라고 하는가?

① 열사병   ② 열쇠약

③ 열경련   ④ 열허탈증

⑤ 울열증

021 고기압에 장기간 노출되는 경우에 나타나는 인체의 장애로 볼 수 없는 것은 어느 것인가?

① 치통   ② 중이염

③ 고산병   ④ 현기증

⑤ 시력장애

022 폐기물을 바다에 버려서 나타나는 각종 해양오염 현상을 방지하기 위하여 맺은 국제협약은?

① 람사르협약   ② 런던협약

③ 교토의정서   ④ 비엔나협약

⑤ 파리협약

023 다음은 소음의 허용기준이다. 틀린 것은?

① 소음을 상대적으로 조정하는 기능을 하는 보정표에 의한 평가소음도는 50dB 이하로 되어 있다.

② 충격에 의한 순간적인 소음의 최고음의 폭로한 계는 140dB(A)이다.

③ 가장 높은 소음의 폭로 한계치는 150dB(A)이다.

④ 계속 지속되는 소음의 폭로 한계치는 90dB(A)이다.

⑤ 건강장애를 유발시키는 소음에서 가장 중요한 요인은 소음의 방향이다.

024 다음 중 온열환경의 인자를 모두 고른다면?

가. 기온	나. 습도
다. 기류	라. 복사열

① 가, 나, 다   ② 가, 다
③ 나, 라   ④ 라
⑤ 가, 나, 다, 라

025 통상 실외의 기온 측정은 지면으로부터 얼마 높이에서 측정하는가?

① 1.0m   ② 1.5m
③ 2.0m   ④ 2.5m
⑤ 3.0m

026 실외기온의 측정 온도계는?

① 수은 온도계   ② 알코올 온도계
③ 전기 온도계   ④ 자기 온도계
⑤ 흑구 온도계

027 실외기온을 측정할 경우 측정장소의 접근이 어려울 때 사용되는 온도계는?

① 수은 온도계   ② 카타 온도계
③ 전기 온도계   ④ 알코올 온도계
⑤ 흑구 온도계

028 습도와 관련된 내용으로 옳지 않은 것은?

① 습도 : 일정한 온도의 공기 중에 포함될 수 있는 수분량

② 절대습도 : 공기 1㎥ 중에 함유한 수증기량(수증기장력)

③ 상대습도＝(포화습도/절대습도)×100

④ 최적습도 : 40~70%

⑤ 포차＝포화습도－절대습도

029 다음 중 실외기류 측정에 이용되는 기류 측정기기는?

① 회전형   ② 풍차 풍속계
③ 카타 온도계   ④ 로빈슨형
⑤ 에로벤형

030 다음 중 복사열 측정기기는?

① 카타 온도계　　② 바이메탈 온도계
③ 흑구 온도계　　④ 로빈슨형 온도계
⑤ 에로벤형 온도계

031 자연환경 중 이화학적 환경이 아닌 것은?

① 공기　　　　　② 물
③ 토양　　　　　④ 빛
⑤ 미생물

032 공기 중 산소의 농도가 얼마 정도이면 호흡곤란이 발생하게 되는가?

① 20%　　　　　② 10%
③ 7%　　　　　　④ 5%
⑤ 4%

033 정상공기의 화학적 성분 구성 내용으로 옳지 않은 것은?

① 질소 78.1%
② 산소 20.93%
③ 아르곤 0.93%
④ 이산화탄소 0.03%
⑤ 아황산가스 0.53%

034 일반적인 실내의 이산화탄소 허용량은?

① 0.1%　　　　　② 0.3%
③ 0.5%　　　　　④ 0.7%
⑤ 0.9%

035 공기 중 이산화탄소의 농도가 얼마 이상이면 질식사를 일으키는가?

① 4%　　　　　　② 7%
③ 10%　　　　　④ 15%
⑤ 20%

036 공기성분 중 일산화탄소(CO)에 대한 설명으로 옳지 않은 것은?

① 무색, 무취, 무자극성 가스이다.
② 공기보다 약간 무거운 기체이다.
③ 물체의 불완전연소 초기 및 소화시기에 많이 발생한다.
④ 헤모글로빈과 결합하는 성질이 산소보다 200~300배가 강하다.
⑤ 일산화탄소 중독은 흡기 중 CO가스가 0.05~0.1% 이상이면 중독을 일으킨다.

037 실내공기 오염도의 측정기준이 되는 공기 성분은?

① O_2　　　　　② N_2
③ CO_2　　　　④ CO
⑤ SO_2

038 공기성분 중 산소(O_2)에 대한 설명으로 옳지 않은 것은?

① 체적구성비는 약 21%이다.

② 중량구성비는 약 23%이다.

③ 성인이 하루 필요한 산소량은 약 600~700L 정도이다.

④ 성인이 하루 필요로 하는 공기량은 약 13KL 정도이다.

⑤ 대기 중의 산소 변동범위는 10±5%이다

039 공기성분 중 질소에 대한 설명으로 옳지 않은 것은?

① 체적구성비는 약 78%이다.

② 중량구성비는 75.5%이다.

③ 생리적으로 비독성인 불활성가스로 인체에 직접적인 영향력이 없다는 점이 특징이다.

④ 저압환경하에서 중추신경 마취작용을 일으키기도 한다.

⑤ 잠함병이나 케이슨병의 원인이 되기도 한다.

040 공기성분 중 이산화탄소(CO_2)에 대한 설명으로 적절하지 않은 것은?

① 체적구성비는 0.03% 정도이고 중량구성비는 0.046% 정도이다.

② 무색, 무취 및 약산미를 가지는 비독성 가스로 소화, 청량음료, 드라이아이스 등의 용도로 쓰인다.

③ 실외공기 오염도의 측정기준이 된다.

④ 이산화탄소의 농도가 7%이면 호흡곤란

이 온다.

⑤ 이산화탄소의 농도가 10%이면 질식사를 일으킨다.

041 공기성분 중 일산화탄소 중독에 의한 후유증이 아닌 것은?

① 잠함병   ② 언어장애

③ 운동장애   ④ 시력저하

⑤ 시야협착

042 일산화탄소 중독증상을 막기 위한 혈중 일산화탄소의 포화도는?

① 10% 미만   ② 20% 미만

③ 30% 미만   ④ 50% 미만

⑤ 70% 미만

043 실내에서의 일산화탄소 오염허용 기준은?

① 10ppm 이하   ② 15ppm 이하

③ 20ppm 이하   ④ 25ppm 이하

⑤ 30ppm 이하

044 공기성분 중 대기오염의 측정지표는?

① O_2 ② N_2

③ CO_2 ④ CO

⑤ SO_2

045 오존(O_3)에 대한 설명으로 적절하지 않은 것은?

① 대기 중에는 보통 0.01~0.04ppm 정도 존재한다.
② 적외선을 차단하는 역할을 한다.
③ 대기 중 허용농도는 0.1ppm이다.
④ 만성중독 시 체내의 효소를 교란시켜 DNA, RNA에 작용하여 유전인자 변화를 유발한다.
⑤ 오존층의 파괴원인은 염화불화탄소(CFC)이다

046 다음 중 감각온도의 조건으로 옳은 것으로만 묶인 것은?

① 기온, 기류, 복사열
② 일교차, 복사열, 실내온도
③ 기온, 일교차, 복사열
④ 기습, 복사열, 실내온도
⑤ 기온, 기습, 기류

047 기온의 섭씨온도 표시 공식으로 맞는 것은?

① $℃ = 5/9 (℉ - 32)$
② $℃ = 9/5 (℉ - 32)$
③ $℃ = 5/9 (℉ + 32)$
④ $℃ = 9/5 (℉ + 32)$
⑤ $℃ = 5/9 (32 - ℉)$

048 다음 중 거실의 적당한 온도범위는?

① $18±2℃$
② $15±1℃$
③ $21±2℃$
④ $16±1℃$
⑤ $23±2℃$

049 일정한 공기가 함유할 수 있는 수증기의 한계를 넘을 때의 공기 중 수증기량이나 수증기의 장력을 그 공기의 무엇이라고 하는가?

① 포화습도
② 절대습도
③ 비교습도
④ 상대습도
⑤ 적정습도

050 다음 온도계 중 기온과 기습을 동시에 함께 측정하는 것은?

① 수은 온도계
② 알코올 온도계
③ 최고최저 온도계
④ 아스만 통풍·습도계
⑤ 건구 온도계

051 기류란 무엇과 무엇에 의해 이루어지는가?

① 기압과 기온
② 기압과 습도
③ 기온과 습도
④ 기온과 속도
⑤ 습도와 속도

052 통상적으로 무풍기류는?

① 0.1m/sec   ② 0.2~0.3m/sec

③ 0.5m/sec   ④ 0.6~0.9m/sec

⑤ 1.0m/sec

053 다음 기류를 측정하는 기구 중 실내기류를 측정하는 것은?

① 카타 온도계   ② 풍차 풍속계

③ Dines 풍력계   ④ 로빈슨 풍력계

⑤ 열선 기류계

054 다음 중 상대습도를 나타낸 것은?

① 포화습도 － 절대습도

② (절대습도 / 포화습도) × 100

③ 현재 공기 $1m^2$ 중 함유한 수증기량

④ 일정공기가 포화상태로 함유할 수 있는 수증기량

⑤ 현재의 공기 $1m^2$가 포화상태에서 함유할 수 있는 수증기량과 그 중에 함유되어 있는 수증기량과의 비

055 다음 〈보기〉가 설명하는 것은?

> **보기**
>
> • 기온, 기습, 기류관계를 통하여 인체에 주는 온감을 말한다.
> • 동일한 온감을 주는 습도 100%, 무풍 조건하에서 °F로 표시한다.

① 쾌감대   ② 감각온도

③ 불쾌지수   ④ 지적온도

⑤ 이상기온

056 적외선에 대한 설명으로 적당하지 않은 것은?

① 파장이 7,800Å이고 열선으로 운동에너지와 조직온도를 상승시키며 피부투과력이 높다.

② 강한 열선으로 백내장을 유발하는 원인이 되기도 한다.

③ 피부장해를 일으켜 충혈, 혈관확장, 괴사, 화상 등을 야기한다.

④ 태양의 방사 에너지 중 가장 적은 양을 차지한다.

⑤ 두부장해로는 두통이 있고 뇌온 상승으로 인한 일사병의 원인이 되기도 한다.

057 가시광선에 대한 설명으로 옳지 않은 것은?

① 가시광선은 파장 4,000~7,000Å으로 명암과 색깔을 구분하는 눈의 망막을 자극한다.

② 물체를 식별하는 데 적당한 조명도는 100~1,000Lux이다

③ 조명부족은 작업능률 저하, 시력저하, 안정피로, 안구진탕증 등의 원인이 되기도 한다.

④ 조명과다는 시력장애, 시야협착, 망막변성 등의 원인이 된다.

⑤ 피부암이나 피부색소 침착의 원인이 되고 비타민 D를 생성하여 구루병을 예방하기도 한다.

058 대기의 수직구조에 대한 설명으로 적절하지 않은 것은?

① 대류권, 성층권, 중간권, 열권으로 이루어져 있다.
② 지상12km 이하의 대기권에서 기온은 지상100m마다 0.6~1.0℃ 정도씩 낮아진다.
③ 성층권에서는 고도에 따라 기온이 높아져서 50km에서는 0℃가 된다.
④ 지상25km 지역은 오존밀도가 최대인 지역이다.
⑤ 대기 중의 습도는 대류권에서만 존재한다.

059 다음 〈보기〉가 설명하는 기온현상은?

> 보기
>
> 대도시가 시골보다 온도가 2~5℃ 정도 높은 것으로 연료소비로 인한 막대한 양의 방출열과 건물 및 시가지의 축적된 열이 교외 지역보다 도시지역을 더 가열시키는 현상

① 열대야현상　　② 엘리뇨현상
③ 라니냐현상　　④ 열섬현상
⑤ 기온역전현상

060 다음 중 스페인어로 '신의 아들'이란 뜻을 가진 기온 현상은?

① 라니냐현상　　② 엘리뇨현상
③ 열섬효과　　④ 열대야현상
⑤ 기온역전현상

061 1954년 이후 로스앤젤레스 대기오염의 대표적인 원인 현상은?

① 열섬현상
② 라니냐현상
③ 엘리뇨현상
④ 침강성 기온역전현상
⑤ 복사성 기온역전현상

062 다음 중 1차성 오염물질이 아닌 것은?

① 증기　　　　② 분진
③ 연무　　　　④ 퓸
⑤ 광화학적 스모그

063 입자상 대기오염물질 중 금속의 연소 또는 가열 등에 의해 기체화한 미립자는?

① 증기　　　　② 분진
③ 매연　　　　④ 연무
⑤ 퓸

064 식물에 피해를 주는 유해가스 순서가 바르게 연결된 것은?

① $HF > SO_2 > NO_2 > CO > CO_2$
② $SO_2 > CO > HF > CO_2 > NO_2$
③ $CO > SO_2 > CO_2 > NO_2 > HF$
④ $CO_2 > CO > NO_2 > SO_2 > HF$
⑤ $NO_2 > CO_2 > SO_2 > HF > CO$

065 온실효과에 가장 큰 영향을 미치는 것은?

① CO_2　　② SO_2
③ NO_2　　④ CO
⑤ CFC

066 다음 중 산성비의 피해와 거리가 먼 것은?

① 식물의 고사　　② 건물의 산화
③ 인체탈모현상　　④ 담수의 산성화
⑤ 기온의 상승효과

067 발생 원인이 아연정련공장, 도료, 축전지, 엔진, TV부품공장 등인 오염물질은?

① 카드뮴　　② 납
③ 수은　　④ 광학적 산화물
⑤ 구리

068 다음 오염물질 중 미나마타병의 발생 원인은?

① 납 중독　　② 수은 중독
③ 카드뮴 중독　　④ 오존
⑤ 산성비

069 다음 중 유기물질, 미생물, 탁도, 용존산소, 기후변화가 많으며 오염의 기회가 많은 것은?

① 천수　　② 빗물
③ 지표수　　④ 지하수
⑤ 복류수

070 물의 여과 및 소독으로 인한 환자의 감소 현상을 무엇이라고 하는가?

① 밀스 라인케 현상
② 물의 자정작용
③ 물의 순환현상
④ 물의 광화학적 현상
⑤ 온실효과 현상

071 다음 중 계절과 질병의 관계를 설명한 것으로 옳지 않은 것은?

① 여름철에는 발한으로 한진과 피부염의 증가, 위액분비 감소 등이 나타난다.
② 겨울철에는 일광과 자외선의 부족으로 구루병이 발생할 수 있다.
③ 질병에 대한 감수성이 기후의 변화에 따라 변한다.
④ 기초대사와 신진대사는 여름철에 저하, 겨울철에 항진된다.
⑤ 여름에는 산성화되기 쉬우며, 겨울에는 알칼리 성화되기 쉽다.

072 공기 중에서 가장 많은 체적으로 구성되어 있는 요소는 무엇인가?

① 질소 　　　② 산소
③ 이산화탄소 　④ 일산화탄소
⑤ 헬륨

073 지구의 공기성분으로서 체적이 큰 것부터 바르게 나열한 것은?

① 질소 > 산소 > 아르곤 > 이산화탄소
② 산소 > 이산화탄소 > 수소 > 질소
③ 산소 > 질소 > 아르곤 > 이산화탄소
④ 질소 > 수소 > 산소 > 아르곤
⑤ 이산화탄소 > 질소 > 산소 > 아르곤

074 인체의 표면에서 열손실의 정도를 측정하는 데 이용되는 것은 무엇인가?

① 감각온도 　②복사열
③ 카터 냉각력 　④ 불쾌지수
⑤ 등온지수

075 실내공기의 대표적인 오염측정지표로 CO_2를 사용하는 이유는?

① 측정이 용이하기 때문
② 공기 중에 많이 함유되어 있기 때문
③ 전반적으로 공기의 상황을 추측할 수 있기 때문
④ O_2와 관련성이 없기 때문
⑤ CO_2가 CO로 변화되기 때문

076 다음 중 대기오염이 가장 심한 기상 상태는?

① 고온 　　②고습
③ 고기압 　④ 기온역전
⑤ 저기압

077 군집독(Crowd Poisoning)의 원인으로 거리가 가장 먼 것은?

① 실내물건 　② 실내기온
③ 실내습도 　④ 실내가스
⑤ 실내취기

078 대기오염물질 중에서 1차 오염물질에 대한 설명으로 옳지 않은 것은?

① 발생원으로부터 직접 대기로 방출되는 물질이다.
② 특히 아침, 저녁, 밤에 대기 중 오염농도가 증가하는 물질이다.
③ 1차 오염물질은 CO, CO_2, 수소, 탄화수소, 황화수소 등이다.
④ 1차 오염물질과 다른 물질이 반응하여 생성된 물질이다.
⑤ 1차 오염물질은 오전 9시경 증가, 12시경 감소, 오후 6시경 다시 증가하기 시작한다.

079 다음 중 2차 오염물질이 아닌 것은?

① 오존   ② PAN
③ PBN   ④ 알데히드
⑤ 이산화탄소

080 공기의 자정작용과 그 관련요인의 연결이 옳지 않은 것은?

① 세정작용 — 강우와 강설
② 살균작용 — 헬륨과 수소
③ 산화작용 — 산소, 오존, 과산화수소
④ 희석작용 — 바람과 기류
⑤ 교환작용 — 산소와 이산화탄소

081 인체의 체온상승(열 발생)에 가장 많은 영향을 미치는 부위는?

① 골격근   ② 간
③ 신장   ④ 심장
⑤ 호흡

082 다음 중 온실효과와 관련이 없는 요인은?

① 산소   ② 메탄
③ 자외선   ④ 이산화탄소
⑤ 프레온가스

083 거의 모든 사람이 불쾌감을 느끼는 불쾌지수는?

① 불쾌지수 ≥ 60 ② 불쾌지수 ≥ 65
③ 불쾌지수 ≥ 70 ④ 불쾌지수 ≥ 75
⑤ 불쾌지수 ≥ 80

084 지하수와 비교한 지표수의 특징이 아닌 것은?

① 부식성이 크고 유기물을 많이 함유한다.
② 미생물과 세균의 번식이 많다.
③ 용존산소가 많다.
④ 경도가 높다.
⑤ 오염되기 쉽다.

085 도시에서 배출되는 하수가 하천으로 유입될 때 발생하는 각종 현상으로 옳지 않은 것은?

① 탁도의 증가   ② DO의 증가
③ COD의 증가   ④ BOD의 증가
⑤ 부유물질의 증가

086 물의 자정작용 중 수중에서 화학작용이 발생하여 오염물질이 응집되고 정화되는 과정은?

① 생물학적 작용   ② 화학적인 작용
③ 물리적 자정작용   ④ 순환작용
⑤ 연쇄작용

087 물의 소독방법 중 강한 산화력과 살균력을 갖고 있으며 가격이 저렴하고 잔류효과가 큰 방법은?

① 이온처리법　　② 오존법
③ 자외선법　　④ 염소처리법
⑤ 자비법

088 완속여과법의 특징과 거리가 먼 것은?

① 여과속도는 3~9m/day 정도이다.
② 조류발생이 쉬운 곳에 유용하다.
③ 수면 동결이 쉬운 곳에는 좋지 않다.
④ 소요면적이 크다.
⑤ 건설비가 많이 드나 유지비는 적게 든다.

089 수질기준에 대한 내용으로 옳지 않은 것은?

① 대장균군은 100cc 중 검출되지 않아야 한다(음성반응).
② 납은 0.05ppm 이하여야 한다.
③ 병원성 미생물은 1cc 중 100을 넘지 않아야 한다.
④ 색도는 5도, pH는 5.8~8.5이어야 한다.
⑤ 과망간산칼륨소비량은 10ppm 이하여야 한다.

090 다음 중 염소소독의 장점이 아닌 것은?

① 소독력이 강한 편이다.
② 염소잔류효과가 크다.
③ 비용이 적게 든다.
④ 조작이 간편하다.
⑤ 독성이 없다.

091 하수처리방법 중 합류식의 장점이 아닌 것은?

① 시공에 비용이 비교적 적게 들며 공사가 간편하다.
② 하수도가 빗물로 자연 청소되어 합리적이다.
③ 하수가 빗물에 희석되므로 처리가 용이하다.
④ 빗물 때문에 하수도관을 크게 만들어야 한다.
⑤ 빗물이 혼입되면 처리용량이 줄어들게 된다.

092 다음 중 호기성처리방법이 아닌 것은?

① 임호프조법　　② 살수여상법
③ 활성오니법　　④ 오니소화법
⑤ 산화지법

093 생물학적 산소요구량(BOD)에 대한 설명으로 옳지 않은 것은?

① 오염된 물의 유기성 물질을 호기성 미생물에 의하여 분해하는 과정에서 필요한 산소요구량을 말한다.
② 물의 온도 20℃에서 5일간 측정하여 BOD의 양을 결정한다.
③ 도시하수도의 BOD 기준은 200mg/L 이하이다.
④ 하천에서 BOD가 10ppm이면 혐기성 분해가 이루어져 메탄, 암모니아, 황화수소 등의 가스가 발생하고 이에 따라 악취가 난다.
⑤ 유독물질을 배출하는 공장폐수의 오염도를 알고자 할 때 적당하다.

094 DO(용존산소)에 대한 설명으로 적당하지 않은 것은?

① 용존산소란 물속에 녹아 있는 산소량을 말한다.
② DO는 수온이 높을수록, 기압이 높을수록 증가한다.
③ 염류의 농도가 높을수록 감소하고, 순수한 물일 때 최대가 된다.
④ 물속에 용존되어 있는 산소가 적으면 혐기성 세균의 활동작용으로 악취와 가스가 발생한다.
⑤ 5ppm 이상의 DO가 수중에 존재해야 수중 생물이 생장할 수 있다.

095 다음 〈보기〉의 설명은 무엇에 대한 내용인가?

> 보기
>
> • 생태계의 생명체들은 서로 먹이 연쇄에 의하여 복잡한 물질이동회로를 형성하는데 이로 인해 유해물질이 축적되는 현상
> • 회로과정에서 하나의 생명체에서 다른 생명체로 먹이연쇄에 따라 유해물질이 몸체에 축적되는 현상

① 부영양화현상　② 생물농축현상
③ 자정작용현상　④ 라니냐현상
⑤ 엘리뇨현상

096 다음 중 독성물질의 유해 정도를 나타내는 지수는?

① TLm　　② LC_{50}
③ TLC　　④ pH
⑤ SS

097 다음 중 부영양화의 원인물질은?

① 질소, 인　② 망간, 칼륨
③ 철, 망간　④ 구리, 마그네슘
⑤ 철, 마그네슘

098 주택의 채광을 위한 창에 관한 내용으로 적당하지 않은 것은?

① 주택 창의 방향은 거실 및 그 밖의 방은 남향이 좋고 작업실의 경우는 북향도 무방하다.
② 창의 면적은 바닥면적의 1/5 ~ 1/7이 적당하다.
③ 자연채광은 동일면적일 경우 횡으로 보다는 종으로 길게 하는 것이 자연조명 흡수에 좋다.
④ 거실의 안쪽길이는 창틀 뒷부분까지 높이의 1.5배이면 좋다.
⑤ 창의 개각과 입사각에서 개각은 10° 내외가 좋고 입사각은 4~5° 정도가 적당하다.

099 방한력이 가장 좋은 의복의 열전도율은?

① 1CLO　　　　② 2CLO

③ 3CLO　　　　④ 4CLO

⑤ 5CLO

100 폐기물의 분류에 있어서 폐유나 폐산 등 주변을 오염시킬 수 있거나 감염성 폐기물 등 인체 유해물질을 함유한 폐기물은?

① 생활폐기물　　　② 사업장폐기물

③ 지정폐기물　　　④ 감염성폐기물

⑤ 건설폐기물

101 폐기물 처리의 중간처리방법이 아닌 것은?

① 소각　　　　② 파쇄

③ 고형화　　　④ 매립

⑤ 중화

102 쓰레기 매립지에 건물을 지으려면 몇 년 이상 지나야 하는가?

① 3년　　　　② 5년

③ 10년　　　④ 20년

⑤ 30년

103 주택의 실내조명으로서 가장 바람직한 조명방식은?

① 자연조명　　　② 인공조명

③ 자연형광조명　④ 전자기조명

⑤ 인공형광조명

104 우리나라의 경우 일반주택이 갖추어야 할 보건위생적인 구비조건으로 적당하지 않은 것은?

① 방바닥과 천장의 높이는 대략 2.1m 정도가 적당하다.

② 쓰레기 매립지의 택지이용은 5년 이후가 적절하다.

③ 지하수의 깊이는 지면으로부터 1.5m 이상이어야 한다.

④ 일조시간의 경우 하루에 최소 4시간 이상이 되어야 한다.

⑤ 질병발생 및 감염병 방지조건이 충족되어야한다.

105 일반 쓰레기의 처리방법 중 가장 위생적인 방법으로 볼 수 있는 것은?

① 퇴비화법　　　② 가축사료법

③ 위생매립법　　④ 소각처리법

⑤ 분쇄하수도투여법

106 조명의 불량으로 인체에 유발되는 질환이 아닌 것은?

① 시력감퇴
② 안정피로
③ 시야협착
④ 안구진탕증
⑤ 진폐증

107 다음 중 건강장애를 유발시키는 것으로 소음과 관계 있는 것을 모두 고르면?

> ㄱ. 소음의 크기
> ㄴ. 소음의 주파수
> ㄷ. 소음에의 폭로시간
> ㄹ. 각 개인의 감수성
> ㅁ. 소음의 방향

① ㄱ, ㄴ, ㄷ, ㄹ
② ㄱ, ㄴ, ㄹ, ㅁ
③ ㄱ, ㄷ, ㄹ, ㅁ
④ ㄴ, ㄷ, ㄹ, ㅁ
⑤ ㄱ, ㄴ, ㄷ, ㄹ, ㅁ

108 건강하고 정상적인 사람이 들을 수 있는 음량의 범위는?

① 10~10,000Hz
② 20~20,000Hz
③ 30~30,000Hz
④ 40~40,000Hz
⑤ 50~50,000Hz

109 소음의 허용기준에 관한 내용으로 옳지 않은 것은?

① 소음을 상대적으로 조정하는 기능을 하는 보정표에 의한 평가소음도는 50dB 이하로 되어있다.
② 충격에 의한 순간적인 소음 최고음의 폭로 한계치는 140dB이다.
③ 가장 높은 소음의 폭로 한계치는 150dB이다.
④ 계속 지속되는 소음의 폭로 한계치는 90dB이다.
⑤ 가장 편안함을 느낄 수 있는 한계소음치는 80dB이다.

110 다음 중 열경련증을 일으키는 주요 원인은?

① 인체 내의 수분 및 염분의 부족
② 인체 내의 무기질 부족
③ 인체 내의 필수 아미노산의 부족
④ 인체 내의 비타민 부족
⑤ 인체 내의 지방 부족

111 열중증의 종류와 원인의 연결이 옳지 않은 것은?

① 열사병(울열증) — 체온조절의 실패
② 열쇠약증 — 고온작업에 의한 비타민B1의 결핍
③ 열경련증 — 인체 염분 상실, 발한 과다
④ 열피로증 — 말초순환계 이상
⑤ 열허탈증 — 무기질 부족

112 고기압 상태에서 나타나는 잠함병의 직접적인 원인은?

① 혈중 NO 농도의 증가

② 혈중 CO 농도의 증가

③ 백혈구, 적혈구의 증가

④ 혈액 중 질소기포의 증가

⑤ 혈액 중 O_2 농도의 증가

113 진동 환경에서 나타나는 질병은?

① 잠함병   ② 고산병

③ 항공병   ④ 레이노드 질환

⑤ 진폐증

114 진폐증을 가장 잘 유발시키는 분진의 크기는 어느 정도인가?

① $0.5\mu m$ 이하   ② $0.5{\sim}5\mu m$

③ $5{\sim}10\mu m$ ④ $10{\sim}15\mu m$

⑤ $15\mu m$ 이상

115 지구의 온실효과를 높이는 가스인 이산화탄소의 배출량을 규제하기 위하여 석유, 석탄 등의 화석연료 사용을 줄이기로 합의한 국제협약은?

① 몬트리올의정서   ② 리오협의

③ 교토의정서   ④ 발리로드맵

⑤ 람사협약

116 납중독의 4대 증상과 거리가 먼 것은?

① 적혈구의 수 증가

② 빈혈 증상

③ 백혈구의 수 증가

④ 치아가 암자색으로 착색

⑤ 소변에서 Corproporphyrin 성분 증가

117 기온에 관련된 설명으로 적절하지 않은 것은?

① 기온, 기류, 기습, 복사열을 온열조건이라고 한다.

② 기온은 온열조건 중에서 가장 중요한 인자이다.

③ 실외의 기온이란 지면 1.5m 백엽상에서의 건구 온도를 말한다.

④ 복사열을 피하기 위해서는 백엽상을 이용하고, 알코올 온도계를 사용한다.

⑤ 기온의 측정시간은 수은 온도계는 2분, 알코올 온도계는 3분을 측정한다.

118 하루 중에서 최저온도와 최고온도의 기준은?

① 최저온도: 일출 30분 전, 최고온도: 오후 2시경

② 최저온도: 일출 1시간 전, 최고온도: 일몰 1시간 전

③ 최저온도: 일출 30분 전, 최고온도: 일몰 30분 전

④ 최저온도: 일출 30분 후, 최고온도: 일몰 30분 후

⑤ 최저온도: 일출 1시간 전, 최고온도: 일몰 1시간 후

119 기온의 일교차 크기가 큰 순으로 바르게 나열된은?

① 내륙 > 해안 > 산림

② 내륙 > 산림 > 해안

③ 산림 > 내륙 > 해안

④ 산림 > 해안 > 내륙

⑤ 해안 > 내륙 > 산림

120 대기권 내에서 지상으로부터 100 m씩 상승함에 따른 온도변화로 맞는 것은?

① 2~3℃씩 낮아진다.

② 0.5~0.7℃씩 낮아진다.

③ 2~3℃씩 높아진다.

④ 0.5~0.7℃씩 높아진다.

⑤ 변동 없다.

121 다음 중 측정장소에 사람이 접근하기 곤란할 때 사용하는 온도계는?

① 수은 온도계

② 알코올 온도계

③ 전기 온도계

④ 큰 구부로 되어 있는 온도계

⑤ 작은 구부로 되어 있는 온도계

122 다음 중 습도측정계기가 아닌 것은?

① 모발 습도계

② 자기 습도계

③ 카타 습도계

④ 아스만 통풍 습도계

⑤ August 건구 습도계

123 기습에 관한 설명으로 적절하지 않은 것은?

① 기습은 하루 중 기온이 제일 높은 오후 2시경에 가장 낮으며 보통 절대온도와 비례한다.

② 기습은 인체 내에서는 생리작용과 신진작용에 영향을 주고 있으며 인체 외부에서는 태양열과 지열의 방산을 막아주는 역할을 한다.

③ 온도가 높은 상태에서 습도가 높으면 불쾌감이 가중된다.

④ 인체에 쾌적하게 느껴지는 습도범위는 40~70% 이다.

⑤ 비교습도 = (절대습도 / 포화습도) × 100이다.

124 기류에 관한 설명으로 틀린 것은?

① 기류는 신진대사와 관계가 깊으며 고온상태에서 기류가 없으면 불쾌감을 느낀다.

② 불감기류는 인체의 신진대사를 촉진시키며 추위에 저항력을 강화시켜 준다.

③ 기류의 측정계기로 풍차 풍속계, 카타 온도계, 열선 풍속계 등이 있다.

④ 기류는 공기의 흐름 즉 공기의 움직임인 바람이다.

⑤ 인체에 가장 적절한 최적기류는 0.2~0.5m/sec 속도의 기류이다.

125 복사열에 관련된 설명으로 옳지 않은 것은?

① 복사열이란 방열체로부터 방산되는 모든 열을 말한다.

② 태양의 직사광선을 받는다든가, 불과 같은 발열체의 주위에 있을 경우 실제 온도보다 더 높은 온감을 인체가 느끼게 된다.

③ 복사열의 영향 범위는 발열체와 떨어진 거리의 제곱에 비례하여 감소한다.

④ 복사열(H) = 1 / (거리)^{2}이다.

⑤ 복사열을 측정하는 온도계로 카타 온도계가 대표적이다.

126 열의 생산과 발산이 균형을 유지하여 가장 적당한 온감과 쾌적감을 느끼는 온도는?

① 감각온도　　② 등감온도

③ 실효온도　　④ 지적온도

⑤ 체감온도

127 공기의 자정작용 중 다음 〈보기〉가 설명하는 것은?

> 보기
>
> • 식물의 탄소동화작용 과정에서 공기 중의 CO_2와 O_2가 교환된다.
> • 이산화탄소와 산소가 교환되는 탄소동화작용은 공기를 정화시킨다.

① 희석작용　　② 살균작용

③ 세정작용　　④ 교환작용

⑤ 산화작용

128 기온역전현상의 종류 중 일몰 직후에 대기의 밑층이 위층보다 먼저 냉각됨으로써 기온이 역전되는 현상은?

① 전선성 역전　　② 침강성 역전

③ 방사성 역전　　④ 공간성 역전

⑤ 광학적 역전

129 군집독에 대한 설명으로 적당하지 않은 것은?

① 군집독이란 공기오염의 하나로서 다수인이 좁은 실내 공간에 있을 때 주로 나타나는 인체에의 나쁜 영향을 미치는 현상이다.

② 군집독은 공기의 화학적·물리적인 조성 변화로 인하여 발생한다.

③ 군집독은 불쾌감, 권태, 구기, 현기증, 구토, 식욕부진 등의 증상을 나타낸다.

④ 실내의 기류가 매우 많은 경우 발생하기 쉽다.

⑤ 실내온도가 높은 경우 또는 습도가 매우 높거나 매우 낮은 경우에 발생하기 쉽다.

130 일산화탄소(CO)에 관한 설명으로 적절하지 않은 것은?

① 일산화탄소와 헤모글로빈의 친화력은 산소와 헤모글로빈의 친화력의 250~300배에 달한다.
② 공기 중의 일산화탄소의 허용농도는 0.01%(100 ppm)이다.
③ 일산화탄소는 산소와 헤모글로빈의 결합을 촉진시켜 신진대사를 방해한다.
④ 일산화탄소가 흡기 중 0.05~0.1%이면 일산화탄소 중독증상이 일어난다.
⑤ 일산화탄소는 석탄, 휘발유, 디젤유 등 유기물질의 불완전연소에서 발생한다.

131 다음 〈보기〉가 설명하는 물은?

> 보기
>
> • 지표수와 지하수의 중간층에 흐르는 물이다.
> • 수질이 비교적 양호하여 소도시의 수원으로 이용된다.

① 지표수　　　　② 지하수
③ 복류수　　　　④ 해수
⑤ 천수

132 인공정수처리법 중 물을 공기에 접촉시키는 방법으로 물의 자정작용을 응용하는 기법은?

① 폭기법　　　　② 응집법
③ 침전법　　　　④ 여과법
⑤ 소독법

133 부영양화로 인한 영향과 거리가 먼 것은?

① 물의 탁도 상승
② 청색으로 물의 변화
③ DO와 COD의 증가
④ 플랑크톤의 과다한 번식
⑤ 수중생물의 사멸

134 1970년대 일본에서 발생된 수질오염인 가네미유증의 원인물질은?

① 메틸 수은　　　② 카드뮴
③ PCB　　　　　④ 납
⑤ 아연

135 폐기물 처리방법 중 소각법의 장점이 아닌 것은?

① 처리방법이 비교적 위생적이다.
② 소각처리 장소가 좁아도 된다.
③ 소각과정에서 배출되는 재는 그 양이 적어 매립하기가 편리하다.
④ 날씨와 기후에 영향을 받지 않는다.
⑤ 소각시설의 설치에 비용이 적게 든다.

136 폐기물 처리방법 중 매립지의 경사로 적당한 것은?

① 10°　　　　　② 20°
③ 30°　　　　　④ 40°
⑤ 50°

137 폐기물 처리방법 중 매립법의 경우 쓰레기의 두께는 얼마를 넘지 않아야 하는가?

① 1m ② 2m

③ 3m ④ 4m

⑤ 5m

138 주택지와 주택의 조건에 대한 설명으로 적절하지 않은 것은?

① 교통이 편리하며 조용하고 남향 혹은 동남향인 주택이 바람직하다.

② 공기오염원, 위험물장소, 소음발생지역은 주택지로 적절하지 못하다.

③ 쓰레기 매립지를 주택지로 이용할 경우 최소한 20년은 경과하여야 한다.

④ 천장의 높이는 바닥에서 2.1m 정도가 적당하다.

⑤ 주택의 위치는 지하수위가 땅속에서 5m 이상 되는 곳이 적절하다.

139 자연환기를 위한 창의 전체면적은 바닥면적의 얼마 이상이 되어야 하는가?

① 1/2 ② 1/5

③ 1/10 ④ 1/20

⑤ 1/30

140 각종 인간생활 폐기물을 해양에 투기하여 여러 가지 해양오염 현상이 나타난다. 이를 방지하기 위하여 맺은 국제협약은?

① 런던협약 ② 람사협약

③ 글로벌 포럼 ④ 비엔나협약

⑤ 몬트리올의정서

141 발리로드맵이라는 국제환경보호협약의 주요 내용이 아닌 것은?

① 온실가스 감축목표 달성

② 기후변화 적응기금 마련

③ 열대우림 보호

④ 기후변화 대응에 노력하는 개발도상국에 선진국의 기술이전

⑤ 생물자원의 생산기능, 자연정화 기능 등을 갖춘 습지를 보전

142 다음 협약과 그 관련 내용이 다른 하나는?

① 런던협약 – 해양투기물 억제를 통한 해양오염 방지협약

② 람사르협약 – 습지의 보전에 관한 국제협약

③ 비엔나협약 – 오존층 보호를 위한 협약

④ 몬트리올의정서 – 남극·북극의 어족자원 유지를 위한 협약

⑤ 리오협의 – 온실가스 배출규제를 위한 기후변화협약

143 다음의 국제협약 중 온실가스 배출량 규제 관련 회의만을 모두 고르면?

ㄱ. 리오협의　　　ㄴ. 교토의정서 ㄷ. 발리로드맵　　ㄹ. 런던협약

① ㄱ, ㄴ, ㄷ　　　② ㄱ, ㄴ, ㄹ

③ ㄱ, ㄷ, ㄹ　　　④ ㄴ, ㄷ, ㄹ

⑤ ㄱ, ㄴ, ㄷ, ㄹ

3과목 위생곤충학 [필기] SANITARIAN

정답 및 해설 186p

001 중국얼룩날개모기가 말라리아를 전파시킨다는 사실을 증명한 사람은?

① Manson
② Ross
③ Simond
④ Walter Reed
⑤ Nicoll

002 곤충의 가해방법 중 직접적인 피해로 보기 어려운 것은?

① 알레르기성 질환
② 기계적 전파
③ 인체기생
④ 독성물질의 주입
⑤ 2차 감염

003 생물학적 전파의 한 유형으로 곤충의 체내에서 병원체가 수적으로 증식한 다음 전파되는 증식형 질병이 아닌 것은?

① 흑사병
② 발진티푸스
③ 뎅기열
④ 양충병
⑤ 뇌염

004 다음 중 뉴슨스(불쾌곤충)에 속하지 않는 것은?

① 깔따구
② 노린재
③ 나방파리
④ 귀뚜라미
⑤ 쥐벼룩

005 곤충의 일반적 특징에 대한 내용으로 적절하지 않은 것은?

① 두부, 흉부, 복부가 뚜렷하게 구분된다.
② 곤충은 모두 환절 또는 체절로 되어 있다.
③ 곤충의 부속지는 마디로 되어 있다.
④ 흉부에는 말단부에만 부속지가 있다.
⑤ 다소 앞뒤가 길고 원통이며 좌우대칭이다

006 얇은 막으로 되어 있으며 진피와 체강 간에 경계를 이루고 있는 층으로 진피세포의 분비로 형성되는 것은?

① 표피층
② 진피층
③ 기저막
④ 시멘트층
⑤ 밀랍층

007 다음 곤충의 외피 중 내수성이 가장 강한 부분은?

① 시멘트층
② 밀랍층
③ 기저막
④ 진피층
⑤ 단백성표피층

008 곤충의 외부형태 중 구기(口器)의 구성요소와 거리가 먼 것은?

① 상순   ② 소악
③ 촉수   ④ 기문
⑤ 하인두

009 파리목에는 후시가 퇴화해서 무엇으로 되어 있는가?

① 욕반   ② 전절
③ 평균곤   ④ 시초
⑤ 복시

010 곤충의 전장 중 섭취한 먹이의 역행을 막는 밸브역할을 하는 것은?

① 욕반   ② 소낭
③ 전위   ④ 타액선
⑤ 맹낭

011 다음 중 위의 역할을 하여 먹이의 소화작용이 주로 이루어지는 곳은?

① 전장   ② 중장
③ 후장   ④ 말피기관
⑤ 전위

012 일종의 배설기관으로 일정한 장소에 부착되어 있지 않고 체강 내에 떠 있는 것은?

① 욕반   ② 타액선
③ 소낭과 맹낭   ④ 말피기관
⑤ 전위

013 곤충의 순환계 중 혈액이 원활하게 흘러 들어가게 도와주는 것은?

① 말피기관   ② 소낭과 맹낭
③ 개식계   ④ 기관낭
⑤ 베레제기관

014 다음 중 혈림프액의 기능과 거리가 먼 것은?

① 영양분을 조직에 공급
② 노폐물을 배설기관으로 운반
③ 호흡작용과 탈피과정을 도움
④ 암컷의 정자 보관
⑤ 체내의 수분 유지

015 다음 곤충의 기관낭(공기주머니)의 역할과 거리가 먼 것은?

① 공기를 저장하여 호흡을 도움
② 산소를 공급하는 풀무작용
③ 체온을 증가시키는 데 도움
④ 탈피공간을 만드는 데 도움
⑤ 날고 있는 곤충의 체중을 가볍게 하는 데 도움

016 곤충은 일반적으로 암컷에 수정낭이 있어 정자를 보관한다. 다음 기관 중 암컷 빈대만이 가지고 있어 정자를 일시 보관하는 장소는?

① 파악기　　　② 베레제기관
③ 욕반　　　　④ 기관낭
⑤ 말피기관

017 곤충의 발육에서 번데기가 성충으로 탈피하는 것을 무엇이라고 하는가?

① 부화　　　　② 영기
③ 우화　　　　④ 변태
⑤ 발육

018 다음 중 불완전변태의 특징과 거리가 먼 것은?

① 유충이 번데기 과정을 거치지 않고 성충이 되는 것이다.
② 서식처와 먹이가 같다.
③ 방제방법이 쉽다.
④ 생활사 중 어느 시기에만 인간에게 영향을 준다.
⑤ 대표적인 것으로 이, 바퀴, 빈대, 진드기 등이 있다.

019 분류의 단위 중 가장 말단단계는?

① 계　　　　　② 강
③ 과　　　　　④ 목
⑤ 종

020 다음 중 곤충강에 속하지 않는 것은?

① 파리　　　　② 모기
③ 벼룩　　　　④ 딱정벌레
⑤ 진드기

021 다음 중 바퀴의 특징과 거리가 먼 것은?

① 불완전변태 곤충이다.
② 야행성이다.
③ 잡식성이다.
④ 군거성이다.
⑤ 유충과 성충의 서식지가 다르다.

022 다음 〈보기〉의 특징을 갖는 바퀴는?

> **보기**
> • 우리나라 옥내 서식바퀴 중 가장 대형이다.
> • 전흉배판은 가장자리에 황색 무늬가 윤상으로 있고 가운데는 거의 흑색이다.
> • 주로 남부지방에 분포한다.

① 독일바퀴　　② 이질바퀴
③ 먹바퀴　　　④ 집바퀴
⑤ 일본바퀴

023 다음 중 이가 매개하는 감염병으로 옳게 묶인 것은?

가. 발진티푸스	나. 재귀열
다. 참호열	라. 뎅기열

① 가, 나, 다   ② 가, 다

③ 나, 라   ④ 라

⑤ 가, 나, 다, 라

024 다음 중 모기의 유충이 가지고 있는 장상모의 역할은?

① 매끄러운 표면을 잘 걷게 함

② 혈액을 응고하지 않게 함

③ 수면에 수평으로 뜨게 함

④ 수중에서 빠른 속도로 움직이게 함

⑤ 영양분과 산소를 조직으로 옮김

025 모기의 유충이 산소호흡을 하는 기관은?

① 베레제기관   ② 말피기관

③ 유영편   ④ 기문

⑤ 장상모

026 모기가 숙주의 피를 흡혈할 때 숙주로부터 가장 먼 거리에서 숙주를 찾을 수 있는 것은?

① 체취   ② 시각

③ 체온   ④ 습기

⑤ 탄산가스

027 다음 모기 중 주간활동성인 것을 모두 고르면?

가. 집모기	나. 학질모기
다. 늪모기	라. 숲모기

① 가, 나, 다   ② 가, 다

③ 나, 라   ④ 라

⑤ 가, 나, 다, 라

028 모기의 개체밀도에 크게 작용하는 요인으로 옳은 것은?

① 기온과 강수량   ② 기온과 먹이

③ 습도와 계절   ④ 기온과 계절

⑤ 먹이와 서식처

029 작은빨간집모기에 대한 설명으로 틀린 것은?

① 일본뇌염 바이러스를 매개하는 모기이다.

② 가장 활발히 흡혈하는 시간은 저녁 8시 ~10시이다.

③ 휴식 시에는 수평으로 휴식한다.

④ 주로 논, 늪, 호수, 빗물 고인 웅덩이 등 비교적 깨끗한 물에서 서식하나 오염된 물에서도 발생 가능하다.

⑤ 복절배판에 장상모를 갖고 있다.

030 다음 중 중국얼룩날개모기에 대한 설명으로 옳지 않은 것은?

① 일명 학질모기라고도 하는 것으로 말라리아를 매개하는 모기이다.
② 휴식 시에는 45~90도를 유지한다.
③ 주로 동물기호성으로 소, 말, 돼지 등을 흡혈한다.
④ 유충은 해변가 바위에 고인 물에 주로 서식한다.
⑤ 수면에 수평으로 뜨며 알부낭을 갖고 있다.

031 모기가 매개하는 질병과 매개모기와의 연결이 옳게 된 것을 모두 고르면?

> 가. 말라리아 – 중국얼룩날개모기
> 나. 일본뇌염 – 작은빨간집모기
> 다. 사상충 – 토고숲모기
> 라. 황열병, 뎅기열 – 에집트숲모기

① 가, 나, 다　　② 가, 다
③ 나, 라　　　④ 라
⑤ 가, 나, 다, 라

032 다음 중 회선사상충을 옮기는 곤충은?

① 먹파리　　　② 모래파리
③ 모기　　　　④ 빈대
⑤ 벼룩

033 파리에 있어서 먹이를 식도로 운반하는 통로 구실을 하는 것은?

① 파악기　　　② 의기관
③ 베레제기관　④ 장상모
⑤ 유영편

034 다음 집파리가 전파하는 질병과 거리가 먼 것은?

① 콜레라　　　② 장티푸스
③ 세균성 이질　④ 수면병
⑤ 살모넬라

035 다음 중 빈대에 대한 설명으로 옳지 않은 것은?

① 군거성이며 주로 야간에 활동한다.
② 불완전변태를 한다.
③ 자충은 5회 탈피를 하는데 각 영기마다 흡혈이 필요하다.
④ 다리가 발달하여 도약에 적합하다.
⑤ 베레제기관이라는 곳에서 난자가 형성된다.

036 벼룩에 대한 설명으로 옳지 않은 것은?

① 모기처럼 암컷만 흡혈을 한다.
② 흑사병균에 감염된 벼룩은 수명이 짧다.
③ 숙주가 죽으면 재빨리 떨어져 다른 동물로 옮긴다.
④ 숙주선택이 엄격하지 않다.
⑤ 흑사병균에 감염된 벼룩은 정상적인 벼룩보다 자주 흡혈한다.

037 독나방에 대한 설명으로 옳지 않은 것은?

① 우화한 성충은 먹이를 먹지 않으며 2~3일 후 교미를 하고 암컷은 산란 후 곧 죽는다.

② 독모가 복부 털에 부착되어 있으며 접촉하면 피부염을 유발한다.

③ 야간활동성으로 낮에는 잡초나 물속에 휴식하다가 밤이면 활동한다.

④ 강한 추광성이 있어 전등빛에 유인되어 실내로 들어온다.

⑤ 독나방의 우화시기는 9~10월이다.

038 양충병(쯔쯔가무시병)을 매개하는 진드기는?

① 참진드기   ② 물렁진드기
③ 옴진드기   ④ 털진드기
⑤ 모낭진드기

039 쥐의 습성에 대한 설명으로 적절하지 않은 것은?

① 쥐의 문치는 연간 11~14cm 정도 자라므로 생후 2주부터 죽을 때까지 단단한 물질을 갉아서 자라는 길이만큼 마모시켜야 한다.

② 쥐는 야간활동성이므로 시력이 매우 좋다.

③ 쥐는 점프에 매우 능하다.

④ 곰쥐와 생쥐는 각종 파이프의 외부와 내부 또는 전선을 타고 이동한다.

⑤ 쥐는 달리다 넘을 때 수직벽을 1m까지 뛰어오를 수 있고, 수평거리는 1.2m를 뛸 수 있다.

040 거주성 쥐의 방제방법 중 가장 효과적이고 영구적인 방법은?

① 발생원 및 서식처를 제거하는 환경개선 방법

② 천적을 이용하는 방법

③ 불임약제를 이용하는 방법

④ 살서제를 이용하는 방법

⑤ 트랩을 이용하는 방법

041 쥐의 개체군 밀도와 관련된 설명으로 틀린 것은?

① 개체군 크기는 출산, 사망, 이동의 3요인에 의해 결정된다.

② 개체군의 크기는 봄 > 여름 > 가을 > 겨울 의순으로 높다.

③ 개체군의 밀도가 높아질수록 이종 간 또는 동종 간의 경쟁이 심해진다.

④ 개체군 밀도의 제한요인으로 물리적 환경, 천적과의 관계 개체 간의 경쟁을 들 수 있다.

⑤ 구서작업은 개체밀도가 가장 높은 봄이 적당하다.

042 급성살서제에 대한 설명으로 적절하지 않은 것은?

① 급성살서제는 사전미끼를 설치해야 한다.

② 급성살서제는 미끼먹이에 대한 기피성이 생길 수 있다.

③ 급성살서제의 독작용은 신속하여 섭취 후 1~2시간 이내에 증상이 나타난다.

④ 보통 미끼먹이는 4~8일간 설치한다.

⑤ 급성살서제는 2차 독성이 거의 없다.

043 다음 중 식독제로 사용되는 살충제가 아닌 것은?

① 비소 ② 붕산
③ 비산동 ④ 염화수은
⑤ 벤질벤조에이트

044 다음 살충제 중 유기염소계 살충제가 아닌 것은?

① DDT ② DDVP
③ HCH ④ 엘드린
⑤ 크로덴

045 효력증강제는 어느 계통의 살충제와 혼합하여 사용하는가?

① 유기염소계 살충제
② 유기인계 살충제
③ 카바메이트계 살충제
④ 피레스로이드계 살충제
⑤ 기피제

046 다음 중에서 유제를 의미하는 것은?

① 원체＋증량제＋친수제＋계면활성제
② 원체＋ 용매＋유화제
③ 원체＋유기용매＋안정제＋석유나 경우
④ 원체＋증량제
⑤ 원체＋증량제＋ 점제＋계면활성제나 붕괴촉진제

047 공간살포에 대한 설명으로 틀린 것은?

① 입자가 클수록 부유시간이 길고 접촉기회가 높아진다.
② 극미량 연무는 증발시간을 지연시키는 가장 좋은 방법이다.
③ 입자의 크기는 1~50 m 정도이다.
④ 잔류효과가 없고 살충력은 20~30분 정도이다.
⑤ 1 m 이하의 입자는 도달하기 전에 증발하므로 효과가 없다.

048 다음 살충제에 대한 곤충의 저항성에 대한 설명으로 옳지 않은 것은?

① 대다수의 해충을 치사시킬 수 있는 농도에서 대다수가 생존할 수 있는 능력이 발달되었을 때 저항성이 생겼다고 할 수 있다.
② 저항성은 후천적 적응이 아니고 선천적인 단일유전자에 의한다.
③ 저항성이 생기는 정도나 속도는 개체군의 크기, 접촉빈도, 곤충의 습성이나 유전인자의 성격 등 여러 요인에 의하여 결정된다.
④ 단일 유전자에 의한 저항성을 생리적 저항성이라고 한다.
⑤ 살충제 자체가 저항성을 나타내는 유전자의 돌연변이를 유발한다.

049 다음 살충제 제제 중 동일 살충제, 동일 농도의 경우 위험도가 가장 높은 것은?

① 용제
② 유제
③ 수화제
④ 분제
⑤ 입제

050 가열연무에 대한 설명으로 틀린 것은?

① 연무작업은 밤 10시 후부터 새벽 해뜨기 직전까지가 좋다.
② 무풍 또는 10km/h 이상일 때는 살포할 수 없다.
③ 분사구는 풍향의 반대쪽으로 45도 각도로 상향조정한다.
④ 분사량은 최대한으로 증가시킨다.
⑤ 자동차 장착용 가열연무기는 평균분사량이 시간당 40갤론이다.

051 다음 중 극미량연무(ULV)에 대한 설명으로 틀린 것은?

① 석유나 경유와 같은 희석용매가 필요 없어 경비가 절약된다.
② 노즐을 45도 각도로 상향 고정한다.
③ 살충제 입자의 크기는 5~50μm로 가열연무보다 작다.
④ 분사량은 시간당 1갤런 내외로 극히 미량이다.
⑤ 고열에 의한 살충제의 손실과 입자의 증발을 막을 수 있으므로 살충효과가 가열연무보다 좋다.

052 잔류분무에 대한 설명으로 적당하지 않은 것은?

① 살충제 희석액을 100~400μm의 큰 입자로 분사하는 것을 말한다.
② 잔류분무 시 희석 농도에 관계 없이 희석액이 벽면에 40cc/m^{2}이 되도록 살포하여야 한다.
③ 잔류기간은 동일한 약제라도 분무장소의 재질, 온도, 일사 등에 따라 다르다.
④ 잔류량의 결정요인은 농도, 분사량, 분사속도, 분사거리 등이다.
⑤ 표면에 일정하게 약제를 분무할 때 직선형 분사구를 사용한다.

053 생물학적 전파의 유형 중 증식형이 아닌 것은?

① 페스트 — 쥐벼룩
② 뇌염 — 집모기
③ 유행성 재귀열 — 이
④ 발진열 — 벼룩
⑤ 말라리아 — 모기

054 생물학적 전파의 유형 중 하나로 곤충 체내에서 발육만 하고 숙주에 의해 감염되는 발육형은?

① 양충병 — 진드기
② 사상충증 — 모기
③ 흑사병 — 쥐벼룩
④ 발진티푸스 — 이
⑤ 진드기매매 재귀열 — 진드기

055 곤충의 구기 형태와 곤충의 연결이 옳지 않은 것은?

① 저작형 구기 — 바퀴
② 흡수형 구기 — 모기나 진딧물
③ 스펀지형 구기 — 집파리
④ 흡관형 구기 — 나비, 나방
⑤ 저작흡수형 구기 — 풍뎅이

056 곤충의 복부는 11환절로 구성되는데 수컷의 제9환절에 있으며 공중에서 교미할 때 수컷이 암컷을 잡는 도구는?

① 욕반
② 베레제기관
③ 파악기
④ 말피기관
⑤ 기관낭

057 곤충의 전위의 역할은?

① 먹이의 소화작용
② 배설기능
③ 섭취먹이의 역행 방지
④ 난자의 보관
⑤ 정자의 보관

058 곤충의 호흡계인 기관낭의 역할이 아닌 것은?

① 공기를 저장하여 호흡을 도모
② 산소를 공급하여 풀무역할을 함
③ 체온 냉각 기능
④ 비상시 체중감소 및 탈피 공간 조성
⑤ 먹이의 소화작용을 돕는 위의 역할을 함

059 곤충의 생식계로 빈대의 정자를 보관하는 장소는?

① 전장
② 중장
③ 파악기
④ 기관낭
⑤ 베레제기관

060 다음 곤충 중 탈피 횟수가 가장 많은 것은?

① 파리
② 이
③ 모기
④ 빈대
⑤ 바퀴벌레

061 곤충에 있어서 번데기가 성충이 되는 것을 무엇이라고 하는가?

① 부화
② 용화
③ 우화
④ 변화
⑤ 진화

062 불완전변태에 대한 설명으로 옳지 않은 것은?

① 번데기를 거치지 않는 형태로 알 → 유충 → 성충의 과정을 거친다.
② 완전변태와 다르게 유충이 자란다.
③ 유충을 자충 또는 약충이라고 한다.
④ 이, 빈대, 진드기 등이 이에 해당한다.
⑤ 각 과정마다 태어날 때의 그 크기를 유지하면서 산다.

063 바퀴벌레에 대한 설명으로 틀린 것은?

① 두부는 역삼각형이고 촉각은 편상이다.
② 눈은 복안이고 저작형 구기를 갖고 있다.
③ 흉부는 전흉배판이 타원형이고, 복부는 10절로 이루어져 있다.
④ 탈피는 2~4회이고 평균 3회이며 질주형 다리를 갖고 있다.
⑤ 잡식성과 가주성 및 야간활동성 그리고 24시간 일주성 등이 있으며 군서생활을 한다.

064 독일바퀴에 대한 설명으로 틀린 것은?

① 세계적으로 가장 널리 분포하고 있는 바퀴벌레이다.
② 우리나라에 가장 많이 존재하는 바퀴벌레이다.
③ 가주성 바퀴 중 가장 크고 크기로는 30~40mm 정도이다.
④ 전흉배판에 두 줄의 흑색 종대가 있는 것이 특징이다.
⑤ 최적 생육 온도는 30℃이고 수명은 100일~1년 정도이다.

065 이질바퀴에 대한 설명으로 옳지 않은 것은?

① 미국바퀴라고도 하며 세계적으로 분포하며 주로 북부지방에서 서식한다.
② 크기가 35~40mm로 큰 것이 특징이다.
③ 전흉배판의 가장 자리에 황색 윤상의 띠무늬가 있는 것이 특징이고 가운데는 흑색을 띤다.

④ 자충 탈피 횟수는 평균 11회이며 최적온도는 23~33℃이다.
⑤ 주변에 먹을 것이 없고 배가 고플 경우 사람을 물기도 하는 것으로 알려져 있다.

066 바퀴벌레의 구제방법 중 가장 경제적인 방법은?

① 분제살포방법　② 잔류분무방법
③ 연무 및 훈증법　④ 독이법
⑤ 트랩설치법

067 바퀴벌레의 구제방법으로 다음 〈보기〉가 설명하는 것은?

육류나 빵가루를 미끼로 미리 여러 번 주다가 바퀴벌레가 안심하고 먹을 때쯤 미리 주던 육류나 빵가루에 식물성 기름과 살충제를 넣어서 식독작용을 이용하는 구제하는 방법

① 독먹이법　② 연무법
③ 훈증법　④ 잔류분무법
⑤ 분제살포법

068 이(Lice)에 대한 설명으로 옳지 않은 것은?

① 사람에게 기생하는 이는 몸이, 머릿니, 사면발이가 있다.
② 생활사와 습성을 보면 3회 탈피하고 발육기간은 15~16일이며 수명은 30일 정도이다.

③ 흡혈 형태는 1회에 1~2mg 정도이다.

④ 몸이는 2시간 간격으로 수시 흡혈한다.

⑤ 이의 매개질병에는 발진티푸스, 참호열, 재귀열 등이 있다.

069 빈대에 관한 설명으로 옳지 않은 것은?

① 암컷은 4번째 마디판에 각질로 된 홈이 있어 정자를 일시 보관하는 장소로 이용하는데 이를 베레제기관이라고 하며 수정낭의 역할을 한다.

② 암컷은 야간에 활동하며 특히 새벽에 더 활발하다.

③ 1주에 1~2회 흡혈을 하고 수시로 교미해야 하며 무정란이 많아서 부화율이 다른 곤충에 비해 낮다.

④ 빈대는 완전변태를 하므로 알 → 유충 → 번데기 → 성충으로 발전한다.

⑤ 발육 최저 기온은 13℃이며 13℃ 이하일 경우에는 발육이 정지된다.

070 모기의 형태적 특징에 대한 내용으로 틀린 것은?

① 모기는 알 → 유충 → 번데기 → 성충으로 변화하는 완전변태 곤충이다.

② 유충은 1~2주에 걸쳐 4회 탈피하여 10~16일이 한 주기를 이룬다.

③ 교미습성은 숲 모기의 경우 1:1교미이고 그 밖에는 군무현상에 의한다.

④ 흡혈습성은 암모기만 갖고 있는데 이는 모기의 산란기에 고영양분을 섭취하기 위한 것으로 보인다.

⑤ 숙주동물의 발견은 체온으로 이루어진다.

071 다음 중 말라리아를 매개하는 모기는?

① 중국얼룩날개모기

② 토고숲모기

③ 이집트숲모기

④ 아프리카숲모기

⑤ 작은빨간집모기

072 모기와 매개질병의 연결이 옳지 않은 것은?

① 말라리아(학질) − 중국얼룩날개모기

② 사상충증 − 토고숲모기

③ 황열 − 이집트숲모기

④ 뎅기열 − 이집트숲모기

⑤ 일본뇌염 − 아프리카숲모기

073 작은빨간집모기에 대한 설명으로 옳지 않은 것은?

① 일본뇌염을 매개하는 증식형 전파에 해당한다.

② 흉부 견모는 단모이고 8월 중순에서 9월 중순에 많이 발생한다.

③ 인체의 흡혈률은 5% 내외이다.

④ 가장 활발한 활동시간은 저녁 8시에서 10시까지이다.

⑤ 월동시기에는 알의 상태로 수풀에서 월동한다.

074 토고숲모기에 대한 설명으로 적절하지 않은 것은?

① 주간 활동성 모기이다.
② 약 4.5mm 정도의 크기이다.
③ 주로 하수관거 등에서 발견된다.
④ 말레이 사상충을 매개하는 발육형 전파에 해당한다.
⑤ 이른 봄부터 늦은 가을까지 발생한다.

075 중국얼룩날개모기에 대한 설명으로 틀린 것은?

① 말라리아를 매개하는 발육증식형 전파에 해당한다.
② 7~8월에 다발하고 유충의 복절 배판에 장상모가 있어 수면에서 수평을 유지할 수 있고 뜰 수 있다.
③ 날개 전 연맥에 백색 반점이 2개 있고 전맥에도 2개 있다.
④ 알의 경우 난괴를 형성하여 물에 뜨는 것이 특징이다.
⑤ 촉수의 각 마디 말단부에 좁은 흰 띠가 있는 것이 특징이다.

076 등에모기에 대한 설명으로 옳지 않은 것은?

① 체장이 2mm 이하의 미세한 곤충이다.
② 흡혈성이다.
③ 1:1 교미를 한다.
④ 매개질병으로는 오자르디 사상충증이 있다.
⑤ 체색은 흑색 또는 암갈색의 튼튼한 몸으로 짧은 다리가 특징이다.

077 모래파리에 대한 설명으로 틀린 것은?

① 모래파리는 체장이 2~3mm의 미소하고 섬세한 파리이다.
② 체색은 황백 또는 희백색이다.
③ 흡혈성 곤충이다.
④ 모래파리는 휴식 시 날개를 위로 직립한다.
⑤ 매개질병으로 회선사상충증이 있다.

078 꼽추파리(먹파리)에 대한 설명으로 옳지 않은 것은?

① 체장이 1~5mm이고 체색은 검은 색을 띠나 일부는 황색 또는 오렌지색이다.
② 유충의 피 속에 적혈구가 있어 붉게 보이는 것이 두드러진 특징이며 야간활동성이고 강한 추광성을 가진다.
③ 두부는 꼽추형이므로 머리는 전흉. 복부에 붙어 있다.
④ 생활사는 식물성 즙을 섭취하고 암컷만 흡혈한다.
⑤ 매개질병은 회선사상충증이 있고 제주도 일원에서 발견된다.

079 깔따구에 대한 설명으로 틀린 것은?

① 파리목으로 1쌍의 날개를 가지고 있다.
② 몸에 비늘이 없어 쉽게 구별된다.
③ 야간활동성이고 강한 추광성을 가진다.
④ 오염수질에 대한 지표생물로서도 가치가 있다.
⑤ 매개질병으로 툴라레미아, 로아로아 사상충병, 수면병 등이 있다.

080 파리의 특성에 대한 설명으로 틀린 것은?

① 기계적 전파의 대표적인 위생곤충이다.
② 잡식성이고 비상하는 능력을 가진다.
③ 쌍시목이고 완전변태를 한다.
④ 토하는 습성이 있고 주간활동성이다.
⑤ 전파기전 중 욕반은 두부에 있어 전파기전 중 대표적이다.

081 파리 중 아프리카 수면병을 매개하는 것은?

① 집파리   ② 아기집파리
③ 왕큰집파리   ④ 체체파리
⑤ 쉬파리과

082 벼룩의 특징으로 옳지 않은 것은?

① 불완전변태를 한다.
② 벼룩은 날개가 없는 은시목에 속하는 소형 곤충이다.
③ 촉수는 진동과 이산화탄소를 느끼는 감각기관이다.
④ 지상에서 15~30cm 정도까지 점프한다.
⑤ 소악은 이빨이 아니며 숙주의 털 사이를 이동 할 때 사용한다.

083 양충병(쯔쯔가무시병)을 매개하는 진드기는?

① 공주진드기   ② 털진드기
③ 옴 진드기   ④ 여드름 진드기
⑤ 참진드기

084 다음 〈보기〉가 설명하는 살충제는?

> ── 보기 ──
>
> 구조 중에서 염소기를 가지고 있는 것으로 과거에는 살충제 및 제초제로 널리 사용되었으나 환경 중에 매우 오랫동안 잔류하며 체내에 축적작용이 있어 현재에는 사용이 매우 제한되어 있다.

① 유기인계 살충제
② 유기염소계 살충제
③ 카바메이트계 살충제
④ 페레스로이드계 살충제
⑤ 항생물질계 살충제

085 유기인계 살충제에 대한 설명으로 틀린 것은?

① 지속성이 적어 잔류의 위험이 적다.
② 살충력이 강하며 적용 위생곤충의 범위가 넓다.
③ 지속성이 적어 다량의 사용이 필요하다.
④ 디크로보스, 파라치온, 마라치온, 이피엔, 다이아지논 등이 많이 사용되고 있다.
⑤ 사람과 가축에 대한 독성이 없다.

086 잔류분무에 대한 설명으로 옳지 않은 것은?

① 입자크기는 $100 \sim 400 \mu$m이다.
② 곤충의 휴식장소, 서식장소, 활동장소에 잔류성 살충제 입자를 투여하는 것이다.
③ 가장 많이 쓰이는 노즐형태는 부채형이다.
④ 벽면 분무시에 분무량은 보통 $10cc/m^2$이다.
⑤ 탱크 내의 공기 압력이 40Ib/inch^{2}가 될 때까지 분무한다.

087 위생곤충 방제를 위한 살충제의 사용방법 중 밀폐된 공간에 살충제를 뿌려서 위생곤충의 호흡각이나 기공을 공격함으로써 체내에 흡입시켜 치사하게 하는 방법은?

① 독먹이법
② 공간살포법
③ 잔류분무법
④ 분제살포법
⑤ 훈증법

088 쥐에 대한 설명으로 틀린 것은?

① 짐승강에 속한다.
② 포유류이다.
③ 설치동물이다.
④ 쥐의 임신 기간은 22일이고 수명은 1년이다.
⑤ 시각이 매우 뛰어나다.

089 시궁쥐에 대한 설명으로 틀린 것은?

① 애굽쥐라고도 하며 시골쥐에 해당한다.
② 전국적으로 분포하고 하수구 주변이나 쓰레기장에 많다.
③ 체색은 배면은 갈색, 복면은 회색이다.
④ 몸은 뚱뚱하고 눈과 귀는 작다.
⑤ 꼬리길이가 몸체길이보다 길다.

090 지붕쥐(곰쥐)에 대한 설명으로 틀린 것은?

① 체중이 300~400g 정도이다.
② 체색은 배면은 갈색이고 복면은 회색과 흑갈색 및 흑백색 세 형태로 각각 있다.
③ 도시지역이나 항구 주변의 고층건물이나 대형건물에 서식한다.
④ 꼬리길이인 미장이 두동장보다 짧다.
⑤ 꼬리를 뺀 길이인 두동장이 145~200 mm 정도이다.

091 쥐의 생태에 대한 내용으로 적절하지 않은 것은?

① 갉는 습성을 가지고 있어 문치가 1년에 14cm정도 자란다.
② 미각은 매우 예민하나 시간은 빈약하여 색맹이고 근시이다.
③ 송곳니가 있어 토할 수 있으므로 살서제의 효과가 적다.
④ 야간활동성이며 점프를 잘 한다.
⑤ 봄이 가을보다 개체밀도가 높은 때이고 겨울은 개체밀도가 낮을 때이다.

092 위해해충과 그 매개질환을 연결한 것으로 옳지 않은 것은?

① 모기 - 말라리아
② 이 - 발진티푸스
③ 벼룩 - 페스트
④ 파리 - 황열
⑤ 바퀴 - 이질

093 쥐약(구서제) 중에서 기피성이 강한 것은 어느 것인가?

① 비소화합물
② 1080
③ Wafarin
④ 황린제
⑤ ANTU

094 위생곤충학의 발달역사 중 벼룩이 흑사병을 전파 시킨다는 것을 입증한 사람은?

① Manson
② Ross
③ Simond
④ Walter Reed
⑤ Nicoll

095 곤충의 생물학적 전파방법 중 병원체의 일부가 난소(알) 내에서 증식하고 감염된 알에서 부화하여 다음 세대로 자동적으로 감염되는 경란형 전파 질병은?

① 흑사병
② 뎅기열
③ 사상충증
④ 양충병
⑤ 말라리아

096 다음의 살충제 중 유기염소계 살충제가 아닌 것은?

① DDT
② HCH
③ 알드린
④ EPN
⑤ 엔드린

097 유기인계 살충제의 특징으로 옳지 않은 것은?

① 휘발성이 강하고 잔류기간이 짧다.
② 안정성이 약하고 가수분해되기 쉽다.
③ 아세틸콜린에스터라아제라는 효소를 억제하는 살충제이다.
④ 현재에도 널리 사용되고 있다.
⑤ 중추 또는 말초신경계를 직접 공격한다.

098 피레스로이드계 살충제의 특징으로 옳지 않은 것은?

① 인축에 저독성이나 강력한 살충력을 가진다.
② 속효성이 있고 잔류성이 없다.
③ 독성작용으로 중추신경절을 공격한다.
④ 고온 시 효과가 더 높다.
⑤ 녹다운 후 회복률이 높다.

099 제제 중 마이크로캡슐의 장점과 거리가 먼 것은?

① 살포 후 냄새가 없다.
② 잔류기간을 연장시킬 수 있다.
③ 인체에 안정성이 높다.
④ 독먹이로 사용시 약제의 기피성을 감소시킨다.
⑤ 성분과 형태에 살충효과가 좌우된다.

100 동일 살충제, 동일 농도의 경우 제제에 따라 살충제의 위험도가 높은 순으로 바르게 연결된 것은?

① 용제 > 유제 > 수화제 > 분제 > 입제
② 용제 > 수화제 > 분제 > 유제 > 입제
③ 수화제 > 용제 > 분제 > 유제 > 입제
④ 분제 > 입제 > 용제 > 유제 > 수화제
⑤ 입제 > 분제 > 용제 > 유제 > 수화제

101 살충제에 대한 곤충의 저항성에 대한 설명이다. 어떤 약제에 저항성일 때 다른 약제에도 자동적으로 저항성이 생기는 것을 무엇이라고 하는가?

① 내성
② 생태적 저항성
③ 교차적 저항성
④ 물리적 저항성
⑤ 화학적 저항성

102 LD_{50}이란 공시동물의 50%를 치사시킬 수 있는 살충제의 양을 의미하는 것으로 중앙치사량이라 한다. 독성이 강한 순서대로 바르게 연결된 것은?

> ㄱ. 파라티온 LD_{50} : 3
> ㄴ. 마라티온 LD_{50} : 100
> ㄷ. DDT LD_{50} : 120
> ㄹ. 나레드 LD_{50} : 200

① ㄱ > ㄴ > ㄷ > ㄹ
② ㄱ > ㄷ > ㄴ > ㄹ
③ ㄹ > ㄷ > ㄴ > ㄱ
④ ㄷ > ㄹ > ㄱ > ㄴ
⑤ ㄴ > ㄷ > ㄱ > ㄹ

103 잔류분무시의 잔류량 결정요인과 거리가 먼 것은?

① 살충제 농도   ② 분사량
③ 분사속도   ④ 분사거리
⑤ 분사각도

104 살충제의 공간살포 방법에 대한 설명으로 옳지 않은 것은?

① 살충제는 공기 중에 확산되거나 바람을 따라 흘러가다가 곤충의 몸에 접촉하여 치사시키는 방법이다.
② 입자가 클수록 부유시간이 길고 접촉기회가 높아진다.
③ 극미량 연무는 증발시간을 지연시키는 가장 좋은 방법이다.
④ 입자의 크기는 $1{\sim}50\mu m$ 정도이다.
⑤ 잔류효과가 없고 공간살포의 살충력은 $20{\sim}30$분 정도이다.

105 살충제 공간살포 방법 중 가열연무 방법에 대한 설명으로 적당하지 않은 것은?

① 풍속 · 무풍 또는 $10km/hr$ 이상일 때는 살포할 수 없다.
② 밤 10시 후부터 새벽 해뜨기 직전까지가 적당하다.
③ 분사구의 각도는 $30{\sim}40°$가 적당하다.
④ 분사구의 방향은 풍향을 가로지르도록 한다.
⑤ 분사량은 가능한 최소화 하는 것이 효과적이다.

106 극미량연무(ULV) 방법에 대한 설명으로 적절하지 않은 것은?

① 살충제의 입자는 $5{\sim}50\mu m$로 가열연무보다 크다.
② 노즐의 각도는 45도로 상향 고정한다.
③ 최대 분사량은 시간당 5갤런 정도가 적당

하다.

④ 경유로 희석하여 저농도의 살충제를 살포한다.

⑤ 살충효과가 가열연무보다 좋다.

107 잔류분무시의 분사구(노즐)의 형태 중 해충이 숨어 있는 좁은 공간에 깊숙이 분사할 때 사용하기 좋은 것은?

① 부채형 　　② 직선형

③ 원추형 　　④ 원추－직선조절형

⑤ 다방향형

108 곤충의 소화기계 및 배설계 중 섭취한 먹이의 역행을 막는 밸브 역할을 하며 고체 먹이를 분쇄하기도 하는 것은?

① 소낭 　　② 전위

③ 타액선 　　④ 기문

⑤ 말피기관

109 곤충 순환계 중 혈림프액의 기능과 거리가 먼 것은?

① 조직세포의 산소공급

② 영양분을 조직에 공급

③ 노폐물을 배설기관으로 운반

④ 체내의 수분유지

⑤ 먹이의 일시 저장

110 곤충의 생식계 중 정자를 사정할 때까지 보관하는 수컷의 생식기관은?

① 저정낭 　　② 수정낭

③ 파악기 　　④ 베레제기관

⑤ 기관낭

111 다음 중 파리를 구제하는 데 가장 널리 이용되는 천적은?

① 모기 　　② 기생벌

③ 잠자리 　　④ 벼룩

⑤ 플라나리아

112 파리목 중 환봉아목에 속하지 않는 것은?

① 집파리과 　　② 검정파리과

③ 쉬파리과 　　④ 체체파리과

⑤ 먹파리과

113 우리나라 옥내서식 바퀴 종 가운데 가장 대형인 것은?

① 독일바퀴 　　② 이질바퀴

③ 먹바퀴 　　④ 집바퀴

⑤ 일본바퀴

114 이목에 대한 설명으로 옳지 않은 것은?

① 불완전변태를 한다.
② 엄격한 숙주선택을 가진다.
③ 사람에게 기생하는 종은 몸이, 머릿니, 사면발이이다.
④ 흡혈성 외부기생충이다.
⑤ 고온과 고습에 적당하다.

115 이의 생활사 및 습성에 대한 내용으로 적절하지 않은 것은?

① 불완전변태를 한다.
② 유충과 성충의 서식처가 같다.
③ 성충의 수명은 30일이다.
④ 자충은 1회 탈피한다.
⑤ 숙주 선택이 엄격하다.

116 다음 질병 중 이가 매개하는 감염병을 모두 고른다면?

| ㄱ. 발진티푸스 | ㄴ. 재귀열 |
| ㄷ. 참호열 | ㄹ. 황열병 |

① ㄱ, ㄴ, ㄷ   ② ㄱ, ㄴ, ㄹ
③ ㄱ, ㄷ, ㄹ   ④ ㄴ, ㄷ, ㄹ
⑤ ㄱ, ㄴ, ㄷ, ㄹ

117 모기의 유충에 대한 설명으로 옳지 않은 것은?

① 모기의 유충은 수서생활을 하며 소위 장구벌레라 한다.
② 저작형 구기가 있으며 유기물을 섭취하거나 다른 모기유충이나 곤충을 잡아먹는 포식성인 종류도 있다.
③ 두부의 각종 촉수는 분류상 중요한 특징이 된다.
④ 학질모기과 유충은 1번 털이 부채모양의 장상모로 변형되었다.
⑤ 장상모의 역할은 수면에 수평으로 뜨게 한다.

118 모기의 번데기에 대한 설명으로 적절하지 않은 것은?

① 모기의 번데기는 수서생활을 한다.
② 모기의 번데기는 다른 곤충의 번데기와 달리 활발하게 움직인다.
③ 두흉부에는 배면에 1쌍의 호흡각이 있으며 끝에 기문이 열려 있어 유충처럼 대기의 산소를 호흡한다.
④ 호흡각은 모기속의 분류의 특징으로 사용된다.
⑤ 유영편이 있어 번데기의 무게를 물보다 가볍게 하고 움직이지 않으면 수면에 뜬다.

119 모기의 속 분류에 사용되는 것은?

① 호흡각   ② 유영편모
③ 내견모   ④ 중견모
⑤ 외견모

120 모기 중 산란방식으로 물 밖에 1개씩 낳는 모기종류는?

① 중국얼룩날개모기 ② 집모기속

③ 숲모기속　　　　 ④ 학질모기

⑤ 말라리아 모기

121 모기의 유충이 대기 중의 산소를 호흡하는 기관은?

① 유영편　　　　 ② 두부흉낭

③ 호흡각　　　　 ④ 기문

⑤ 장상모

122 모기의 교미의 습성에 대한 내용으로 옳지 않은 것은?

① 주로 일몰 직후나 일출 직전에 이루어진다.

② 교미의 습성은 수컷들의 군무에 의해 이루어진다.

③ 군무의 장소는 지상1~3m 높이에서 이루어진다.

④ 집모기는 군무현상 없이 1:1로 교미한다.

⑤ 정자는 수정낭에 저장되어 있다가 매 산란시 수정된다.

123 모기의 교미에 있어서 암모기가 찾아올 수 있는 요인은?

① 냄새　　　　 ② 음파장

③ 색깔　　　　 ④ 이산화탄소

⑤ 기온

124 학질모기과 유충이 가지는 기관으로 수면에 펴서 몸을 수평으로 유지하여 떠 있게 하는 것은?

① 장상모　　　　 ② 기문

③ 유영편　　　　 ④ 수정낭

⑤ 호흡관

125 모기의 생활사의 내용으로 옳지 않은 것은?

① 완전변태를 한다.

② 산란수는 흡혈량, 연령에 따라 차이가 있다.

③ 부화기간은 1~2일이다.

④ 집모기속은 물 표면에 1개씩 낳는다.

⑤ 성충의 수명은 1개월 정도이다.

126 모기의 개체수 관련 내용으로 옳지 않은 것은?

① 비가 많이 오면 개체수가 증가한다.

② 기온이 높으면 발육기간이 짧아져 개체수가 증가한다.

③ 높은 기온과 강수량은 개체수를 폭발적으로 증가시킨다.

④ 모기 밀도가 증가하면 질병 발생률도 높아진다.

⑤ 모기의 개체밀도에 크게 작용하는 요인은 기압과 기류이다.

127 다음 모기의 종류 중 성충의 형태로 월동을 나는 것을 모두 고른다면?

> ㄱ. 얼룩날개모기속
> ㄴ. 집모기속
> ㄷ. 숲모기속

① ㄱ   ② ㄴ

③ ㄷ   ④ ㄱ, ㄴ

⑤ ㄴ, ㄷ

128 보통모기과에 비해서 학질모기과의 설명으로 틀린 것은?

① 학질모기의 알은 방추형으로 부낭이 있다.

② 학질모기의 유충은 장상모가 있어 수면에 수평으로 뜬다.

③ 학질모기의 번데기 호흡각은 짧고 굵다.

④ 학질모기의 성충의 날개는 대부분 반점이 있다.

⑤ 학질모기의 성충이 휴식을 할 때에는 수평을 유지한다.

129 작은빨간집모기가 가장 활발하게 흡혈하는 시간대는?

① 저녁 6시~8시

② 저녁 8시~10시

③ 저녁 10시~12시

④ 주로 새벽녘

⑤ 주로 낮에

130 일본뇌염모기의 생활사에 대한 설명으로 옳지 않은 것은?

① 휴식시 수평으로 휴식한다.

② 호흡관이 가늘고 길다.

③ 전체적으로 암갈색을 띠고 뚜렷한 무늬가 없다.

④ 얼룩날개모기속에 속한다.

⑤ 크기는 4.5mm 정도의 소형이다.

131 중국얼룩날개모기(학질모기)에 대한 설명으로 적당하지 않은 것은?

① 말라리아를 매개하는 모기이다.

② 휴식 시에는 벽면과 45~90도를 유지한다.

③ 주로 동물기호성으로 소, 말, 돼지 등을 흡혈한다.

④ 유충은 해변가 바위의 고인 물에 주로 서식한다.

⑤ 알은 하나씩 낱개로 산란되는데 방추형이고 공기주머니인 부낭이 있어 수면에 뜬다.

132 토고숲모기에 대한 설명으로 적절하지 않은 것은?

① 유충의 서식장소는 주로 해변가 바위에 고인물이다.

② 숲모기 체내에서 사상충 유충이 발육하는 기간은 9~12일이다.

③ 성충은 4.5mm의 중형이다.

④ 흡혈대상동물은 사람, 돼지, 소 등이다.

⑤ 복절배판에 장상모를 갖고 있어 수면에 평행으로 뜬다.

133 다음 중 모기가 매개하는 질병과 거리가 먼 것은?

① 말라리아　　② 이질

③ 뇌염　　　　④ 사상충증

⑤ 황열

134 다음 중 모기의 방제방법 중 생물학적 방제가 아닌 것은?

① 천적 이용

② 포식동물 이용

③ 불임수컷의 방산

④ 기생충 및 병원체 이용

⑤ 발육억제제 처리

135 다음 중 모기의 방제방법 중 화학적 방법만을 모두 고르면?

> ㄱ. 방사선화합물질 섭취
> ㄴ. 살충제 살포
> ㄷ. 발육억제제 처리
> ㄹ. 기피제 사용

① ㄱ, ㄴ, ㄷ　　　② ㄱ, ㄴ, ㄹ

③ ㄱ, ㄷ, ㄹ　　　④ ㄴ, ㄷ, ㄹ

⑤ ㄱ, ㄴ, ㄷ, ㄹ

136 모기의 물리적 방제방법이 아닌 것은?

① 하수관시설, 빈깡통, 빈독 등을 제거한다.

② 방충망의 설치 및 모기장을 이용한다.

③ 유충의 서식장소인 웅덩이, 늪, 저지대를 매몰한다.

④ 수컷모기에 방사선을 조사하여 불임을 시킨다.

⑤ 불빛에 유인되는 모기의 습성을 이용한 유문등, 살문등, 트랩 등을 이용한다.

137 다음 중 유충과 성충의 서식지가 다른 것은?

① 바퀴　　　② 빈대

③ 벼룩　　　④ 모기

⑤ 귀뚜라미

138 다음 중 먹파리가 매개하는 질병은?

① 회선사상충　　② 로아사상충증

③ 튜라레미아증　④ 파파티시열

⑤ 칼라아잘

139 깔따구의 유충에 대한 설명으로 적당하지 않은 것은?

① 유충은 수서생활을 한다.

② 유충의 먹이는 진흙 속의 유기물을 섭취한다.

③ 유충은 피 속에 적혈구를 가지고 있어 몸 전체가 붉은 색을 띠고 있다.

④ 호흡은 미문에 있는 아가미로 수중에 녹아 있는 산소를 이용한다.

⑤ 수질이 오염되어 산소가 적은 곳에서는 생존이 어렵다.

140 파리 중 아프리카수면병을 전파하는 것은?

① 집파리　　　　② 아기집파리

③ 쉬파리　　　　④ 체체파리

⑤ 검정파리

001 다음 중 '공중보건학'의 내용이나 정의에 포함시키기 곤란한 분야는?

① 환경위생 관리
② 감염병 관리
③ 개인위생에 대한 개인교육
④ 질병의 조기진단과 예방적 치료를 위한 보건의료 및 간호사업조직
⑤ 국민의 건강유지와 생명연장 및 질병의 치료

002 다음 중 소화기계 감염병에 속하지 않는 것은?

① 장티푸스
② 세균성이질
③ 파라티푸스
④ 말라리아
⑤ 아메바성이질

003 기술역학을 수행한 결과를 기본자료로 하여 질병발생과 질병발생의 요인 및 그 속성과의 인과관계를 밝혀내는 제2단계의 역학을 무엇이라고 하는가?

① 기술역학   ② 분석역학
③ 실험역학   ④ 이론역학
⑤ 작전역학

004 유행하는 감염병의 전파경로가 확실하지 않고 장소와 시간을 달리해서 발생하는 형태의 유행 형태는?

① 범유행성   ② 산발성
③ 지방성   ④ 국지성
⑤ 풍토병

005 신종인플루엔자 A인 H1N1의 예방법으로 적합하지 않은 것은?

① 돼지고기는 반드시 익혀서 먹는다.
② 방역관리를 철저히 한다.
③ 돼지고기 섭취를 피한다.
④ 미리 예방의약품과 치료의약품을 개발하여 사용하도록 한다.
⑤ 인플루엔자 A가 발생한 지역을 여행한 사람에게 예방 조치하도록 한다.

006 임신 중인 모체에게 이환된 질환의 경우 태아에게 똑같이 이환될 수 있는 질환은 무엇인가?

① 콜레라   ② 풍진
③ 수두   ④ 장티푸스
⑤ 디프테리아

007 감염병의 생물학적 전파를 기술한 것으로 연결이 틀린 것은?

① 증식형 전파 - 페스트(쥐벼룩)

② 발육형 전파 - 사상충증

③ 발육증식형 전파 - 말라리아(모기)

④ 배설형 전파 - 발진티푸스(이)

⑤ 경란형 전파 - 발진열(모기)

008 다음 〈보기〉의 설명은?

> 보기
>
> 균이 인체에 침입한 때부터 그 균이 인체 내에서 증식한 후 다시 배출되어 다른 사람에게 가장 많은 전염을 일으킬 때까지의 기간

① 잠복기   ② 형성기

③ 세대기   ④ 전염기

⑤ 활성기

009 감염병환자의 격리기간은 언제까지인가?

① 완치될 때까지

② 자각증상이 없어질 때까지

③ 감염병의 세대기 기간까지

④ 미생물학적 검사에 의하여 균이 없을 때까지

⑤ 환자가 없어질 때까지

010 감염병의 관리대책 중에서 혈청이나 항독소를 환자 또는 위험에 폭로된 사람에게 실시하는 면역의 방법은?

① 선천면역   ② 자연능동면역

③ 인공능동면역   ④ 자연피동면역

⑤ 인공피동면역

011 요충은 인체 내에서 산란하는데 주로 산란하는 인체의 부위는 어디인가?

① 위장   ② 대장

③ 맹장   ④ 소장

⑤ 항문

012 제1중간숙주가 우렁이, 제2중간숙주가 담수어인 기생충은?

① 폐흡충   ② 요꼬가와흡충

③ 광절열두조충   ④ 무구조충

⑤ 간흡충

013 소독에 대한 설명으로 가장 잘 표현한 것은?

① 물리 · 화학적 소독법은 병원체의 활동을 억제하거나 사멸시키는 것이다.

② 저온성 균을 사멸시키거나 고온성 균의 활동을 정지 또는 억제시키는 것이다.

③ 미생물의 발육을 저지시켜 분해 또는 부패를 방지한다.

④ 병원성 세균은 사멸시키고 비병원성 세균은 정지시킨다.

⑤ 미생물을 모두 사멸시키는 것이다.

014 인구론에서 순재생산율이란 어떤 의미인가?

① 여자가 일생 동안 낳는 여자아이의 평균수
② 여자의 사망률을 고려하여 한 여자가 일생 동안 낳는 여자아이의 평균수
③ 여자의 사망률을 고려하지 않고 한 여자가 일생 동안 낳는 여자아이의 평균수
④ 조출생률과 조사망률의 차
⑤ 출생수와 사망수의 비

015 '임신 28주부터 생후 1주까지'를 무엇이라고 하는가?

① 초신생아기   ② 신생아기
③ 영아기   ④ 유아기
⑤ 주산기

016 학교보건교육의 목적이라고 볼 수 없는 것은?

① 학생과 교직원의 건강을 보호
② 학생과 교직원의 건강을 증진
③ 학교교육의 능률화를 기함
④ 학생이 졸업 후 사회생활을 건강하게 할 수 있도록 함
⑤ 교직원과 학생의 자질향상

017 각급 학교의 장은 연 몇 회 이상의 학생 건강진단을 실시하여야 하는가?

① 연 1회 이상   ② 연 2회 이상
③ 연 3회 이상   ④ 연 4회 이상
⑤ 연 5회 이상

018 다음 중 보건교육의 목적과 거리가 먼 것은?

① 건강이 귀중한 자산임을 인식시키는 데 있다.
② 보건사업의 발전과 활용에 용이하도록 하는 데 있다.
③ 자기 스스로 건강을 증진시키도록 하는 데 있다.
④ 본인 스스로 하여야 할 일의 능력을 소유하도록 하는 데 있다.
⑤ 스스로 자기의 인성을 부드럽게 하는 데 있다.

019 일정하게 적절히 질병을 분류하여 그 분류에 따라 수가를 책정하는 진료비 지불방식을 무엇이라고 하는가?

① 행위별수가제   ② 포괄수가제
③ 봉급제   ④ 인두제
⑤ 질병수가제

020 WHO의 주요 사업내용과 거리가 먼 것은?

① 결핵관리사업   ② 모자보건사업
③ 영양개선사업   ④ 환경위생개선사업
⑤ 성병치료사업

021 모집단의 2개 변량에 있어서 어떤 값이 변함에 따라 다른 값이 변하는 정도를 나타내는 것을 무엇이라고 하는가?

① 대푯값   ② 중앙값
③ 평균값   ④ 상관계수
⑤ 결정계수

022 다음 중 포괄수가제의 장점이 아닌 것은?

① 보건의료자원의 낭비를 줄일 수 있다.

② 의료인은 진료에만 전념할 수 있다.

③ 의료인의 과잉진료가 없어진다.

④ 질병의 예방에 관심이 크다.

⑤ 의료인이 적극적인 진료를 할 수 있다.

023 공중보건사업의 최소단위는?

① 인류 전체　　　② 환자

③ 지방자치단체 주민　④ 국민 전체

⑤ 지역사회 주민

024 일반적으로 활용되는 건강지표(보건지표)로 볼 수 없는 것은?

① 조사망률　　　② 평균수명

③ 영아사망률　　④ 비례사망지수

⑤ 생활보호비율

025 역학에 대한 일반적 설명으로 적절하지 않은 것은?

① 질병예방을 위한 학문이다.

② 임상분야에 활용하는 역할을 포함한다.

③ 개인이나 가족을 주요 대상으로 한다.

④ 질병의 발생·경과·분포·병원체의 관계를 규명한다.

⑤ 질병의 원인을 탐구하는 학문이며 집단을 대상으로 한다.

026 역학의 기능 중 가장 중요한 기능이라고 할 수있는 것은?

① 질병의 자연사 파악

② 질병과 유행의 분포 파악

③ 질병의 원인 및 발생요인의 파악

④ 보건의료사업의 파악

⑤ 실제 임상에의 적용

027 질병발생의 3대 요인이 맞게 연결된 것은?

① 병인, 숙주, 환경

② 병인, 숙주, 환자

③ 환경, 환자, 숙주

④ 기후, 숙주, 환경

⑤ 환자, 의사, 숙주

028 감염병을 유발시키는 병원체의 유형 중 바이러스가 아닌 것은?

① 유행성간염　　② 광견병

③ 일본뇌염　　　④ 디프테리아

⑤ 홍역

029 호흡기계 감염병의 일반적 특성으로 옳지 않은 것은?

① 초기 환자는 분비물을 많이 배출한다.

② 보균자가 감수성자에게 직접 전파하는 경우가 많다.

③ 발생확률은 연령, 성, 사회경제적 상태 등에 따라 많은 차이가 있다.

④ 일반적으로 면역성이 높은 편이다.

⑤ 계절적으로 다양한 변화 양태를 나타낸다.

030 감염병 중 호흡기계(비말감염) 감염 전파가 아닌 것은?

① 디프테리아
② 성홍열
③ 콜레라
④ 유행성이하선염
⑤ 홍역

031 헬리코박터균에 대한 설명으로 틀린 것은?

① 위 점막에 기생하는 나선형 박테리아균이다.
② 위산, 면역, 항체 등에 의하여 사멸한다.
③ 인체에 수십 년간 기생한다.
④ 위벽에서 생활하며 독성물질을 배출하는데 이 독성물질이 소화기관에 염증과 궤양을 일으킨다.
⑤ 감염된 후 수십 년간 증상이 없다가 위궤양이나 위암으로 진행된다.

032 다음 중 마시는 물 또는 식품을 매개로 발생하고 집단발생의 우려가 커서 발생 또는 유행 즉시 방역대책을 수립하여야 하는 감염병은?

① 세균성이질
② B형간염
③ 페스트
④ 결핵
⑤ 크로이츠펠트-야콥병

033 다음 중 병원소를 설명한 것으로 옳지 않은 것은?

① 병원체가 생활하고 증식하는 장소이다.
② 인간 병원소는 환자, 보균자 등이다.
③ 환경 병원소는 토양이다.

④ 일본뇌염균의 동물병원소는 쥐이다.
⑤ 결핵균의 동물병원소는 소이다.

034 다음 중 인수공통감염병이 아닌 것은?

① 소아마비
② 발진열
③ 렙토스피라증
④ 살모넬라증
⑤ 광견병

035 치명률이 높다는 의미는?

① 병원체의 감염률이 높다.
② 병원체의 독성이 높다.
③ 감염병의 유행기간이 길다.
④ 숙주의 감수성이 높다.
⑤ 숙주의 영양상태가 나쁘다.

036 다음 중 예방접종에 해당되는 감염병이 아닌 것은?

① 장티푸스
② 폴리오
③ 결핵
④ 백일해
⑤ 디프테리아

037 DPT예방접종과 관련 있는 감염병을 모두 고른다면?

ㄱ. 디프테리아	ㄴ. 백일해
ㄷ. 파상풍	ㄹ. 홍역

① ㄱ, ㄴ, ㄷ
② ㄱ, ㄴ, ㄹ
③ ㄱ, ㄷ, ㄹ
④ ㄴ, ㄷ, ㄹ
⑤ ㄱ, ㄴ, ㄷ, ㄹ

038 병원체가 숙주로부터 배출되기 시작하여 배출이 끝날 때까지의 기간을 무엇이라고 하는가?

① 전염기간　　　② 잠복기간
③ 현성기간　　　④ 불현성기간
⑤ 세대기간

039 다음 질병 중 앓고 나면 영구적으로 면역이 생성되는 감염병을 모두 고른다면?

① ㄱ, ㄴ, ㄷ　　　② ㄱ, ㄴ, ㄹ
③ ㄱ, ㄷ, ㄹ　　　④ ㄴ, ㄷ, ㄹ
⑤ ㄱ, ㄴ, ㄷ, ㄹ

040 다음 중 감수성지수(감염지수)가 가장 낮은 질병은?

① 백일해　　　② 성홍열
③ 디프테리아　　④ 홍역
⑤ 폴리오

041 태아가 모체로부터 태반을 통해서 항체를 받거나 생후에 모유를 통해서 항체를 받아 면역이 되는 경우가 아닌 것은?

① 자연능동면역　　② 인공능동면역
③ 자연수동면역　　④ 인공수동면역
⑤ 면역거부

042 다음 〈보기〉 중 생균백신의 예방접종인 것을 모두 고른다면?

> 보기
> ㄱ. 결핵백신　　　ㄴ. 광견병백신
> ㄷ. 탄저병백신　　ㄹ. 천연두백신

① ㄱ, ㄴ, ㄷ　　　② ㄱ, ㄴ, ㄹ
③ ㄱ, ㄷ, ㄹ　　　④ ㄴ, ㄷ, ㄹ
⑤ ㄱ, ㄴ, ㄷ, ㄹ

043 다음 중 성충이 주로 맹장 내에 기생하며 항문주위에 산란하는 기생충은?

① 회충　　　② 요충
③ 십이지장충　　④ 편충
⑤ 동양모양선충

044 다음 중 간디스토마의 제1중간숙주는?

① 우렁이　　　② 다슬기
③ 게　　　④ 물벼룩
⑤ 참붕어

045 다음 중 폐흡충(폐디스토마)의 제2중간숙주는?

① 다슬기　　　② 가재
③ 우렁이　　　④ 담수어
⑤ 돈육

046 기생충 질환의 감염경로에서 채소류 섭취에 의한 것이 아닌 것은?

① 회충
② 십이지장충
③ 동양모양선충
④ 요충
⑤ 선모충증

047 다음 중 기생충과 매개동물의 연결이 옳지 않은 것은?

① 선모충증 ― 돈육
② 폐흡충증 ― 다슬기, 가재, 게
③ 유구조충 ― 우육(쇠고기)
④ 광절열두조충증 ― 물벼룩, 송어, 연어
⑤ 요꼬가와흡충증 ― 다슬기, 은어

048 다음 중 어패류로 인한 기생충 감염질환이 아닌 것은?

① 간흡충증
② 폐흡충증
③ 선모충증
④ 요꼬가와흡충증
⑤ 광절열두조충증

049 육돼지고기를 날 것으로 먹었을 때 감염되기 쉬운 기생충 질환은?

① 유구조충
② 무구조충
③ 간흡충
④ 폐흡충
⑤ 요충

050 다음 중 담수어류로부터 감염되는 기생충은?

① 아니사키스
② 간흡충
③ 유구조충
④ 무구조충
⑤ 선모충

051 농어촌 화장실 소독제로 적합한 것은?

① 승홍수
② 표백분
③ 크레졸
④ 생석회
⑤ 알코올

052 석탄산계수가 5이고 석탄산 희석배수가 30일 때 소독약품의 희석배수는?

① 50
② 100
③ 90
④ 150
⑤ 180

053 과일이나 채소의 세척에 적합한 소독약은?

① 역성비누
② 승홍수
③ 석탄산
④ 알코올
⑤ 크로르칼키

054 화학소독약품의 조건으로 적당하지 않은 것은?

① 인축에 독성이 낮고 안전성이 있어야 한다.

② 소독약은 살균력이 높아야 한다.

③ 용해성이 낮고 침투력이 낮아야 한다.

④ 소독약 값이 저렴하고 구입이 용이해야 한다.

⑤ 약품의 사용이 간편해야 한다.

055 소독약품과 그 소독약품에 적절한 희석의 농도로 적정하지 않은 것은?

① 과산화수소 3%

② 알코올 70%

③ 역성비누 0.01~0.1%

④ 머큐로크롬 2%

⑤ 석탄산 5%

056 일반적으로 자비소독은?

① 100℃의 끓는 물에서 15~20분간 실시하는 소독

② 120℃ 이상의 온도에서 30분 이상 실시하는 소독

③ 135℃ 이상의 온도에서 5분 이상 실시하는 소독

④ 140℃ 이상의 온도에서 7분 이상 실시하는 소독

⑤ 150℃ 이상의 온도에서 10분 이상 실시하는 소독

057 다음 중 산업보건의 목적과 거리가 먼 것은?

① 근로자의 건강관리와 건강장애를 예방하는 것이다.

② 근로생산성을 높이기 위한 것이다.

③ 일반 국민의 보건에 관계되는 것을 개발하는데 목적이 있다.

④ 근로자가 건강한 육체와 정신을 갖게 하는 것이다.

⑤ 직업병 예방을 위하여 실시하는 것이 산업보건의 목적이다.

058 우리나라 근로기준법상 휴게시간을 제외한 근로 시간의 기준은?

① 1일 8시간, 1주 40시간

② 1일 8시간, 1주 44시간

③ 1일 6시간, 1주 35시간

④ 1일 6시간, 1주 40시간

⑤ 1일 9시간, 1주 48시간

059 근로기준법상 규정한 작업시간에서 단축을 요하는 경우로 옳지 않은 것은?

① 신규로 채용된 자

② 야간작업을 하는 경우

③ 작업내용이 극도로 강해진 경우

④ 작업환경이 불량한 경우

⑤ 고임금 근로자

060 인구구조의 유형 중 출생률이 사망률보다 낮아 인구가 감소하게 되는 유형은?

① 피라미드형　② 종형
③ 항아리형　④ 별형
⑤ 호로형

061 다음 인구구조의 유형 중 도시형은?

① 피라미드형　② 종형
③ 항아리형　④ 별형
⑤ 호로형

062 1명의 여자가 평생 동안 낳는 여자아이의 평균수를 비율로 표시한 것은?

① 여성재생산율　② 순재생산율
③ 평균여아출산율　④ 총재생산율
⑤ 총재모성생산율

063 피임방법 중 자궁 내 장치법(IUD)의 피임원리는?

① 수정 방지
② 자궁착상 방지
③ 정자의 멸살
④ 배란의 억제
⑤ 정자의 질 내 침입 방지

064 일정한 사회 · 경제적 여건하에서 국민 개개인이 최대의 생산성을 유지하여 최고의 삶의 질을 유지할 수 있는 인구는?

① 적정인구　② 안정인구
③ 정지인구　④ 감소인구
⑤ 유지인구

065 생명표작성에 필요한 자료가 아닌 것은?

① 생존자수　② 사망자수
③ 생존율　④ 사망률
⑤ 이동률

066 일반적으로 신생아란?

① 생후 1주 미만 아이
② 생후 4주까지의 아이
③ 생후 1개월 미만의 아이
④ 생후 3개월 미만의 아이
⑤ 생후 6개월 미만의 아이

067 순재생산율 1.0은 무엇을 의미하는가?

① 1세대와 2세대의 여자수가 같다.
② 인구의 축소재생산으로 인구가 감소된다.
③ 인구의 재생산으로 인구가 증가한다.
④ 사망자가 증가한다.
⑤ 1세대의 여자수가 2세대 여자수보다 많다.

068 일반적으로 조산아라 함은?

① 임신 20주 미만에 태어난 아이

② 임신 24주 미만에 태어난 아이

③ 임신 26주 미만에 태어난 아이

④ 임신 28주 미만에 태어난 아이

⑤ 임신 28주부터 임신 38주 사이에 태어난 아이

069 지역사회의 보건지표가 되며 1년간 출생 아수와 1세 미만아의 사망자수를 비교하여 계산되는 지표는?

① 영아사망률 　　② 유아사망률

③ 신생아사망률 　④ 초신생아사망률

⑤ 조사망률

070 다음 〈보기〉는 무엇을 구하는 공식인가?

> 보기
>
> (연간총사망자수 ÷ 연앙(중앙)인구) × 1,000

① 조사망률 　　　② 영아사망률

③ 신생아사망률 　④ 주산기사망률

⑤ 영아후기사망률

071 다음 중 학교보건의 목적과 거리가 먼 것은?

① 학생과 교직원의 건강을 보호

② 학생과 교직원의 건강을 증진

③ 학교교육의 능률화를 기함

④ 교직원과 학생의 자질향상

⑤ 학생이 졸업 후 사회생활을 건강하게 할 수 있도록 함

072 초·중·고등학교 교실의 적정조명은?

① 10~20룩스 　　② 30~60룩스

③ 60~70룩스 　　④ 80~120룩스

⑤ 100~120룩스

073 보건교육방법 중 교육에 참여한 사람을 몇 개의 그룹으로 나누어 토의하고 이를 전체 토의에서다시 종합적으로 토론하는 방식은?

① 버즈세션 　　　② 심포지움

③ 강연회 　　　　④ 패널디스커션

⑤ 롤 플레잉

074 다음 〈보기〉가 설명하는 보건교육방법은?

> 보기
>
> 특정한 직종에 종사하는 사람들이 각각 경험과 연구를 통하여 얻은 결과를 발표하고 의논하여 교육을 수행하는 방식

① 심포지움

② 분단토의(버즈세션)

③ 롤 플레잉

④ 워크숍

⑤ 패널 디스커션

075 보건통계의 역할로 보기 어려운 것은?

① 개인의 보건상태 측정 및 치료

② 지역사회나 국가의 보건수준 및 보건상태를 나타냄

③ 보건사업의 필요성 결정

④ 보건에 관한 법률의 개정이나 제정 촉구

⑤ 보건사업의 행동활동의 지침

076 다음 중 세계보건기구(WHO)의 주요사업이 아닌 것은?

① 암퇴치사업　② 영양개선사업
③ 모자보건사업　④ 의료봉사지원
⑤ 결핵 및 성병관리사업

077 보건행정조직의 원칙 중 하나로 업무를 효율적으로 수행하기 위하여 체제가 계층화되어야 한다는 원칙은?

① 조정의 원칙　② 목표의 원칙
③ 분업의 원칙　④ 계층화의 원칙
⑤ 통솔범위의 원칙

078 보건상태의 비교에 이용되는 대표적인 통계치와 거리가 먼 것은?

① 영아사망률　② 신생아사망률
③ 주산기사망률　④ 평균수명
⑤ 국민소득증가율

079 다음 〈보기〉 중 질병의 1차 예방에 속하는 것을 모두 고른다면?

> 보기
> ㄱ. 예방접종　　ㄴ. 환경위생관리
> ㄷ. 보건교육　　ㄹ. 생활조건의 개선

① ㄱ, ㄴ, ㄷ　② ㄱ, ㄴ, ㄹ
③ ㄱ, ㄷ, ㄹ　④ ㄴ, ㄷ, ㄹ
⑤ ㄱ, ㄴ, ㄷ, ㄹ

080 멜더스의 인구론에서 주장한 인구증가 억제요소를 모두 고른다면?

> ㄱ. 도덕적 억제(성순결)
> ㄴ. 만혼
> ㄷ. 빈곤
> ㄹ. 피임

① ㄱ, ㄴ, ㄷ　② ㄱ, ㄴ, ㄹ
③ ㄱ, ㄷ, ㄹ　④ ㄴ, ㄷ, ㄹ
⑤ ㄱ, ㄴ, ㄷ, ㄹ

081 다음 중 인구의 정태조사 지표가 아닌 것은?

① 인구의 크기　② 인구의 분포
③ 인구의 구조　④ 인구의 밀도
⑤ 인구의 출생

082 다음 중 인구의 동태조사 지표가 아닌 것은?

① 출생　② 사망
③ 전입　④ 전출
⑤ 성비

083 출생시의 성비는?

① 1차 성비　② 2차 성비
③ 3차 성비　④ 4차 성비
⑤ 5차 성비

084 인구구조 유형 중 종형에 해당하는 것은?

① 인구정지형   ② 인구감퇴형
③ 도시형   ④ 농촌형
⑤ 인구증가형

085 세계보건기구(WHO)의 본부는 어디에 있는가?

① 영국 런던   ② 오스트리아 빈
③ 프랑스 파리   ④ 스위스 제네바
⑤ 미국 뉴욕

086 WHO의 지역사무소에 본부 위치의 연결이 옳지 않은 것은?

① 동지중해지역사무소 — 이탈리아의 로마
② 동남아시아지역사무소 — 인도의 뉴델리
③ 서태평양지역사무소 — 필리핀의 마닐라
④ 유럽지역사무소 — 덴마크의 코펜하겐
⑤ 아프리카지역사무소 — 콩고의 브라자빌

087 다음 중 세계보건기구의 주요 기능과 거리가 먼 것은?

> ㄱ. 국제적인 보건사업의 지도 · 조정
> ㄴ. 회원국에 대한 기술지원 및 자료공급
> ㄷ. 전문가 파견에 의한 기술자문 활동
> ㄹ. 약품지원과 경제적 도움

① ㄹ   ② ㄱ, ㄴ
③ ㄱ, ㄷ, ㄹ   ④ ㄴ, ㄷ, ㄹ
⑤ ㄱ, ㄴ, ㄷ, ㄹ

088 Gulick이 말하는 행정의 일반적 순서로 바르게 연결된 것은?

① 기획, 조직, 실행, 관리
② 기획 조직, 예산, 실행
③ 기획, 실행, 예산, 관리
④ 조직, 실행, 관리, 예산
⑤ 기획, 실행, 관리, 조정

089 행정에 있어 소위 3S라고 하는 것으로 목적달성을 위한 인적 · 물적자원의 능률적인 관리방법에 해당하는 요소는?

> ㄱ. 표준화   ㄴ. 사회화
> ㄷ. 단순화   ㄹ. 전문화
> ㅁ. 안정화

① ㄱ, ㄴ, ㄷ   ② ㄱ, ㄴ, ㄹ
③ ㄱ, ㄷ, ㄹ   ④ ㄴ, ㄷ, ㄹ
⑤ ㄷ, ㄹ, ㅁ

090 다음 중 의료보험의 급여대상에 속하는 것을 모두 고른다면?

> ㄱ. 질병   ㄴ. 부상
> ㄷ. 출산   ㄹ. 산재

① ㄱ, ㄴ, ㄷ   ② ㄱ, ㄴ, ㄹ
③ ㄱ, ㄷ, ㄹ   ④ ㄴ, ㄷ, ㄹ
⑤ ㄱ, ㄴ, ㄷ, ㄹ

091 다음 중 공공부조에 해당하는 것은?

① 산재보험　　② 건강보험
③ 의료급여　　④ 고용보험
⑤ 연금보험

092 진료비 지불제도 중 동일한 질병이라도 의료인의 행위에 따라 수가가 다르게 지급되는 제도는?

① 행위별수가제　　② 포괄수가제
③ 봉급제　　④ 인두제
⑤ 정액제

093 다음 중 의료법상 의료기관인 것을 모두 고른다면?

┌─────────────────────────┐
│ ㄱ. 보건소　　ㄴ. 병원 │
│ ㄷ. 치과병원　　ㄹ. 요양병원 │
│ ㅁ. 조산원 │
└─────────────────────────┘

① ㄱ, ㄴ, ㄷ, ㄹ　　② ㄱ, ㄴ, ㄹ, ㅁ
③ ㄴ, ㄷ, ㄹ, ㅁ　　④ ㄱ, ㄴ, ㄹ, ㅁ
⑤ ㄱ, ㄴ, ㄷ, ㄹ, ㅁ

094 우리나라 보건소 소속공무원은 행정체계상 어느 부처 소속인가?

① 행정안전부　　② 기획재정부
③ 환경부　　④ 보건복지부
⑤ 고용노동부

095 공중보건사업 수행의 3요소가 바르게 묶여진 것은?

① 보건봉사, 보건교육, 관계법규
② 보건교육, 보건위생, 환경개선
③ 환경개선, 보건위생, 보건치료
④ 보건치료, 약품지원, 환경개선
⑤ 환경개선, 약품지원, 예방접종

096 보건교육방법 중 개인접촉방법인 것은?

① 예방접종　　② 심포지움
③ 강습회　　④ 집단토론
⑤ 포스터

097 보건교육방법 중 대중교육방법과 거리가 먼 것은?

① 포스터　　② TV
③ 팸플릿　　④ 심포지움
⑤ 영화

098 다음 학교환경위생 정화구역에 대한 설명으로 ( ) 안에 들어갈 말로 적당한 것은?

┌─────────────────────────┐
│ 학교보건법에 의거 학교환경위생 정화구 │
│ 역 중 절대구역은 학교출입문(정문)으로 │
│ 부터 (　　)m 이내여야 한다. │
└─────────────────────────┘

① 50　　② 100
③ 150　　④ 200
⑤ 250

099 다음 중 3차 보건의료인 것은?

① 예방접종사업

② 모자보건사업

③ 풍토병관리사업

④ 노인의 간호사업

⑤ 급성질환의 관리사업

100 노령화사회에서 노인성질환의 관리에 큰 기여를 하는 보건의료는?

① 1차 보건의료　　② 2차 보건의료

③ 3차 보건의료　　④ 4차 보건의료

⑤ 5차 보건의료

101 공중보건학의 발전단계 중 산업혁명으로 공중보건의 사상이 싹튼 시기는?

① 고대기　　　　② 중세기

③ 여명기　　　　④ 확립기

⑤ 발전기

102 세계 최초로 공중보건법을 제정 · 공포한 나라는?

① 스웨덴　　　　② 스위스

③ 프랑스　　　　④ 영국

⑤ 독일

103 공중보건학의 발전단계상 예방의학적 사상이 시작된 시기는?

① 고대기　　　　② 중세기

③ 여명기　　　　④ 확립기

⑤ 발전기

104 콜레라의 역학조사를 발표한 사람은?

① Ramazzini　　② J.P Frank

③ E. Jenner　　④ E. Chadwick

⑤ Pettenkofer

105 역학의 역할로 적당하지 않은 것은?

① 질병발생원인 규명

② 질병의 자연사를 이해

③ 건강수준과 질병발생 양상 파악

④ 보건사업의 기획과 평가에 필요한 자료 제공

⑤ 질병의 치료와 평가

106 질병발생과 질병발생의 요인 혹은 속성과의 인과관계를 밝혀내는 제2단계적 역학 접근방법은?

① 기술역학　　　② 분석역학

③ 이론역학　　　④ 실험역학

⑤ 작전역학

107 역학의 종류 중 어떤 전염병의 발생이나 유행을 예측하는 데 활용하는 접근방법은?

① 기술역학
② 분석역학
③ 이론역학
④ 임상역학
⑤ 작전역학

108 감염병 중 세균성 병원체에 의한 것이 아닌 것은?

① 임질
② 매독
③ 콜레라
④ 말라리아
⑤ 백일해

109 병원체가 곤충의 체내에서 수적 증식만 한 다음 다른 사람에게 공격할 때 전파되는 것을 무엇이라고 하는가?

① 증식형 전파
② 발육형 전파
③ 발육 증식형 전파
④ 경란형 전파
⑤ 배설형 전파

110 다음 중 우유를 통한 전파 감염병은?

① Q열
② 소아마비
③ 이질
④ 백일해
⑤ 콜레라

111 다음 질병 중 소화기 감염 질병만을 모두 고른다면?

> ㄱ. 디프테리아　　ㄴ. 파라티푸스
> ㄷ. 이질　　　　　ㄹ. 콜레라

① ㄱ, ㄴ, ㄷ
② ㄱ, ㄴ, ㄹ
③ ㄱ, ㄷ, ㄹ
④ ㄴ, ㄷ, ㄹ
⑤ ㄱ, ㄴ, ㄷ, ㄹ

112 다음 중 용어설명이 옳지 않은 것은?

① 개달물이란 공기, 토양, 물, 우유, 음식물을 제외한 환자가 쓰던 모든 무생물 매체를 말한다.
② 면역이란 어떤 질병에 대한 선천적 또는 후천적 저항성을 말한다.
③ 병원소란 질병을 일으키는 생물을 말한다.
④ 감염력이란 병원체게 숙주 안에서 발육 또는 증식하는 능력을 말한다.
⑤ 감수성이란 질병에 열려 있는 상태, 감염될 수 있는 능력으로 면역과 반대 개념이다.

113 세계 최초로 사회보장법을 제정한 나라는?

① 영국
② 스웨덴
③ 독일
④ 미국
⑤ 오스트레일리아

114 다음 용어설명 중 옳지 않은 것은?

① 잠복기란 병원체가 숙주에 침입한 후 증상이 나타날 때까지의 기간을 말한다.

② 전염기란 균이 인체로부터 탈출을 시작해서 탈출이 끝날 때까지의 기간을 말한다.

③ 세대기란 균이 인체에 침입할 때부터 그 균이 인체 내에서 증식한 후 다시 배출되어 다른 사람에게 가장 많은 감염을 일으키는 기간을 말한다.

④ 특이성이란 그 진단검사법으로 검사한 후 병이 없는 사람을 병이 없다고 판정할 수 있는 능력을 말한다.

⑤ 치명률이란 어떤 질병에 걸린 환자 100명 중에서 완치될 수 있는 확률을 말한다.

115 다음 중 의료인에 속하지 않는 자는?

① 조산사　　② 간병사
③ 한의사　　④ 의사
⑤ 간호사

116 산포도란 분포의 흩어진 정도를 나타내는데 산포도의 대소를 비교하는 데 가장 잘 사용하는 것은?

① 표준편차　　② 평균편차
③ 변이계수　　④ 범위
⑤ 분산

117 지역사회보건학과 1차 보건의료의 중요성이 강요된 발전단계는?

① 고대기　　② 중세기
③ 여명기　　④ 확립기
⑤ 발전기

118 세계보건기구에서 정의한'건강'의 범위를 모두 고른다면?

ㄱ. 육체적 건강	ㄴ. 정신적 건강
ㄷ. 사회적 건강	ㄹ. 환경적 건강

① ㄱ, ㄴ, ㄷ　　② ㄱ, ㄴ, ㄹ
③ ㄱ, ㄷ, ㄹ　　④ ㄴ, ㄷ, ㄹ
⑤ ㄱ, ㄴ, ㄷ, ㄹ

119 코호트(전향성) 조사의 특징으로 틀린 것은?

① 희귀한 질병에 적합하다.
② 비교적 객관적이다.
③ 위험도의 산출이 가능하다.
④ 조사경비가 많이 드는 단점이 있다.
⑤ 장기간의 관찰이 필요하다.

120 역학적 분석에서의 상대위험도 산출공식으로 옳은 것은?

① 위험요인에 폭로된 집단의 발병률 × 비폭로된 집단의 발병률

② 위험요인에 폭로된 집단의 발병률 ÷ 비폭로된 집단의 발병률

③ 위험요인에 폭로된 집단의 발병률＋비폭
　로된 집단의 발병률

④ 위험요인에 폭로된 집단의 발병률－비폭
　로된 집단의 발병률

⑤ 위험요인에 비폭로된 집단의 발병률－폭
　로된 집단의 발병률

123 다음 중 병원소인 것을 모두 고른다면?

ㄱ. 환자	ㄴ. 보균자
ㄷ. 동물	ㄹ. 토양
ㅁ. 식품	

① ㄱ, ㄴ, ㄷ, ㄹ　　② ㄱ, ㄷ, ㄹ, ㅁ

③ ㄱ, ㄴ, ㄹ, ㅁ　　④ ㄴ, ㄷ, ㄹ, ㅁ

⑤ ㄱ, ㄴ, ㄷ, ㄹ, ㅁ

121 새로 발생한 환자수를 기준으로 계산되는 질병의 통계치는?

① 유병률　　② 발생률

③ 치명률　　④ 사망률

⑤ 치사율

124 감염병 발생에 관여하는 6가지 요소가 순서대로 바르게 연결된 것은?

ㄱ. 병원체
ㄴ. 병원소
ㄷ. 병원소로부터의 탈출
ㄹ. 전파
ㅁ. 새로운 신숙주에의 침입
ㅂ. 신숙주의 감수성 및 면역

① ㄱ → ㄴ → ㄷ → ㄹ → ㅁ → ㅂ

② ㄴ → ㄱ → ㄷ → ㄹ → ㅁ → ㅂ

③ ㄴ → ㄷ → ㄱ → ㄹ → ㅁ → ㅂ

④ ㅁ → ㄱ → ㄴ → ㄷ → ㄹ → ㅂ

⑤ ㅁ → ㅂ → ㄱ → ㄴ → ㄷ → ㄹ

122 역학적 분석에서 귀속위험도를 구하는 공식으로 옳은 것은?

① 위험요인에 폭로된 실험군의 발병률 ＋
　비폭로군의 발병률

② 위험요인에 폭로된 실험군의 발병률 －
　비폭로군의 발병률

③ 위험요인에 폭로된 실험군의 발병률 ×
　비폭로군의 발병률

④ 위험요인에 폭로된 실험군의 발병률 ÷
　비폭로군의 발병률

⑤ 위험요인에 비폭로된 실험군의 발병률 －
　폭로군의 발병률

125 질병에 감염된(질병이환) 후 형성되는 면역은?

① 자연능동면역　　② 인공능동면역

③ 자연수동면역　　④ 인동수동면역

⑤ 자연피동면역

126 태아가 모체로부터 태반이나 수유를 통해 받는 면역은?

① 자연능동면역　② 인공능동면역

③ 자연수동면역　④ 인공수동면역

⑤ 자연감염면역

127 자연능동면역으로 현성 감염 후 영구면역 이 형성되는 질병은?

① 황열　② 폴리오

③ 일본뇌염　④ 폐렴

⑤ 성병

128 다음 중 인공능동면역으로 순화 독소를 이용하는 질병은?

① 파상풍, 디프테리아

② 두창, 탄저병

③ 광견병, 결핵

④ 폴리오, 홍역

⑤ 장티푸스, 콜레라

129 감염병 유행양식 중 장기변화로서 수십 년 주기로 발생하여 유행하는 질병(추세변화)을 모두 고른다면?

```
ㄱ. 장티푸스
ㄴ. 홍역
ㄷ. 디프테리아
ㄹ. 인플루엔자(독감)
```

① ㄱ, ㄴ, ㄷ　② ㄱ, ㄴ, ㄹ

③ ㄱ, ㄷ, ㄹ　④ ㄴ, ㄷ, ㄹ

⑤ ㄱ, ㄴ, ㄷ, ㄹ

130 검역법에 규정된 검역감염병을 모두 고른다면?

```
ㄱ. 콜레라　　ㄴ. 페스트
ㄷ. 황열　　　ㄹ. 장티푸스
```

① ㄱ, ㄴ, ㄷ　② ㄱ, ㄴ, ㄹ

③ ㄱ, ㄷ, ㄹ　④ ㄴ, ㄷ, ㄹ

⑤ ㄱ, ㄴ, ㄷ, ㄹ

131 세균이 들어가서 증식하는 능력을 무엇이라고 하는가?

① 독력　② 감염력

③ 병원력　④ 치명률

⑤ 제2차 발병률

132 다음 중 인구증가란?

① 유입－유출

② 출생－사망

③ 인구이동

④ 자연증가

⑤ (출생－사망)＋(유입－유출)

133 다음 중 사회보장제도에 대한 내용으로 틀린 것은?

① 사회보장제도의 창시자는 독일의 비스마르크이다.
② 사회보장에 관한 단독법이 최초로 제정 공포된 나라는 1935년 미국이다.
③ 우리나라에서 사회보장에 관한 법률이 1963년에 제정되었다.
④ 우리나라에서 전 국민 의료보험이 시행된 시기는 1989년이다.
⑤ WTO는 사회보장을 사회보험, 공적부조, 사회복지서비스로 분류하였다.

134 사산율을 구하는 공식으로 옳은 것은?

① (연간사산아수－연간출생아수)×100
② (연간출생아수－연간사산아수)×100
③ (연간사산아수÷연간출생아수)×100
④ (연간출생아수÷연간사산아수)×100
⑤ (연간사산아수＋연간출생아수)×100

135 멜더스의 인구론에 대한 내용으로 틀린 것은?

① 인구는 기하급수적으로 증가하나 식량은 산술급수적으로 증가한다.
② 규제의 원리는 생존자료가 증가하는 한 인구는 증가한다는 원리이다.
③ 멜더스는 인구의 증식과 규제 및 파동의 원리를 주장하였다.
④ 인구억제정책은 만혼과 금욕 등 도덕적 절제방법이 있다.
⑤ 인구의 증가는 식량부족, 질병, 전쟁 등의 문제로 이어진다.

136 α-Index에 대한 설명으로 옳지 않은 것은?

① 보건수준의 주요 지표분석으로 이용된다.
② 수치가 1.0에 가까운 것이 바람직하다.
③ 수치가 높다는 것은 신생아기 이후의 사망자수가 높음을 의미한다.
④ 수치가 높다는 것은 보건상태가 전반적으로 불량하다는 뜻을 내포한다.
⑤ $\alpha-\text{Index}=$ 신생아사망수/영아사망수이다.

137 지역사회보건의 특성과 거리가 먼 것은?

① 보건의료인의 책임과 의무가 확대되었다.
② 지역사회보건은 그 기본정신이 치료와 위급한 환자 진료이다.
③ 지역사회 보건의료서비스는 총괄적인 보건의료 서비스를 의미한다.
④ 지역사회 주민의 자발적인 참여가 요구된다.
⑤ 보건의료의 지역화 개념이 도입되었다.

138 다음 중 보건복지부 소속 산하기관이 아닌 것은?

① 국립암센터
② 국립중앙의료원
③ 대한적십자사
④ 건강보험심사평가원
⑤ 보건소

139 노인보건의 중요성 부각 이유로 적절하지 않은 것은?

① 노령화사회로 인한 경제적 의미 감소
② 성인병 질환으로 인한 사망률의 증가
③ 노인 의료비의 증가
④ 고령화 사회의 각종 문제 출현
⑤ 인구구조의 노령화

140 모집단의 2개 변량에 있어서 어떤 값이 변함에 따라 다른 값이 변하는 정도를 나타내는 것을 무엇이라고 하는가?

① 산포도　　② 변이계수
③ 상관계수　　④ 평균편차
⑤ 표준편차

식품위생학 [필기] SANITARIAN

정답 및 해설 214p

001 다음의 화학물질 중에서 소독효과가 거의 없는 것은 어느 것인가?

① 알코올
② 석탄산
③ 크레졸
④ 역성비누
⑤ 중성세제

002 식품의 부패요인과 거리가 먼 것은?

① 산도
② 염분
③ 온도
④ 산소
⑤ 적외선

003 다음 중 식품위생 측면에서 식품으로 인한 위생상 위해요인이라고 볼 수 없는 것은?

① 미생물 요인
② 화학물질 요인
③ 기생충 요인
④ 식품영양소 요인
⑤ 수질요인

004 식품저장법 중에서 냉동법의 가장 큰 의의와 목적은?

① 소독작용
② 미생물의 멸균
③ 미생물의 증식억제
④ 살균작용
⑤ 세균의 멸균

005 성장과 증식에 산소를 절대적으로 필요로 하는 균은?

① 통성 혐기성균
② 편성 혐기성균
③ 통성 호기성균
④ 편성 호기성균
⑤ 호기성 세균

006 세균성 식중독 중에서 잠복기가 가장 짧은 특성을 지니는 식중독균은?

① 살모넬라균 식중독
② 장염비브리오균 식중독
③ 포도상구균 식중독
④ 보툴리누스균 식중독
⑤ 장구균 식중독

007 식중독균 중에서 열에 가장 강한 식중독균은?

① 포도상구균
② 장염비브리오균
③ 병원성 대장균
④ 보툴리누스균
⑤ 장구균

008 살모넬라균에 의하여 유발되는 식중독의 특성으로 맞는 것은?

① 노약자와 고령자에게 주로 감염되는 식중독
② 사람과 동물이 같이 감염되는 식중독
③ 어린이에게 많이 감염되는 식중독
④ 민물고기를 매개체로 하여 감염되는 식중독
⑤ 조개 및 굴이 매개하는 식중독

009 식물성 자연독 중에서 버섯에 의하여 중독을 일으키는 독소의 명칭은?

① Muscarine ② Tetrodotoxin
③ Solanine ④ Cicutoxin
⑤ Saxitoxin

010 복어가 가장 강한 독소를 품고 있는 시기는 연중 언제인가?

① 1~3월 ② 3~5월
③ 5~7월 ④ 7~9월
⑤ 9~11월

011 다음 중 폴리오와 거리가 먼 것은?

① 소아마비 또는 급성회백수염이라고도 한다.
② 병원체는 세균이다.
③ 병원소는 주로 불현성 감염자이다.
④ 잠복기는 7~12일 정도이다.
⑤ 예방방법으로는 예방접종이 최선이다.

012 유행성간염에 대한 설명으로 틀린 것은?

① A형간염이라고도 한다.
② 병원체는 A형 바이러스이다.
③ 잠복기는 30~35일 정도이다.
④ 황달현상이 찾아오기도 한다.
⑤ 병원소는 사람이다.

013 제1중간숙주가 물벼룩이고, 제2중간숙주는 송어·연어·숭어 등의 민물고기인 기생충은?

① 간디스토마 ② 폐디스토마
③ 아니사키스 ④ 광절열두조충
⑤ 요코아와 흡충

014 다음 중 살균제가 아닌 것은?

① 표백분
② 고도표백분
③ 이염화이소시아눌산나트륨
④ 차아염소산나트륨
⑤ 파라옥시안식향부틸

015 식품제조공정 중에서 많은 거품이 발생하여 지장을 주는 경우에 거품을 없애기 위해 사용되는 약품은?

① 용제 ② 피막제
③ 이형제 ④ 소포제
⑤ 추출제

016 채소류, 과일류, 다시마 등의 착색료로 많이 사용되는 착색제는?

① 식용 타르색소
② 식용 타르색소 알루미늄레이크
③ 황산동
④ β-카로틴
⑤ 아질산나트륨

017 다음 〈보기〉가 설명하는 것은?

> 보기

식품에 대하여 점착성을 증가시키고 유화 안정성을 좋게 하며 가공할 때의 가열이나 보존중의 경시변화에 대하여 점도를 유지하고 형체를 보존하는 데 도움을 주며, 미각에 대해서도 점활성을 줌으로써 촉감을 좋게 하기 위하여 식품에 첨가되는 것

① 개량제
② 착향제
③ 증점제
④ 유화제
⑤ 강화제

018 다음 중 5대 영양소에 들지 않는 것은?

① 탄수화물
② 지방
③ 단백질
④ 비타민
⑤ 유기질

019 영양의 역할에 대한 설명으로 틀린 것은?

① 비타민C의 결핍은 괴혈병을 유발하고 감염병 사망률이 높다.
② 비타민A의 부족은 감염병에 대한 저항력을 감소시킨다.

③ 단백질과 지방을 충분히 섭취하면 감염병에 대한 저항력을 증가시킨다.
④ 글리코겐의 저장량이 많으면 감염병에 대한 사람의 면역력이 높아진다.
⑤ 비타민D는 항체를 생산시키는 역할을 하여 각종 감염병을 예방하거나 저항력을 높인다.

020 장티푸스 환자는 일반 정상인보다 질소를 몇 배정도 더 많이 배출하는가?

① 0.5배
② 1.0배
③ 2배
④ 3배
⑤ 5배

021 다음 영양소 중 열량 영양소를 모두 고른다면?

> ㄱ. 탄수화물   ㄴ. 비타민
> ㄷ. 단백질   ㄹ. 지방

① ㄱ, ㄴ, ㄷ
② ㄱ, ㄴ, ㄹ
③ ㄱ, ㄷ, ㄹ
④ ㄴ, ㄷ, ㄹ
⑤ ㄱ, ㄴ, ㄷ, ㄹ

022 인체의 구성비율이 크기 순으로 바르게 나열된 것은?

① 수분 > 단백질 > 지방 > 무기질
② 수분 > 탄수화물 > 지방 > 단백질
③ 수분 > 지방 > 단백질 > 탄수화물
④ 수분 > 무기질 > 단백질 > 지방
⑤ 수분 > 탄수화물 > 단백질 > 지방

023 탄수화물에 대한 내용으로 옳지 않은 것은?

① 탄수화물의 과도한 섭취는 비만을 초래한다.

② 탄수화물이 결핍되면 지방의 연소곤란현상이 나타난다.

③ 지방 연소곤란은 산소의 중간생성물을 생성시키며 이로 인해 산혈증, 단백질 손모 등의 증상이 발생한다.

④ 인체 내에서 글리코겐의 형태로 신장에 저장된다.

⑤ 인체에 필요한 열량의 약 10% 정도가 탄수화물에서 나온다.

024 단백질에 대한 설명으로 적절하지 않은 것은?

① 단백질은 인체의 주요 구성분이 되면서, 열량공급원으로서 작용을 한다.

② 단백질은 효소와 호르몬의 주성분이 된다.

③ 단백질의 1일 필요량은 체중 1kg당 약 1g 정도이다.

④ 단백질은 면역체계와 항독물질을 구성하는 중요한 성분이 된다.

⑤ 단백질이 결핍되면 열중증과 무력감 등이 나타난다.

025 지방에 대한 설명으로 옳지 않은 것은?

① 체온유지와 피부를 부드럽게 해주는 작용이 있다.

② 지용성 비타민A, D를 함유하고 있다.

③ 탄수화물이나 단백질보다 2배 이상의 열량을 발생하여 가장 많은 에너지 발생원이다.

④ 부족하면 허약함과 체력의 저하현상이 나타난다.

⑤ 신체기능조절작용과 노폐물 배설작용을 한다.

026 채내 수분이 얼마 정도 이상 상실되는 경우 생명에 위험한 상황이 올 수 있는가?

① 1% ② 3%

③ 5% ④ 10%

⑤ 15%

027 인체를 구성하는 구성성분 중 수분의 역할과 거리가 먼 것은?

① 신체기능조절작용

② 노폐물 배설작용

③ 영양물의 흡수, 운반, 배설과 삼투압 조절

④ 갑상선의 기능유지

⑤ 체온조절, 체내 화학변화 등의 매체

028 인체의 골, 뇌신경의 주성분이 되며 인체의 약1%를 구성하는 무기질은?

① 칼슘 ② 철분

③ 인 ④ 요오드

⑤ 염화나트륨

029 다음 중 수용성 비타민이 아닌 것은?

① 비타민B1 ② 비타민C

③ 비타민B2 ④ 비타민A

⑤ 니코틴산

030 다음 중 지용성 비타민이 아닌 것은?

① 비타민A ② 비타민C

③ 비타민D ④ 비타민E

⑤ 비타민K

031 비타민A가 결핍되면 나타나는 현상과 거리가 먼 것은?

① 세균 및 기생충 감염에 대한 저항력 저하

② 안구건조증

③ 야맹증

④ 피부점막의 조직과 기능 감퇴

⑤ 구루병과 충치, 풍치

032 식품위생법상 식품위생의 대상과 거리가 먼 것은?

① 식품첨가물 ② 기구

③ 용기 ④ 포장

⑤ 음료수

033 식품위생관리의 영역(범위)으로 옳지 않은 것은?

① 식품을 통한 병원미생물의 감염관리

② 식중독

③ 식품을 통한 기생충 질환의 감염

④ 식품의 영양 및 열량 관리

⑤ 부정식품 단속 및 유통관리

034 미국 식품위생관련협회가 제시한 식품위생관리의 3대 요건으로 맞게 된 것은?

① 안전성, 무결성, 건강성

② 안전성, 영양성, 열량성

③ 안전성, 영양성, 무결성

④ 안전성, 무결성, 가격성

⑤ 안전성, 수월성, 무결성

035 식품의 화학적 보존방법으로 염장법과 염수법에 대한 설명으로 옳지 않은 것은?

① 식염 중 염소이온의 방부효과를 이용하는 방법이다.

② 염장법은 염분도를 $10\sim15\%$ 정도 유지시켜 저장하는 방법이다.

③ 염수법은 염분도를 20% 정도 유지시켜 보존하는 방법이다.

④ 햄, 베이컨 등 육류식품의 기호성을 높이는 가공방법으로서 이용되기도 한다.

⑤ 염장법은 식품 내부로 염분이 침투하여 혐기성세균의 성장이 억제되는 원리를 이용하여 식품을 보존하는 방법이다.

036 다음 중 식품보존료가 아닌 것은?

① 벤조산

② 나프탈렌아세테이트

③ 소르브산

④ 디히드로아세트산

⑤ 프로피온산

037 일반적으로 동물성 식품의 보존온도는?

① 영하 5도 이하   ② 영하 1도 이하
③ 0~5℃   ④ 5~10℃
⑤ 10~15℃

038 육류, 어류, 곡류 등의 건조 시 수분 기준은?

① 수분 5% 이하   ② 수분 10% 이하
③ 수분 15% 이하   ④ 수분 20% 이하
⑤ 수분 30% 이하

039 HACCP(위해요소중점관리기준)의 내용으로 틀린 것은?

① 위해방지를 위하여 사후적으로 치유하기 위한 식품안전관리체계이다.
② 식품의 원재료부터 제조, 가공, 보존, 유통, 조리단계를 거쳐 최종소비자가 섭취하기 전까지의 각 단계에서 발생할 우려가 있는 위해요소를 규명하는 것을 목적으로 한다.
③ 중요관리점을 결정하여 자율적이며 체계적이고 효율적인 관리로 식품의 안전성을 확보하기 위한 과학적인 위생관리체계를 목표로 하고 있다.
④ 현재 HCCP는 전 세계적으로 가장 효과적이고 효율적인 식품안전관리체계로 인정 받고 있다.
⑤ 중요관리점이란 반드시 필수적으로 관리하여야 할 항목이란 뜻이다.

040 다음의 세균성 식중독 중 감염형은?

① 살모넬라균   ② 포도상구균
③ 보툴리누스균   ④ 웰치균
⑤ 병원성독소형대장균군

041 경구감염병의 특징으로 틀린 것은?

① 다양한 전파경로를 가진다.
② 잠복기가 일반적으로 길다.
③ 전염성이 비교적 적다.
④ 소량의 균으로도 전파된다.
⑤ 병의 지속기간이 대체로 길다.

042 대장균에 의한 식중독의 내용으로 옳지 않은 것은?

① 대장균은 장내 세균과에 속하는 간균이다.
② 편모가 있어 운동성이 있다.
③ 대장균의 지수는 식품위생검사에서 분변 오염의 지표로 활용되고 있다.
④ 병원성대장균은호기성또는통성혐기성균이다.
⑤ 병원성 대장균의 최적 발육온도는 32~34℃ 정도이다.

043 식중독균 중 가장 오래 전에 규명된 것은?

① 살모넬라 식중독
② 장염비브리오균 식중독
③ 포도상구균 식중독
④ 보눌리누스균 식중독
⑤ 웰치균에 의한 식중독

044 살모넬라 식중독에 대한 설명으로 틀린 것은?

① 장내 세균과에 속하는 아포가 없는 그람음성 간균이다.
② 편모가 있으며 운동성을 가진다.
③ 호기성 또는 통성혐기성이다.
④ 발육에 적절한 pH는 7.0~8.0이다.
⑤ 살모넬라균은 염분에 활동을 잘 한다.

045 살모넬라 식중독의 관리대책으로 적절하지 않은 것은?

① 식품을 섭취 직전에 가열한다.
② 오염원인 쥐나 애완동물에 의한 식품오염을 방지한다.
③ 고온상태로 식품을 보존하고 유통해야 한다.
④ 음식물이 보균자에 의하여 오염되지 않도록 식품조리 및 식품제조 등에 관여하는 사람은 정기적으로 검진을 받아야 한다.
⑤ 파리나 바퀴 등 해충에 의한 전파 방지를 위해 조리장소, 가공장소, 창고 등의 식품취급 설비에 대해서 방서·방충설비 등 위생관리를 철저히 하여야 한다.

046 장염비브리오균의 특성으로 옳지 않은 것은?

① 아포가 없는 운동성 간균이다.
② 염분에 활동을 잘한다.
③ 잠복기간은 보통 8~20시간 정도이다.
④ 호기성균이다.
⑤ 균의 세대시간은 10분 정도이다.

047 다음 〈보기〉가 설명하는 식중독 세균은?

> 보기
> • 1950년 일본 오사카에서 대규모 식중독 사건이 발생
> • 전갱이포를 매개로 식중독이 발생
> • 일본에서 세계 최초로 보고됨
> • 소금으로 절인 오이에 의하여 발생

① 살모넬라균   ② 장염비브리오균
③ 포도상구균   ④ 보툴리누스균
⑤ 웰치균

048 다음 식중독 세균 중 독소형인 것을 모두 고른다면?

> ㄱ. 포도상구균   ㄴ. 보툴리누스균
> ㄷ. 웰치균   ㄹ. 장구균

① ㄱ, ㄴ, ㄷ   ② ㄱ, ㄴ, ㄹ
③ ㄱ, ㄷ, ㄹ   ④ ㄴ, ㄷ, ㄹ
⑤ ㄱ, ㄴ, ㄷ, ㄹ

049 엔테로톡신이라는 독소를 생성하며 화농성 질환의 대표적 원인균은?

① 포도상구균   ② 보툴리누스균
③ 웰치균   ④ 장구균
⑤ 살모넬라균

050 포도상구균 식중독의 원인식품은?

① 우유, 크림과자, 버터, 치즈 등의 유제품

② 어패류와 도시락 등의 복합조리식품

③ 햄, 소시지, 각종 통조림 식품

④ 면류, 감주, 동·식물성 가열조리 식품

⑤ 두부와 그 가공품

051 보툴리누스균 식중독에 대한 설명으로 틀린 것은?

① 독일의 케르너가 보툴리즘이라는 용어를 처음 사용하였다.

② 그람양성이며 혐기성 아포성 간균이다.

③ 햄, 소시지, 각종 통조림 식품이 보툴리누스균의 원인식품이다.

④ 독소에는 A, B, C, D, E, F, G가 있는데 사람에게 식중독을 일으키는 것은 A, B, C, D형이다.

⑤ 독소형 식중독이다.

052 식중독균 중에서 닭고기에 의한 식중독은?

① 포도상구균   ② 장염비브리오균

③ 보툴리누스균   ④ 웰치균

⑤ 장구균

053 살모넬라균과 비슷하며 특히 파충류나 가금류에서 균이 검출되는 확률이 높은 것은?

① 페스트균   ② 포도상구균

③ 보쿨리누스균   ④ 애리조나균

⑤ 여시니아균

054 여시니아균에 의한 식중독의 내용으로 적절하지 않은 것은?

① 감염형 식중독이다.

② 4~5℃의 낮은 온도에서 증식이 가능하다.

③ 여시니아균은 페스트균, 결핵균 등과 같이 여 시니아속으로 분류한다.

④ 이의 방지를 위해서는 식품을 가열하여 섭취하여야 한다.

⑤ 어류, 육류 식품에 증식하여 히스타민을 생성시켜서 알레르기성 질환을 발생시킨다.

055 다음 중 독버섯의 독소 명칭이 아닌 것은?

① 무스카린   ② 아마니타톡신

③ 콜린   ④ 뉴린

⑤ 솔라닌

056 독버섯의 독소 중 독성이 매우 강하며 주로 붉은 광대버섯에 가장 많은 독소는?

① 필즈톡신   ② 콜린

③ 뉴린   ④ 무스카린

⑤ 아마니타톡신

057 기름을 짜고 난 목화씨의 찌꺼기에 함유된 독성은?

① 무스카린   ② 솔라닌

③ 아미그달린   ④ 고시풀

⑤ 시큐톡신

058 다음 중 식물성 자연독과 그 원인이 되는 식물을 연결한 것으로 잘못된 것은?

① 무스카린 ― 붉은 광대버섯
② 솔라닌 ― 감자
③ 청매실 ― 리신
④ 목화씨 ― 고시풀
⑤ 독미나리 ― 시큐톡신

059 다음 중 식물성 자연독이 아닌 것은?

① 테트로도톡신 　② 아미그달린
③ 솔라닌 　④ 알레르겐
⑤ 시큐톡신

060 바지락, 굴, 모시조개 등에 함유되어 있는 독으로 집단 식중독의 발생 원인이 되는 것은?

① 테트로톡신 　② 색시톡신
③ 베네루핀 　④ 시큐톡신
⑤ 무스카리딘

061 베네루핀 식중독의 특징으로 옳지 않은 것은?

① 열에 약해 100℃의 온도로 30분 정도 가열하면 사멸시킬 수 있다.
② 치사량은 0.25mmg이다.
③ 조개의 번식기인 1~4월경에 발생률이 높다.
④ 잠복기간은 12~48시간이다.
⑤ 증상으로는 복통, 구토, 변비, 배뇨량 감소, 피하출혈, 황달 등이다.

062 곰팡이균에 의한 식중독에 대한 설명으로 틀린 것은?

① 곰팡이균이 사람의 몸으로 흡입됨으로써 나타나는 질환이다.
② 곰팡이균에 의하여 발생하는 독은 대부분이 고 분자화합물이다.
③ 곰팡이균이 발생시키는 독은 항원을 가지지 않는다.
④ 곡류, 목초 등의 식품 또는 각종 가축 사료가 원인이다.
⑤ 습한 여름에 많이 발생하여 계절과 관계가 깊다.

063 곰팡이독 중 뇌와 중추신경계에 장애를 가져오는 신경독이 아닌 것은?

① 시트레오비리딘 　② 시클로피아존산
③ 파툴린 　④ 아플라톡신
⑤ 말토리진

064 곰팡이독 유형 중 간경변, 간종양, 간세포 장애등을 일으키는 간장독이 아닌 것은?

① 파툴린 　② 아플라톡신
③ 스테리그마토시스틴 ④ 루테오스키린
⑤ 이슬란디톡신

065 곰팡이류의 2차 대사로 생성되는 물질로 인체에 각종 암을 유발시키는 독성물질은?

① 루테오스키린 　② 이슬란디톡신
③ 아플라톡신 　④ 오크라톡신
⑤ 시트리닌

066 보리, 화분, 식물씨방 등에 기생하는 맥각 독은?

① 아플라톡신　　② 에르고톡신
③ 시트리닌　　　④ 파툴린
⑤ 시트레오비리딘

067 다음 중 신경 및 신장에 장해를 일으키는 페니실륨 독소는?

① 페니실륨 이슬란디쿰
② 루브라톡신
③ 시트리닌
④ 파툴린
⑤ 아플라톡신

068 설탕의 40~50배 정도의 단맛이 있으며 발암성이 있어 1970년대부터 사용이 금지된 감미료는?

① 시클라메이트　　② 둘신
③ 에틸렌글리콜　　④ 아루아민
⑤ 파라니르로 오르토 톨루이딘

069 감미료 중의 하나인 둘신에 대한 설명으로 틀린 것은?

① 둘신은 식품첨가물로 많이 이용되어 왔다.
② 우리나라에서는 1966년부터 사용을 금지시키고 있다.
③ 둘신의 용해 온도는 175℃이다.
④ 찬물에 잘 녹지 않고 단맛은 설탕의 250배 정도이다.
⑤ 처음에는 자동차 엔진의 냉각용수인 부동액으로 사용하였다.

070 식품첨가물의 하나인 착색료 중 단무지, 과자, 각종 면류, 카레 등에 광범위하게 사용되었던 것은?

① 로다민－B　　　② 붕산
③ 파라니트로아닐린　④ 아우라민
⑤ 포름알데히드

071 현재는 사용이 금지되었지만 방부효과가 있어 마가린, 베이컨 등에 사용되었던 보존료는?

① 아우라민　　　② 로다민－B
③ 에킬렌글리콜　④ 붕산
⑤ 포름알데히드

072 다음 중 메탄올에 대한 설명으로 틀린 것은?

① 화학적 식중독의 가장 중요한 원인물질 중의 하나이다.
② 알코올의 발효 때 생성된다.
③ 메탄올 성분이 체외로 배출되는 데 소요되는 기간이 길다.
④ 인체 내에서 독성을 유발하는 포름산을 생성시킨다.
⑤ 과거에는 각종 가공품, 우동, 어육 연제품 등을 희게 하기 위하여 사용하였다.

073 1953년 일본에서 발생된 미나마타병의 유발원인인 중금속화합물은?

① 비소　　② 납
③ 수은　　④ 구리
⑤ 안티몬

074 각종 용기와 기구, 통조림 캔의 땜납 등으로부터 검출되어 중독을 유발하는 물질은?

① 비소 ② 납
③ 수은 ④ 구리
⑤ 안티몬

075 1968년 일본에서 발생된 이타이이타이병을 유발하는 중금속화합물은?

① 비소 ② 카드뮴
③ 납 ④ 수은
⑤ 아연

076 쌀기름(미강유)을 짜는 과정에서 가열 매체로 사용된 다염화비페닐이 파이프의 핀홀로부터 흘러나와 미강유에 혼입되어 나타나는 중독증은?

① PCB중독 ② 카드뮴 중독
③ 비소 중독 ④ 수은 중독
⑤ 안티몬 중독

077 비타민 중 지방대사와 관련이 있는 것은?

① 비타민A ② 비타민B
③ 비타민C ④ 비타민D
⑤ 비타민F

078 지용성 비타민 중 생식기능과 밀접한 관계가 있는 것은?

① 비타민A ② 비타민D
③ 비타민E ④ 비타민K
⑤ 비타민F

079 지용성 비타민 중 칼슘과 인의 대사에 관여하는 것은?

① 비타민A ② 비타민D
③ 비타민E ④ 비타민K
⑤ 비타민F

080 비타민 중 이것이 부족하면 눈의 충혈, 결막염, 각막염 등이 생길 수 있는데 이것은?

① 비타민B1 ② 비타민B2
③ 비타민B6 ④ 비타민B12
⑤ 비타민C

081 비타민B12가 부족하면 나타날 수 있는 질환은?

① 구순염 ② 구루병
③ 괴혈병 ④ 각기병
⑤ 악성빈혈증

082 인체에 필요한 무기질 중 비교적 많은 양이 요구되는 것은?

① 칼슘 ② 식염(염화나트륨)
③ 철분 ④ 요오드
⑤ 인

117

083 다음 〈보기〉 중 단백질의 기능을 모두 고른다면?

> 보기
>
> ㄱ. 인체구성작용
> ㄴ. 효소 및 호르몬의 성분
> ㄷ. 열량 공급원
> ㄹ. 인체의 기능조절 작용

① ㄱ, ㄴ, ㄷ   ② ㄱ, ㄴ, ㄹ
③ ㄱ, ㄷ, ㄹ   ④ ㄴ, ㄷ, ㄹ
⑤ ㄱ, ㄴ, ㄷ, ㄹ

084 5대 영양소 중 임산부에게 가장 많이 섭취시킬 영양소는 무엇인가?

① 탄수화물   ② 단백질
③ 지방   ④ 비타민
⑤ 무기질

085 뼈 및 치아를 구성하는 무기질은?

① 수분   ② 인
③ 요오드   ④ 식염
⑤ 칼슘

086 다음 화학물질 중 소독효과가 거의 없는 것은?

① 알코올   ② 역성비누
③ 중성세제   ④ 크레졸
⑤ 석탄산

087 식품의 변패 검사방법 중 화학적 검사법이 아닌 것은?

① 어류와 육류의 암모니아성 검사
② 어류와 육류의 휘발성 아민의 측정
③ 어류와 육류에 대한 단백질 침전검사
④ 어류와 육류의 지방질 점도 검사
⑤ 식용유지에 대한 과산화물 측정, 카르보닐가 측정

088 유기염소계 농약의 특성과 거리가 먼 것은?

① 잔류성이 크다.
② 생물농축현상이 크다.
③ 인체의 중추신경계를 자극한다.
④ 인체 내에 탄산을 축적시켜 독성을 유발한다.
⑤ 인체의 운동마비, 이상감각 등의 증상을 유발한다.

089 다음 중 지방질이 산화되는 현상을 무엇이라 하는가?

① 부패   ② 산패
③ 변질   ④ 발효
⑤ 변패

090 다음 중 식품부패에 관여하는 요인을 모두 고른다면?

> ㄱ. 온도   ㄴ. 산도
> ㄷ. 습도   ㄹ. 산소

① ㄱ, ㄴ   ② ㄱ, ㄷ

③ ㄱ, ㄹ   ④ ㄴ, ㄷ

⑤ ㄱ, ㄴ, ㄷ, ㄹ

091 다음 중 자연계에 가장 널리 분포하고 있는 미생물로서 식품오염의 주범으로 알려진 것은?

① Salmonella속   ② Vibrio속

③ Serratia속   ④ Bacillus속

⑤ Micrococcus속

092 대장균의 정성실험 순서로 맞는 것은?

① 추정실험 → 확정실험 → 완전실험

② 추정실험 → 완전실험 → 확정실험

③ 완전실험 → 추정실험 → 확정실험

④ 완전실험 → 확정실험 → 추정실험

⑤ 확정실험 → 완전실험 → 추정실험

093 HACCP(위해요소중점관리기준)의 목적과 거리가 먼 것은?

① 재배과정 위해요소 규명

② 가공과정 위해요소 규명

③ 유통과정 위해요소 규명

④ 조리과정 위해요소 규명

⑤ 섭취 후 질병 위해요소 규명

094 다음 중 잠복기가 짧고 손에 상처가 있는 식품취급자를 통하여 감염되기 쉬우며 유제품이 원인식품이 되는 식중독은?

① 아리조나 식중독

② 보툴리누스 식중독

③ 살모넬라 식중독

④ 장염비브리오 식중독

⑤ 포도상구균 식중독

095 다음 중 감염형 식중독이 아닌 것은?

① 보툴리누스 식중독

② 살모넬라 식중독

③ 아리조나 식중독

④ 장염비브리오 식중독

⑤ 병원성 대장균

096 식중독과 원인균의 연결이 옳지 않은 것은?

① 병원성 대장균 식중독: E. Coli

② 포도상구균 식중독: Staphylococcus Aureus

③ 보툴리누스균 식중독: Clostridium Botulinum

④ 장구균 식중독: Streptococcus Fecalis

⑤ 살모넬라균 식중독: Salmonella Typhi

097 다음 중 곰팡이 독인 것은?

① Mycotoxin   ② Amygdaline

③ Cicutoxin   ④ Solanine

⑤ Ergotoxin

098 복어의 독소는 어느 부위에 가장 많이 들어 있는가?

① 피부   ② 꼬리

③ 혈액   ④ 난소

⑤ 근육

099 사람의 손이나 조리기구의 세척 용도로 적당한소독제는?

① 석탄산수   ② 합성비누

③ 역성비누   ④ 승홍수

⑤ 알코올

100 식품에 이용되는 포장기구 용기를 세척할 때 가장 적합하게 사용되는 유기 세제류로 특히 기름이 많이 묻어 있는 용기 세척에 이용되는 것은?

① 하이포염소산   ② 인산나트륨

③ 계면활성제   ④ 수산화나트륨

⑤ 승홍수

101 공중보건의 정의에 포함되는 내용을 모두 고른다면?

┌─────────────────────┐
│ ㄱ. 질병의 예방
│ ㄴ. 수명의 연장
│ ㄷ. 신체적 효율 증진
│ ㄹ. 정신적 효율 증진
└─────────────────────┘

① ㄱ, ㄴ, ㄷ   ② ㄱ, ㄴ, ㄹ

③ ㄱ, ㄷ, ㄹ   ④ ㄴ, ㄷ, ㄹ

⑤ ㄱ, ㄴ, ㄷ, ㄹ

102 세계 최초로 위생학 강좌를 개설한 나라와 사람은?

① 미국 - Snow

② 영국 - Gorden

③ 독일 - M.V.Pettenkofer

④ 프랑스 - Pasteur

⑤ 스웨덴 - Koch

103 감염병의 유행양식 중 연령, 성, 인종, 사회경제적 상태, 직업에 따라 유행양상이 다른 현상은?

① 생물학적 현상   ② 시간적 현상

③ 지리적 현상   ④ 사회적 현상

⑤ 시대적 현상

104 다음 중 결핵의 예방접종약은?

① MMR   ② PPD - test

③ OT   ④ BCG

⑤ DDT

105 예방접종으로 관리하는 질병으로 적당한 것은?

① 호흡기계 감염병 예방
② 소화기계 감염병 예방
③ 성병 질환 관리예방
④ 기생충 질환 관리예방
⑤ 식중독 질환 관리예방

106 다음 질환 중 사람만이 병원소가 될 수 있는 감염병은?

① 콜레라 ② 장티푸스
③ 탄저병 ④ 일본뇌염
⑤ 브루셀라

107 다음 인수공통감염병 중 쥐가 전파하는 질병이 아닌 것은?

① 페스트 ② 발진열
③ 렙토스피라증 ④ 살모넬라증
⑤ 탄저병

108 다음 〈보기〉가 설명하는 질병은?

보기

• 가을철 풍토병이라 불리며 들쥐 등의 소변으로 균이 배출되어 피부 상처를 통해 감염
• 인수공통감염병으로 주로 논, 밭에서 작업하는 농부의 상처로 침입하여 감염되는 질병

① 신증후군출혈열 ② 디프테리아
③ 탄저병 ④ 렙토스피라증
⑤ 후천성면역결핍증

109 급성감염병의 발생률과 유병률에 대한 설명으로 옳은 것은?

① 발생률은 높고 유병률은 낮다.
② 발생률과 유별률이 높다.
③ 발생률은 낮고, 유병률은 높다.
④ 발생률과 유병률 모두 낮다.
⑤ 발생률과 유병률이 일치한다.

110 만성감염병의 발생률과 유병률의 관계로 옳은 것은?

① 발생률은 높고 유병률은 낮다.
② 발생률과 유병률 모두 높다.
③ 발생률은 낮고 유병률은 높다.
④ 발생률과 유병률 모두 높다.
⑤ 발생률과 유병률이 일치한다.

111 다음 중 결핵 감염 유무 검사방법은?

① PPD-test ② Dick test
③ Schick test ④ Widal 반응시험
⑤ MMR

112 C.P.Blacker의 인구성장단계 구분 중 인구성장 둔화형은?

① 고출생, 고사망률 ② 고출생, 저사망률
③ 저출생, 저사망률 ④ 저출생, 고사망률
⑤ 출생률＝사망률

113 다음 중 인구정지를 의미하는 것은?

① 순재생산율 : 0   ② 순재생산율 : 0.5

③ 순재생산율 : 1.0   ④ 순재생산율 : 1.5

⑤ 순재생산율 : 2.0

114 순재생율이 1인 경우 인구구조유형으로 옳은 것은?

① 피라미드형   ② 종형

③ 항아리형   ④ 별형

⑤ 호로형

115 진료비 지불제도 중 진료의 종류나 양에 관계 없이 요양기관종별 및 입원일수별로 정해인 일정액의 진료비만을 부담하는 제도는?

① 인두제

② 봉급제

③ 포괄수가제

④ 행위별수가제(점수제)

⑤ 굴신제

116 우리나라 보건소제도에 대한 설명으로 옳지 않은 것은?

① 보건행정의 말단기관은 보건소이다.

② 보건교육사업을 실천하는 기관은 보건소이다.

③ 우리나라 보건소는 보건사업 수행실시기관이다.

④ 지역보건소장을 직접 지휘 · 감독하는 자는 시장 · 군수 · 구청장이다.

⑤ 보건지소는 리 · 동에 설치한다.

117 공중보건산업에 관한 설명으로 틀린 것은?

① 공중보건사업의 수행은 지역사회 주민전체를 대상으로 한다.

② 하향식 보건행정은 지역사회의 특성을 맞추기 어렵다.

③ 상향식 보건행정은 지역사회의 특성에 맞는 사업을 할 수 있다.

④ 학교보건은 보건복지부에서 담당한다.

⑤ 보건소 소속공무원은 행정체계상 행정안전부에 속한다.

118 보건교육방법 중 가장 효과가 큰 교육방법이라고 볼 수 있는 것은?

① 가정보건교육   ② 의료인 교육

③ 대중교육   ④ 학교보건교육

⑤ 주민교육

119 보건교육 관련 내용으로 옳지 않은 것은?

① 보건교육이란 보건지식을 전달하며 태도의 변화를 가져오고 실천에 옮기게 하는 대중교육을 의미한다.

② 개인접촉방법의 교육은 가정방문, 진찰, 건강상담, 예방접종, 전화, 편지 등을 이용한다.

③ 저소득층이나 노인층에 가장 적합한 보건교육 방법은 대중교육방법이다.

④ 보건교육 중 보건효과가 높은 것은 개인교육이다.

⑤ 보건교육 중 집단접촉교육방법은 심포지움, 패널디스커션, 버즈세션, 강연회 등이 있다.

120 실내공기의 오염지표로 사용되는 것으로 교실의 허용농도는 1000ppm(0.1%)인 것은?

① CO
② CO_2
③ SO_2
④ O_2
⑤ N_2

121 학교정화구역 관리 내용으로 옳지 않은 것은?

① 절대정화구역은 학교정문으로부터 50m 이내이다.
② 상대정화구역은 학교정문으로부터 200m 이내이다.
③ 같은 급의 학교 간에 정화구역이 서로 중복될 경우 학생수가 많은 학교가 관리한다.
④ 상·하급학교 간의 정화구역이 서로 중복될 경우에는 하급학교가 관리한다.
⑤ 만약 초등학교와 유치원 간의 정화구역이 서로 중복될 경우에는 초등학교가 관리한다.

122 보건통계 관련 내용으로 틀린 것은?

① 모집단이란 조사하고자 하는 사항의 전 집합체를 말한다.
② 유한모집단이란 모집단을 구성하는 단위의 한계를 정하고 있을 때의 집단을 말한다.
③ 무한모집단이란 무한히 많은 단위로 이루어지는 모집단이다.
④ 표본집단이란 모집단에서 표본추출을 한 집단을 말한다.
⑤ 도수분포란 하나의 객관적인 값으로서 측정값들의 집단을 대표하는 값이다.

123 보건통계관련 용어의 설명으로 옳지 않은 것은?

① 산포도란 분포의 흩어진 정도를 나타내는 값이다.
② 대푯값이란 하나의 객관적인 값으로서 측정값들의 집단을 대표하는 값이다.
③ 분산이란 한 변수의 측정값들이 이들 산술평균 둘레에 평균 얼마나 떨어져 있는가를 표시하는 값이다.
④ 평균편차란 산포도의 대소를 비교하는 데 가장 많이 사용되며 분산의 제곱근의 값으로 나타낸다.
⑤ 표준오차란 산술평균의 표본분포의 표준편차이다.

124 다음 중 변이계수에 대한 설명으로 옳은 것은?

① 분산을 평균으로 나눈 값이다.
② 표준편차를 산술평균으로 나눈 값이다.
③ 산술평균의 오차이다.
④ 표분산술평균 간의 차이이다.
⑤ 분포의 흩어진 정도를 나타내는 계수이다.

125 조산아의 4대 관리원칙이 아닌 것은?

① 체온관리
② 영양관리
③ 호흡관리
④ 감염방지
⑤ 신장관리

126 WHO가 제시한 종합건강지표 중 평균수명이란?

① 0세의 평균여명
② 20세 이상 성인 남자의 평균여명
③ 20세 이상 성인 여자의 평균여명
④ 20세 이상 성인 남·여의 평균여명
⑤ 성인 남·여 65세 이후 평균여명

127 보건통계 중 알파지수에 대한 내용으로 옳지 않은 것은?

① 알파지수＝영아사망율/신생아사망률이다.
② 알파지수의 값이 1에 가까울수록 보건수준이 높다는 것을 의미한다.
③ 알파지수는 1보다 작을 수 없다.
④ 알파지수가 1에 가까워질수록 영아사망 원인에 대한 예방대책 수립이 시급하다.
⑤ 알파지수가 1에 가까워질수록 영아사망이 대부분 불가피한 신생아의 사망이다.

128 다음 보건통계에 관한 내용으로 옳지 않은 것은?

① 조사망률＝(연간총사망수/연앙인구)×1000이다.
② 비례사망지수＝(50세 이상 사망수/총사망수)×100이다.
③ 사망성비 (여자사망수/남자사망수)×100이다.
④ 치명률＝(사망자수/발병자수)×100이다.
⑤ 부양비＝(비생산층 인구/생산층인구)×100이다.

129 초고령사회란 전체 인구 중의 노인인구가 얼마 이상일 때를 가리키는가?

① 5% 이상　② 7% 이상
③ 12% 이상　④ 14% 이상
⑤ 20% 이상

130 다음 중 백분율로 표시되는 것을 모두 고른다면?

| ㄱ. 치명률 | ㄴ. 부양비 |
| ㄷ. 비례사망지수 | ㄹ. 발병률 |

① ㄱ, ㄴ, ㄷ　② ㄱ, ㄴ, ㄹ
③ ㄱ, ㄷ, ㄹ　④ ㄴ, ㄷ, ㄹ
⑤ ㄱ, ㄴ, ㄷ, ㄹ

SANITARIAN

위생사 [실기]
실전문제

001 대기의 수직구조에서 오존층이 존재하는
곳은?

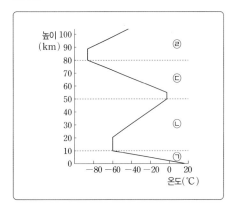

① ㉠
② ㉡
③ ㉢
④ ㉠, ㉣
⑤ ㉢, ㉣

002 다음 그림은 무엇인가?

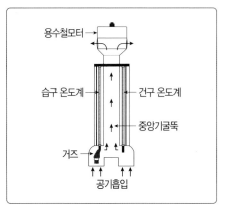

① 백엽상
② 아스만 통풍 온습도계
③ 자기 온도계
④ 카타 온도계
⑤ 모발 습도계

003 다음 그림은 무엇인가?

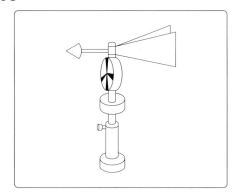

① 로빈슨형 풍속계
② 프로펠러형 풍속계
③ 풍차 풍속계
④ 카타 온도계
⑤ 흑구 온도계

004 다음 그림은 무엇인가?

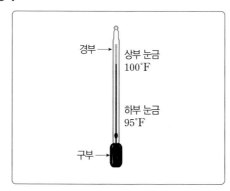

① 로빈슨형 풍속계
② 모발 습도계
③ 카타 온도계
④ 흑구 온도계
⑤ 자기 온도계

005 다음은 무엇을 측정하는 데 유용한가?

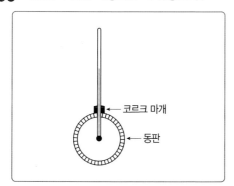

① 복사열   ② 풍속
③ 습도   ④ 기온
⑤ 기온 · 습도

006 소위 감각온도(체감온도, 실효온도)의 3가지 인자로 옳게 묶여진 것은?

ㄱ. 온도	ㄴ. 습도
ㄷ. 기류	ㄹ. 풍속

① ㄱ, ㄴ   ② ㄴ, ㄹ
③ ㄱ, ㄷ, ㄹ   ④ ㄴ, ㄷ, ㄹ
⑤ ㄱ, ㄴ, ㄷ

007 다음 중 불쾌지수를 구하는 공식으로 옳은 것은?

① DI＝(건구온도＋습구온도)℃×0.72＋40.6
② DI＝(건구온도－습구온도)℃×0.4＋15
③ DI＝(건구온도＋습구온도)℃×0.72＋15
④ DI＝(건구온도＋습구온도)℃×0.4＋40.6
⑤ DI＝(건구온도－습구온도)℃×0.72－15

008 태양이 있는 실외의 온열평가지수(WBGT)를 구하는 공식으로 옳은 것은? (단, NWB는 자연습구온도, GT는 흑구온도(복사온도), DB는 건구온도임)

① WBGT＝0.7NWB＋0.2GT＋0.1DB
② WBGT＝0.7NWB＋0.3GT
③ WBGT＝0.7NWB＋0.3DB
④ WBGT＝0.7NWB＋0.15GT＋0.15DB
⑤ WBGT＝0.7NWB－0.3DB＋0.1DB

009 다음 중 살균력이 강한 자외선의 범위는?

① 2,000~2,400Å

② 2,400~2,800Å

③ 2,800~3,100Å

④ 3,100~3,400Å

⑤ 3,400~4,000Å

010 가시광선의 파장범위는?

① 2,000~4,000Å

② 4,000~7,800Å

③ 4,000~8,400Å

④ 7,800~12,000Å

⑤ 12,000~30,000Å

011 다음 그림은 조도계 중 어느 것인가?

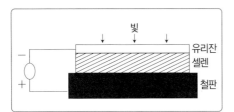

① 광전지 조도계

② 광전관 조도계

③ 룩스계 간이 조도계

④ 맥베스 조도계

⑤ 웨버 조도계

012 대류권에서 100m 고도상승 시 평균 기온감률은?

① 0.65℃   ② 1.65℃

③ 2.65℃   ④ 3.65℃

⑤ 5.65℃

013 광화학스모그 시 오염물질 농도변화 그래프이다. 올레핀계 탄화수소(HC)의 곡선은 어느 것인가?

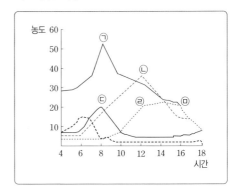

① ㄱ   ② ㄴ

③ ㄷ   ④ ㄹ

⑤ ㅁ

014 다음 〈보기〉가 설명하는 것은?

> **보기**
>
> 지표에 접한 공기가 상공의 공기에 비해 더 차가워져서 발생하는 현상

① 복사역전   ② 침강역전

③ 푄현상   ④ 온실효과

⑤ 전도현상

015 다운드래프트(Down Draft)현상을 방지하기 위해 굴뚝의 높이를 주위 건물에 비해 어떻게 설치하는 것이 좋은가?

① 주위 건물의 약 1/2배 이하로 되게 함

② 주위 건물과 동일한 높이로 함

③ 주위 건물의 약 2.5배 이상이 되게 함

④ 주위 건물보다 낮게 함

⑤ 주위 건물의 약 2배 이하가 되게 함

016 다운워시(Down Wash)현상의 방지대책은?

① 굴뚝의 높이를 주위 건물보다 약 2.5배 높임
② 굴뚝의 높이를 주위 건물보다 절반 이하로 낮춤
③ 수직 배출속도를 굴뚝높이에서 부는 풍속의 2배 이상이 되게 함
④ 수직 배출속도를 굴뚝높이에서 부는 풍속의 1/2배 이상이 되게 함
⑤ 굴뚝의 높이를 주위 건물과 동일한 높이로 함

017 굴뚝의 유효높이를 구하는 공식으로 맞는 것은?

① 굴뚝의 유효높이＝실제굴뚝높이＋연기의 상승고 최고상한선
② 굴뚝의 유효높이＝실제굴뚝높이＋연기의 상승고 중심선
③ 굴뚝의 유효높이＝실제굴뚝높이＋연기의 상승고 최저하한선
④ 굴뚝의 유효높이＝실제굴뚝높이－연기의 상승고 최저하한선
⑤ 굴뚝의 유효높이＝실제굴뚝높이－연기의 상승고 중심선

018 다음 중 온실효과에 가장 큰 영향을 미치는 것은?

① CO_2 ② CH_4
③ N_2O ④ CFC
⑤ O_3

019 다음 〈보기〉가 설명하는 현상은?

> **보기**
> • 호수에서는 수심에 따른 온도의 변화로 물의 밀도차가 발생하여 표수층, 수온약층, 심수층 등으로 층이 발생하는 현상
> • 주로 겨울이나 여름에 발생함

① 전도현상   ② 성층현상
③ 원심력 현상   ④ 구심력 현상
⑤ 부영양화현상

020 다음 그림은 미생물의 생장곡선이다. ㉠에 해당하는 단계는?

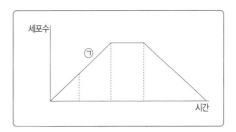

① 대수기   ② 유도기
③ 정지기   ④ 사멸기
⑤ 극대기

021 다음 그림은 미생물 생장곡선이다. 하·폐수처리에는 사용되는 미생물 생장단계는?

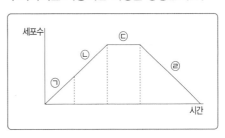

① ㉠ 단계   ② ㉡ 단계
③ ㉢ 단계   ④ ㉣ 단계
⑤ ㉡, ㉢ 단계

022 다음은 하·폐수처리방법 중 활성슬러지법의 단계이다. (   ) 안의 단계로 맞는 것은?

> 스크린 → 침사지 → 1차 침전지 → (   ) → 2차 침전지 → 소독 → 방류

① 산화조 ② 소독조
③ 여과조 ④ 침전조
⑤ 폭기조

023 다음 〈보기〉 중 하·폐수처리방법으로 호기성처리방법을 모두 고른다면?

> **보기**
> ㄱ. 활성슬러지법   ㄴ. 살수여상법
> ㄷ. 산화지법   ㄹ. 회전원판법

① ㄱ, ㄴ, ㄷ ② ㄱ, ㄴ, ㄹ
③ ㄱ, ㄷ, ㄹ ④ ㄴ, ㄷ, ㄹ
⑤ ㄱ, ㄴ, ㄷ, ㄹ

024 분뇨정화조의 일반적 구조 중 돌을 쌓아 올린 것으로 밑으로부터 흘러 들어오는 오수는 돌 틈을 통과시켜 정화하는 단계(구조)는?

① 부패조 ② 예비여과조
③ 산화조 ④ 소독조
⑤ 침전조

025 폐기물처리 계통도 중 다음 (   ) 안의 순서는?

> 발생원 → 쓰레기통 → 손수레 → (   ) → 차량 → 최종처리(매립)

① 가정 ② 공장
③ 처리장 ④ 적환장
⑤ 소각장

026 폐기물 매립시의 복토의 두께에 대한 내용이다. 차례대로 옳은 것은?

> • 일일복토: 하루의 작업이 끝난 후 복토하는 것으로서 (   )로 한다.
> • 중간복토: 1주일 이상 작업을 중단한 후 복토하는 것으로서 (   )로 한다.
> • 최종복토: 매립이 끝난 후 복토하는 것으로서 식생대층의 최종복토는 (   )로 한다.

① 10cm, 30cm, 50cm
② 15cm, 30cm, 60cm
③ 15cm, 45cm, 50cm
④ 10cm, 45cm, 60cm
⑤ 15cm, 45cm, 60cm

027 다음 중 국소적인 진동장해 유발 질병은?

① 레이노드병 ② 이타이이타이병
③ 청력장애 ④ 시각장애
⑤ 미나마타병

028 대기오염 공정시험방법 중 다음의 장치구성을 가지는 방법은?

> 광원부 → 파장선택부 → 시료부 → 측광부

① 가스크로마토그래피법
② 흡광광도법
③ 원자흡광광도법
④ 비분산적외선분석법
⑤ 이온크로마토그래피법

029 다음 중 비산먼지 측정을 위한 시료채취를 하지 않아야 하는 경우가 아닌 것은?

① 대상 발생원의 조업이 계속적일 때
② 비나 눈이 올 때
③ 바람이 거의 없을 때
④ 풍속이 10m/sec 이상일 때
⑤ 바람이 너무 강하게 불 때

030 다음 중 링겔만 매연농도에 대한 설명으로 옳지 않은 것은?

① 매연의 검은 농도를 비교하여 0~5도의 6종류로 분류한다.
② 매연의 흑선부분은 0~100%인데 1도 증가할 때마다 20%씩 흑선이 증가한다.
③ 1도 증가할 때마다 매연이 20%씩 태양을 흡수한다는 뜻이다.
④ 법적 기준은 2도 이하이다.
⑤ 굴뚝에서 배출되는 배기가스의 매연농도를 의미한다.

031 대기오염시험을 위한 시료채취 시 일반적인 주의사항으로 적절하지 않은 것은?

① 시료채취를 할 때에는 가능하면 측정하려는 가스 또는 입자상의 손실이 없도록 한다.
② 채취관은 장시간 사용으로 분진이 퇴적되거나 퇴적분진이 가스와 반응하여 흡착하는 것을 방지하기 위하여 항상 깨끗이 한다.
③ 입자상물질과 발암물질은 짧은 시간 내에, 악취물질은 장시간 채취한다.
④ 유량은 각 항에서 규정하는 범위 내에서 되도록 많이 채취한다.
⑤ 시료채취의 높이는 그 부근의 평균 오염도를 나타낼 수 있는 곳으로 선정한다.

032 수질오염 공정시험을 위한 관내유량측정방법 중 수두의 차에 의해 직접적으로 유량을 계산할 수 있는 것은?

① 벤튜리미터   ② 오리피스
③ 피토관   ④ 자기식 유량측정기
⑤ 노즐

033 수질오염측정을 위한 시료채취 시 무색경질 유리병을 사용하는 경우가 아닌 것은?

① 유기인   ② PCB
③ n-헥산추출물질   ④ 대장균군
⑤ 페놀유

034 수질오염측정을 위한 시료채취 시의 주의 사항으로 옳지 않은 것은?

① 대상의 성질을 대표할 수 있는 위치에서 채취한다.

② 수소이온농도를 측정하기 위한 시료는 운반 중에 공기와의 접촉이 없도록 가득 채워야 한다.

③ 시료를 시료채취용기에 채울 때에는 어떠한 경우라도 시료의 교란이 일어나서는 안 된다.

④ 시료채취량은 시험항목 및 시험횟수에 따라 차이가 있으나 보통 3~5L 정도 채취한다.

⑤ 시료를 채우기 전에 맑은 물로 한 번 씻은 다음 사용한다.

035 수질오염측정을 위한 하천수 채수에 대한 설명으로 틀린 것은?

① 하천의 단면에서 가장 깊은 수면의 지점에서 채수한다.

② 맑은 날이 계속되어 수질 하천이 비교적 안정적일 때 측정한다.

③ 각각 등분한 지점의 수면으로부터 수심이 2m 미만일 때에는 수심의 1/2 위치에서 채수한다.

④ 각각 등분한 지점의 수면으로부터 수심이 2m 이상일 때에는 수심의 1/3 및 2/3에서 각각 채수한다.

⑤ 하천의 단면에서 수심이 가장 깊은 수면의 지점과 그 지점을 중심으로 하여 좌우로 수면폭을 2등분한 각각의 지점의 수면의 깊이에 따라 채수위치가 다르다.

036 수질오염측정에서 시료채취 후 즉시 측정하여야할 항목이 아닌 것은?

① 온도　　　　　② 수소이온농도
③ 용존산소(전극법)　④ 부유물질
⑤ 잔류염소

037 용존산소(DO) 측정에 관계하는 약품이 아닌 것은?

① $Na_2S_2O_3$
② $MnSO_4$
③ $NaOH-KI-NaN_3$
④ NaC_2O_4
⑤ H_2SO_4

038 생물화학적 산소요구량(BOD)과 관계가 먼 것은?

① 시료를 20℃에서 5일간 배양할 때 호기성 미생물에 의해 유기물을 분해시키는 데 소모되는 산소량을 말한다.

② 1단계 BOD란 탄소분해 BOD로 탄소화합물이 산화될 때 소비되는 산소량으로 보통 20일 정도 소요된다.

③ 2단계 BOD란 질소분해 BOD로 질소화합물이 산화될 때 소비되는 산소량으로 보통 100일 이상 소요된다.

④ 잔류염소가 함유된 시료는 4% 수산화나트륨용액 또는 염산으로 시료를 중화한다.

⑤ 용존산소가 과포화된 시료는 15분간 통가하고 방냉하여 수온을 20℃로 한다.

039 다음 용존산소곡선에서 용존산소의 농도가 가장 부족한 지점과 그 이름은?

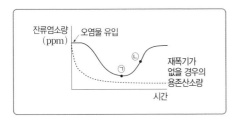

① ㉠ – 임계점　　② ㉠ – 변곡점
③ ㉡ – 임계점　　④ ㉡ – 변곡점
⑤ ㉡ – 하수방출지점

040 다음 기구의 명칭으로 옳은 것은?

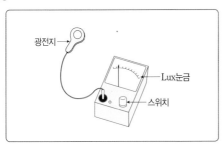

① 조도계　　　　② 진동계
③ 소음계　　　　④ 온도계
⑤ 풍속계

041 다음 그림은 고도에 따른 기온의 상태변화를 나타낸 것이다. ㉣을 옳게 표현한 것은?

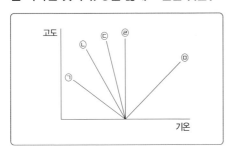

① 대기불안정상태　② 건조단열변화
③ 등온변화　　　　④ 역전상태
⑤ 표준감률

042 다음 그림은 무엇을 측정하기 위한 기구인가?

① 진동　　　　　② 소음
③ 일광　　　　　④ 광속
⑤ 조도

043 pH를 결정하는 방법에 이용하는 약품은?

① 수용액　　　　② pH액
③ 지시약　　　　④ 알칼리액
⑤ 산성액

044 통상 부유물질(SS)의 입자 크기의 기준은?

① 0.1μm　　　② 0.5μm
③ 1.0μm　　　④ 3.0μm
⑤ 5.0μm

045 다음 잔류염소그래프(염소주입곡선)에서 결합잔류염소가 형성되는 지점은?

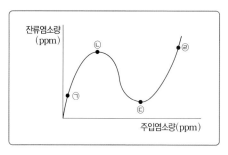

① ㉠~㉡
② ㉡~㉢
③ ㉢
④ ㉢~㉣
⑤ ㉣

046 우물물의 수질분석을 위한 시료채취방법으로 옳은 것은?

① 우물물의 최상층에서 채수한다.
② 우물물의 중간 깊이에서 채수한다.
③ 우물물의 1/3 지점에서 채수한다.
④ 우물물의 최저층에서 채수한다.
⑤ 상층의 우물물을 퍼내 하루 방치 후 채수한다.

047 먹는물관리법상 심미적 영향물질에 관한 기준으로 옳지 않은 것은?

① 색도는 2도를 넘지 아니할 것
② 탁도는 1NTU를 넘지 아니할 것
③ 수소 이온농도는 pH 5.8 내지 8.5이어야 할 것
④ 경도는 수돗물의 경우 300mg/L를 넘지 아니할 것
⑤ 철은 0.3mg/L를 넘지 아니할 것

048 상수의 정수처리에서 도수란 무엇을 의미하는가?

① 수원에서 정수장까지 도수로를 통해 공급하는 것을 말한다.
② 수질을 요구하는 정도로 깨끗하게 하는 것을 말한다.
③ 정수한 물을 배수지까지 보내는 것을 말한다.
④ 수원에서 필요한 수량만큼 모으는 것을 말한다.
⑤ 정수한 물을 배수관을 통해 급수지역에 보내는 것을 말한다.

049 다음 우물설치에 관한 내용이다. (   ) 안에 들어갈 말로 순서대로 적당한 것은?

ㄱ. 우물 방수벽은 최소한 (   ) 이상 떨어져 있어야 한다.
ㄴ. 우물은 오염원보다 지반이 높고 (   ) 이상 떨어져 있어야 한다.

① ㄱ－3m, ㄴ－10m
② ㄱ－3m, ㄴ－20m
③ ㄱ－5m, ㄴ－10m
④ ㄱ－5m, ㄴ－20m
⑤ ㄱ－10m, ㄴ－20m

2과목 식품위생학 [실기] SANITARIAN

정답 및 해설 232p

001 식품취급 시의 주의사항으로 옳지 않은 것은?

① 식품 등의 원료 및 제품 중 부패·변질이 되기 쉬운 것은 냉동·냉장시설에 보관·관리하여야 한다.

② 식품저장고에는 해충구제 및 방지를 하고, 쥐의 출입을 방지하기 위해 고양이 등을 사육한다.

③ 채소는 흐르는 물에 5회 이상 씻는다.

④ 유지식품을 보존할 때에는 일광을 차단하고 저온으로 보존한다.

⑤ 식품취급을 하는 자는 위생모를 착용한다.

002 식품보관냉장고의 설치에 관한 내용이다. ( )안에 들어갈 말로 적당한 것은?

> 냉장고는 벽에서 ( ) 정도 떨어진 위치에 설치한다.

① 5cm ② 10cm
③ 15cm ④ 20cm
⑤ 30cm

003 냉장고에 식품을 저장할 때 냉동실(영하 18℃ 이하)에 보관하여야 하는 것으로 옳은 것은?

① 육류 ② 어류
③ 유지가공품 ④ 과채류
⑤ 건조한 김

004 조리를 금하여야 하는 질병환자를 모두 고른다면?

> ㄱ. 화농성질환자
> ㄴ. 호흡기계 감염병환자
> ㄷ. 소화기계 감염병환자
> ㄹ. 고혈압 환자

① ㄱ, ㄴ ② ㄱ, ㄷ
③ ㄱ, ㄹ ④ ㄴ, ㄹ
⑤ ㄴ, ㄷ, ㄹ

005 식품보관방법 중 물리적 처리방법에 대한 설명이다. ( ) 안에 들어갈 말로 적당한 것은?

> ㄱ. 가열살균법: 미생물의 사멸과 효소의 파괴를 위하여 ( ) 정도로 가열한다.
> ㄴ. 건조·탈수법: 건조식품은 수분함량이 ( ) 이하가 되도록 보관한다.

① ㄱ - 100℃, ㄴ - 10%
② ㄱ - 100℃, ㄴ - 15%
③ ㄱ - 120℃, ㄴ - 10%
④ ㄱ - 120℃, ㄴ - 15%
⑤ ㄱ - 150℃, ㄴ - 20%

135

006 식품보관을 위한 화학적 처리에서 산화방지제가 아닌 것은?

① 디부틸히드록시톨루엔(BHT)

② 부틸히드록시아니졸(BHA)

③ 몰식자산프로필

④ 프로피온산나트륨

⑤ DL $-$ α $-$ 토코페롤

007 다음 중 식품보관을 위한 화학적 처리에서 방부제가 아닌 것은?

① 데히드로초산(DHA)

② 안식향산나트륨

③ 몰식자산프로필

④ 프로피온산칼슘

⑤ 프로피온산나트륨

008 식품보관방법으로 식염 또는 설탕첨가법으로 ( )에 알맞은 것은?

ㄱ. 식염첨가법: ( ) 이상의 식염으로 저장하는 방법

ㄴ. 설탕첨가법: ( ) 이상의 설탕으로 저장하는 방법

① ㄱ $-$ 10%, ㄴ $-$ 10%

② ㄱ $-$ 10%, ㄴ $-$ 50%

③ ㄱ $-$ 30%, ㄴ $-$ 10%

④ ㄱ $-$ 30%, ㄴ $-$ 50%

⑤ ㄱ $-$ 50%, ㄴ $-$ 50%

009 신선한 계란이라고 보기 어려운 것은?

① 표면이 거칠고 광택이 없는 것

② 11%의 식염수에 가라 앉는 것

③ 난황계수가 0.3~0.4 이하인 것

④ 기실의 크기가 작은 것

⑤ 난황이 둥근 것

010 다음 중 신선한 어류의 조건으로 적절하지 않은 것은?

① 눈의 상태는 광택이 나고 투명해야 한다.

② 아가미의 색은 선홍색인 것이 좋다.

③ 입과 항문이 열려 있어야 한다.

④ pH는 5.5 전후의 것이 좋다.

⑤ 비중이 무거워 침전하여야 한다.

011 일반적으로 어패류가 육류에 비해 부패하기 쉽다. 그 이유로 적합하지 않은 것은?

① 어패류는 육류에 비해 수분함량이 비교적 많다.

② 어패류의 육질은 산성에 가깝다.

③ 어패류에는 세균이나 효소가 많이 들어 있다.

④ 어패류는 근육의 구조가 단순하고 조직이 연하다.

⑤ 어패류는 육류에 비해 지방층이 적다.

012 다음 그림은 통조림 제조표시이다. 정확한 제조연월일은?

① 2005년 4월 17일
② 2008년 4월 17일
③ 2005년 12월 17일
④ 2008년 8월 17일
⑤ 2008년 12월 17일

013 세균의 증식온도에 따른 분류 중 중온균은?

① 최적온도 10℃ 내외, 발육가능온도 0~20℃
② 최적온도 25~37℃, 발육가능온도 20~40℃
③ 최적온도 60~70℃, 발육가능온도 40~75℃
④ 최적온도 75~85℃, 발육가능온도 50~80℃
⑤ 최적온도 85~100℃, 발육가능온도 70~90℃

014 다음은 세균의 외부형태 그림이다. 원형질막은 어느 것인가?

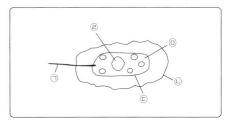

① ㉠   ② ㉡
③ ㉢   ④ ㉣
⑤ ㉤

015 다음의 편모를 가진 세균은?

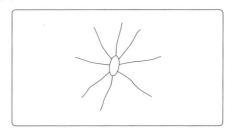

① 단모균   ② 양모균
③ 속모균   ④ 주모균
⑤ 무모균

016 다음 구균 중 그림의 세균은?

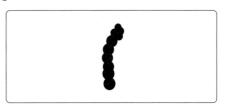

① 연쇄상구균   ② 쌍구균
③ 사연구균   ④ 포도상구균
⑤ 팔연구균

017 세균의 형태가 다음 그림이 아닌 것은?

① 살모넬라균　② 장염비브리오균
③ 포도상구균　④ 보툴리누스균
⑤ 파상풍균

018 다음 세균 중 그람음성 세균이 아닌 것은?

① 살모넬라균　② 장염비브리오균
③ 병원성대장균　④ 포도상구균
⑤ 세균성이질균

019 세균의 형태가 다음 그림인 것은?

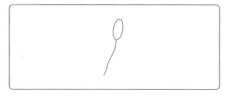

① 장염비브리오균　② 살모넬라균
③ 보툴리누스균　④ 장티푸스균
⑤ 병원성대장균

020 다음 그림과 같이 협막을 형성하는 세균은?

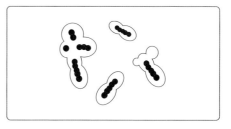

① 파상풍균　② 병원성대장균
③ 폐렴균　④ 아리조나균
⑤ 웰치균

021 다음 〈보기〉가 설명하는 세균성 식중독은?

 보기

- 그람음성, 무포자 간균 주모균이다.
- 치사율을 낮으나 38~40℃의 심한 고열이 나는 것이 특징이다.
- 원인균의 최적생육온도는 37℃이며, pH는 7~8이다.
- 감염된 동물, 어육제품, 샐러드, 유제품 등을 섭취할 경우 발생한다.
- 예방을 위해서는 60℃에서 20분간 가열한 후 섭취하는 것이 좋다.

① 살모넬라 식중독
② 장염비브리오 식중독
③ 병원성대장균
④ 포도상구균 식중독
⑤ 보툴리누스 식중독

022 다음 세균 중 아포를 형성하는 균이 아닌 것은?

① 웰치균   ② 보툴리누스균

③ 파상풍균   ④ 병원성대장균

⑤ 세균성이질균

023 살모넬라균이 일으키는 대표적인 질병은?

① 파상풍   ② 결핵

③ 탄저병   ④ 장티푸스

⑤ 빈혈

024 세균성 식중독 균 중 장독소인 Enterotoxin 을 생성하며, 화농성환자는 식품취급을 금하는 것은?

① 포도상구균 식중독

② 보툴리누스 식중독

③ 살모넬라 식중독

④ 장염비브리오 식중독

⑤ 프로테우스 식중독

025 통상 3~4%의 식염농도에서 잘 자라는 호염균으로 콜레라균과 유사한 형태의 식중독균은?

① 살모넬라 식중독

② 장염비브리오 식중독

③ 포도상구균 식중독

④ 보툴리누스 식중독

⑤ 프로테우스 식중독

026 보툴리누스 식중독에 대한 설명으로 틀린 것은?

① 신경독소인 neurotoxin을 생성하는 혐기성균이다.

② 밀봉상태의 통조림 식품에서 잘 자란다.

③ 원인균은 Escherichia이다.

④ 그람양성, 간균, 주모균, 아포형성균이다.

⑤ 감염될 경우 신경마비 증세를 보이며, 치명률이 높다.

027 다음 유해금속에 의한 식중독의 원인물질과 질병의 연결이 옳지 못한 것은?

① 수은 — 미나마타병

② 카드뮴 — 이타이이타이병

③ 납 — 빈혈 유발

④ 구리 — 가와사키병

⑤ 비소 — 신경마비, 구토

028 식품의 유해첨가물 중 감미료가 아닌 것은?

① Dulcin

② Rhodamin

③ Cyclamate

④ P-nitro-toluidine

⑤ Ethylene glycol

029 식물성 식중독 독성분의 연결이 옳지 않은 것은?

① 피마자 − 리신
② 감자 − 솔라닌
③ 청매 − 고시풀
④ 독미나리 − 씨큐톡신
⑤ 독버섯 − 무스카린

030 다음 중 동물성 식중독 독성분이 아닌 것은?

① Tetrodotoxin
② Venerupin
③ Saxitoxin
④ Mycotoxin
⑤ gonyautoxin

031 간장·된장을 담글 때 발생 가능한 독성분으로서 간암을 유발시키는 곰팡이 독은?

① 아플라톡신
② 시트리닌
③ 이슬란디톡신
④ 시트레오비리딘
⑤ 루테오스키린

032 다음 〈보기〉 중 황변미독만을 모두 고른다면?

> **보기**
>
> ㄱ. Citrinin   ㄴ. Islandditoxin
> ㄷ. Citreoviridin   ㄹ. Ergotamine

① ㄱ, ㄴ
② ㄴ, ㄹ
③ ㄱ, ㄷ, ㄹ
④ ㄴ, ㄷ, ㄹ
⑤ ㄱ, ㄴ, ㄷ

033 경구감염병 중 리케치아에 의한 감염질환은?

① 세균성이질
② Q열
③ A형간염
④ 폴리오
⑤ 파상열

034 인축공통감염병으로 패혈증, 내척수막염, 임산부의 자궁내막염 등을 일으키는 질병은?

① 탄저병
② 돈단독
③ 야토병
④ 파상열
⑤ 리스테리아

035 다음 〈보기〉의 내용이 설명하는 기생충은?

> **보기**
>
> • 일광에서 사멸하며, 충란 제거를 위해서는 흐르는 물에 5회 이상 씻는다.
> • 경구침입하며 위에서 부화한 유충은 심장, 폐포, 기관지를 통과하여 소장에 정착한다.
> • 충란은 70℃로 가열하면 사멸한다.

① 회충
② 요충
③ 편충
④ 십이지장충
⑤ 동양모양선충

036 다음 그림과 같은 생활사를 가지는 기생충은?

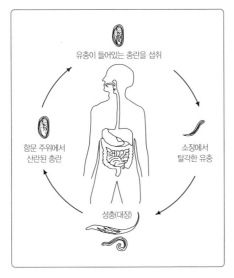

① 회충　　　　　② 요충
③ 편충　　　　　④ 십이지장충
⑤ 간흡충

037 다음 중 경피감염(피부감염)되는 기생충으로 소장에 기생하는 것은?

① 　　②

③ 　　④

⑤

038 다음 기생충 중 맹장 또는 대장에 기생하는 기생충은?

① 회충　　　　　② 요충
③ 십이지장충　　④ 편충
⑤ 간디스토마

039 다음 그림의 기생충 생활사는 무엇에 대한 것인가?

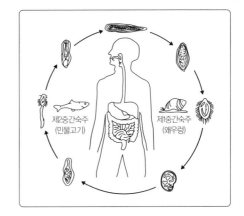

① 간디스토마　　② 폐디스토마
③ 광절열두조충　④ 아니사키스충
⑤ 요코가와흡충

040 폐디스토마의 제1중간숙주로 옳은 것은?

① 왜우렁이　　　② 다슬기
③ 물벼룩　　　　④ 갑각류(크릴새우)
⑤ 소

041 다음 그림과 같이 두부의 형태가 갈고리 모양을 하고 있는 기생충의 중간숙주는?

① 물벼룩   ② 담수어

③ 돼지   ④ 소

⑤ 왜우렁이

042 다음 그림은 어떤 기생충인가?

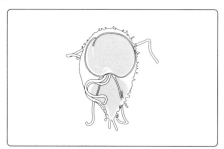

① 이질아메바   ② 톡소플라스마

③ 람블편모충   ④ 요코가와흡충

⑤ 십이지장충

043 다음 그림의 곰팡이속의 특징으로 거리가 먼 것은?

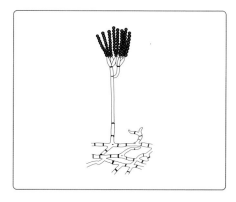

① 식품에서 흔히 볼 수 있는 푸른색 곰팡이이다.

② 페니실린, 항생물질 제조에 사용된다.

③ 유지제조, 치즈숙성에 사용된다.

④ 당화력을 가지는 아밀아스, 단백질 분해력을 가지는 프로테아스를 다량 분비한다.

⑤ 이익과 나쁜 영향을 동시에 주는 균이다.

044 다음 세균의 증식곡선에서 대사산물의 분비가 최대인 단계는?

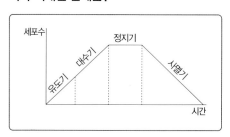

① 유도기   ② 대수기

③ 정지기   ④ 사멸기

⑤ 적응기

045 초기부패판정 방법에서 화학적 판정에 이용되는 것이 아닌 것은?

① 암모니아　　② 트리메틸아민
③ 유기산　　　④ 경도, 탄성
⑤ 질소가스

046 다음 그림은 미생물 실험에 이용되는 기구이다. 명칭은?

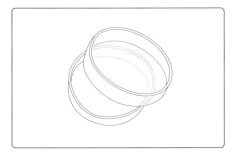

① 인큐베이터　　② 플라스크
③ 페트리접시　　④ 증발 · 여과기
⑤ 깔때기

047 방사선 멸균법에서 살균력이 강한 순서로 옳은 것은?

① α선 > β선 > γ선
② α선 > γ선 > β선
③ β선 > α선 > γ선
④ γ선 > β선 > γ선
⑤ γ선 > α선 > β선

001 다음 곤충의 외피 구조에서 기저막은?

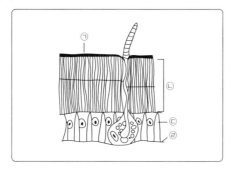

① ㉠
② ㉡
③ ㉢
④ ㉣
⑤ ㉠, ㉣

002 다음 그림은 곤충의 두부이다. 시각의 보조역할을 하는 것은?

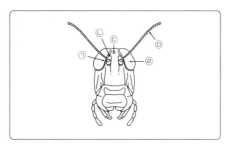

① ㉠
② ㉡
③ ㉢
④ ㉣
⑤ ㉤

003 다음 그림은 곤충의 두부이다. 식품을 물어뜯거나 씹도록 되어 있는 것은?

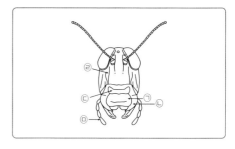

① ㉠
② ㉡
③ ㉢
④ ㉣
⑤ ㉤

004 다음 〈보기〉의 내용의 두부를 가진 곤충은?

> **보기**
> • Y자형의 두개선을 가지고 있다.
> • 촉각은 길고 편상이며 100절 이상이다.
> • 두부는 역삼각형이고 작다.
> • 전형적인 저작형의 구기를 가진다.

① 파리
② 모기
③ 등에
④ 바퀴
⑤ 진드기

005 다음 중 단각아목의 촉각은?

①

②

③

④

⑤

006 다음 곤충의 소화 및 배설기관 중 그 이름과 기능의 연결이 옳지 않은 것은?

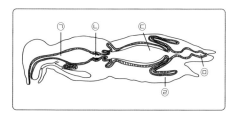

① ㉠ – 소낭: 먹이를 일시 저장하는 역할
② ㉡ – 전위: 먹이의 역행을 방지하는 밸브 역할, 고체먹이 분쇄
③ ㉢ – 수정낭: 암컷이 정자를 보관하는 장소
④ ㉣ – 말피기관: 노폐물을 여과시키는 기능
⑤ ㉤ – 직장: 배설되는 분에 남아있는 수분 흡수

007 흡혈성 곤충의 경우 항응혈성 물질을 함유하고 있어 혈액의 응고를 방지하는 기관은?

① 소낭
② 전위
③ 타액선
④ 말피기관
⑤ 직장

008 다음 중 빈대만이 가지고 있는 기관은?

① 베레제기관
② 기문
③ 기관낭
④ 말피기관
⑤ 항문

009 다음 그림은 곤충의 암컷 생식기관이다. 정자를 보관하는 수정낭은?

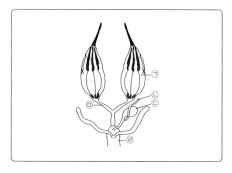

① ㉠
② ㉡
③ ㉢
④ ㉣
⑤ ㉤

010 다음 그림은 곤충의 수컷 생식기관이다. 정자를 사정할 때까지 정자를 보관하는 기관은?

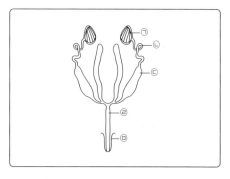

① ㉠
② ㉡
③ ㉢
④ ㉣
⑤ ㉤

011 다음의 발육단계를 가지는 곤충이 아닌 것은?

> 알 → 유충 → 번데기 → 성충

① 모기
② 파리
③ 벼룩
④ 빈대
⑤ 등에

012 다음의 발육단계를 가지는 곤충이 아닌 것은?

> 알 → 유충 → 성충

① 이
② 바퀴
③ 모기
④ 진드기
⑤ 빈대

013 다음은 곤충의 발육과정이다. ( )의 과정을 차례대로 옳게 표시한 것은?

> 알 → 유충 → 번데기 → 성충
> ↑   ↑   ↑
> ㉠   ㉡   ㉢

① ㉠ : 부화, ㉡ : 탈피, ㉢ : 우화
② ㉠ : 탈피, ㉡ : 부화, ㉢ : 부화
③ ㉠ : 우화, ㉡ : 탈피, ㉢ : 부화
④ ㉠ : 우화, ㉡ : 부화, ㉢ : 탈피
⑤ ㉠ : 부화, ㉡ : 우화, ㉢ : 탈피

014 다음 중 수컷의 경우 날개가 복부전체를 덮는 바퀴가 아닌 것은?

① 독일바퀴
② 미국바퀴
③ 먹바퀴
④ 집바퀴
⑤ 이질바퀴

015 다음 중 암컷, 수컷 모두 날개가 복부전체를 덮는 바퀴는?

① 독일바퀴
② 이질바퀴
③ 먹바퀴
④ 집바퀴
⑤ 미국바퀴

016 보기의 흡혈활동시간이 주간활동성인 것은?

① 집모기
② 학질모기
③ 늪모기
④ 숲모기
⑤ 산모기

017 모기가 숙주의 피를 흡혈할 때 숙주로부터 가장 먼 거리에서 숙주를 찾을 수 있는 요인은?

① 탄산가스
② 시각
③ 체온
④ 체취
⑤ 습기

018 암모기가 숫모기를 찾아올 수 있는 요인은?

① 음파장
② 체취
③ 탄산가스
④ 움직임
⑤ 시각

019 다음은 모기의 생활사에 대한 내용이다. ( ) 안에 순서대로 들어갈 말로 옳은 것은?

> • 번데기에서 성충이 되는 발육과정을 ( )라 한다.
> • 유충은 ( )을/를 통해 대기 중의 산소를 호흡한다.
> • ( )은 물 표면에 1개씩 산란한다.

① 부화, 공기주머니, 숲모기속

② 부화, 기문, 집모기속

③ 우화, 기문, 중국얼룩날개모기속

④ 우화, 공기주머니, 작은빨간집모기속

⑤ 탈피, 기문, 숲모기속

020 다음 그림과 같이 휴식시에 45~90°의 각도를 유지하는 모기는?

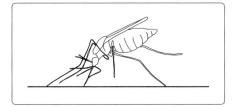

① 중국얼룩날개모기 ② 작은빨간집모기

③ 토고숲모기   ④ 늪모기

⑤ 에집트숲모기

021 다음은 중국얼룩날개모기의 특징이다. ( ) 안에 차례대로 옳은 말은?

> • 학질모기라고도 하며 ( )을/를 매개하는 모기이다.
> • 유충이 수면에 수평으로 뜰 수 있는 것

> 은 ( )이/가 있기 때문이다.
> • 중국얼룩날개모기의 알은 ( )을/를 가지고 있다.

① 말라리아, 장상모, 부낭

② 일본뇌염, 장상모, 공기주머니

③ 말라리아, 유영편, 부낭

④ 일본뇌염, 유영편, 공기주머니

⑤ 뎅기열, 장상모, 기문

022 모기가 매개하는 질병에 대한 내용이다. 바르게 연결된 것은?

> ㄱ. 중국얼룩날개모기
> ㄴ. 작은빨간집모기
> ㄷ. 토고숲모기
> ㄹ. 에집트숲모기

① ㄱ – 말라리아, ㄴ – 뎅기열, ㄷ – 사상충, ㄹ – 황열병

② ㄱ – 말라리아, ㄴ – 일본뇌염, ㄷ – 사상충, ㄹ – 황열병

③ ㄱ – 말라리아, ㄴ – 일본뇌염, ㄷ – 황열병, ㄹ – 뎅기열

④ ㄱ – 말라리아, ㄴ – 사상충, ㄷ – 일본뇌염, ㄹ – 황열병

⑤ ㄱ – 일본뇌염, ㄴ – 황열병, ㄷ – 사상충, ㄹ – 말라리아

023 다음 그림은 빨간집모기의 번데기이다. 그림에서 종 분류에 사용되는 것은?

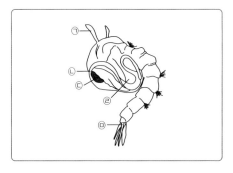

① ㉠　　　　　② ㉡
③ ㉢　　　　　④ ㉣
⑤ ㉤

024 다음은 어떤 모기 유충의 휴식형태인가?

① 중국얼룩날개모기
② 작은빨간집모기
③ 토고숲모기
④ 집모기
⑤ 에집트숲모기

025 작은빨간집모기에 대한 내용으로 (　) 안에 차례대로 들어갈 말로 옳은 것은?

ㄱ. 알: 여러 개의 알을 서로 맞붙여서 낳아 (　)을/를 형성한다.

ㄴ. 유충: 호흡관을 수면에 대고 (　)을/를 갖고 매달려 휴식한다.

ㄷ. 성충: (　)으로 휴식을 한다.

① ㄱ － 난형, ㄴ － 수평, ㄷ － 90°
② ㄱ － 난괴, ㄴ － 각도, ㄷ － 수평
③ ㄱ － 난괴, ㄴ － 수직, ㄷ － 90°
④ ㄱ － 난괴, ㄴ － 각도, ㄷ － 수직
⑤ ㄱ － 난형, ㄴ － 수평, ㄷ － 수평

026 등에의 종 분류의 특징이 되는 것은?

① 호흡각　　　　② 두부형태
③ 날개　　　　　④ 촉각
⑤ 복부형태

027 다음 그림은 어떤 모기 유충의 휴식자세인가?

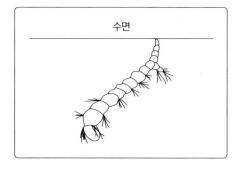

① 중국얼룩날개모기
② 작은빨간집모기
③ 토고숲모기
④ 왕모기
⑤ 늪모기

028 다음은 등에에 대한 설명이다. ( ) 안에 순서대로 옳게 연결된 것은?

> 등에 촉각의 형태는 (㉠)의 중요한 특징이 되고, 날개는 (㉡)의 특징이 되고 있다.

① ㉠ : 속 분류, ㉡ : 종 분류
② ㉠ : 종 분류, ㉡ : 속 분류
③ ㉠ : 성 구분, ㉡ : 종 분류
④ ㉠ : 속 분류, ㉡ : 성 분류
⑤ ㉠ : 종 분류, ㉡ : 성 구분

029 다음 〈보기〉가 설명하는 파리의 기관은?

보기
> • 액상물질을 분비하는 선모가 있어 습기가 있고 끈적끈적한 상태를 유지한다.
> • 집파리가 병원체를 음식물이나 식기에 옮길 때 이용된다.

① 순판
② 의기관
③ 욕반
④ 하인두
⑤ 베레제기관

030 다음은 파리의 두부 그림이다. 먹이를 식도로 운반하는 통로 구실을 하는 것은?

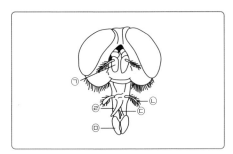

① ㉠
② ㉡
③ ㉢
④ ㉣
⑤ ㉤

031 다음 〈보기〉가 설명하는 파리가 매개하는 질병은?

보기
> • 주둥이는 흡혈성이며 전방으로 길게 돌출되어 있어 다른 파리와 구별하기 쉽다.
> • 한 쌍의 긴 날개는 복부의 끝을 훨씬 넘어 서 있다.
> • 촉각극모는 위쪽에만 분지된 털을 갖고 있다.

① 구더기증
② 아프리카수면병
③ 황열병
④ 록키산홍반열
⑤ 뎅기열

032 다음은 빈대의 그림이다. 암컷의 제4복판에 정자를 일시 보관하는 장소인 기관은?

① 베레제기관
② 욕반
③ 극상돌기
④ 말피기관
⑤ 전흉배판

033 다음은 벼룩의 두부 그림이다. 숙주의 털을 가르며 빠져나가는 데 사용되는 것은?

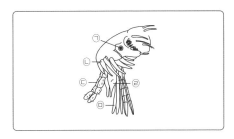

① ㉠   ② ㉡
③ ㉢   ④ ㉣
⑤ ㉤

034 다음은 집파리가 먹이를 섭취할 때 작용하는 순판과 전구치 그림이다. 어떤 유형의 것인가?

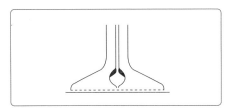

① 흡수형   ② 컵형
③ 긁는형   ④ 직접섭취형
⑤ 응고형

035 다음 그림은 집파리의 순판과 전구치이다. 상순과 하인두로 구성된 관으로 직접 빨아들이는 유형은?

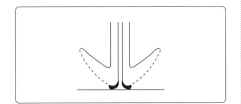

① 흡수형   ② 컵형
③ 응고형   ④ 직접섭취형
⑤ 긁는형

036 독나방의 독모는 평균적으로 어느 정도인가?

① $1\mu m$ ② $10\mu m$
③ $100\mu m$ ④ $500\mu m$
⑤ $1,000\mu m$

037 다음 중 참진드기과의 특징으로 옳은 것을 모두 고르면?

> ㄱ. 배면에 순판을 가지고 있어 물렁진드기와 쉽게 구별된다.
> ㄴ. 숙주의 발견은 동물이 지날 때 일어나는 광선강도의 변화, 체온에 의한 따뜻한 기류의 감지, 땅의 진동, 냄새 등 여러 요인에 의한다.
> ㄷ. 숙주에 장기간 붙어 있어 넓은 지역에 고루 분포되어 있어 면적당 밀도가 낮다.
> ㄹ. 매개질병으로 진드기매개 재귀열 등이 있다.

① ㄱ, ㄴ   ② ㄴ, ㄹ
③ ㄱ, ㄴ, ㄷ   ④ ㄴ, ㄷ, ㄹ
⑤ ㄱ, ㄷ, ㄹ

038 들쥐의 일종으로 전국적으로 가장 많이 차지하고 있으며 농촌지역에 많이 분포되어 있는 쥐는?

① 시궁쥐　　　② 생쥐
③ 등줄쥐　　　④ 곰쥐
⑤ 들쥐

039 꼬리의 길이가 두동장보다 긴 쥐는?

① 시궁쥐　　　② 등줄쥐
③ 곰쥐　　　　④ 생쥐
⑤ 들쥐

040 다음 그림은 진드기 유충의 형태이다. 그 종류는?

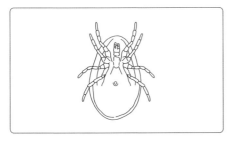

① 참진드기　　　② 물렁진드기
③ 털진드기　　　④ 옴진드기
⑤ 집먼지진드기

041 다음은 가열연무기에 의한 살충제 살포방법이다. 틀린 내용은?

① 분사구(노즐)의 방향은 풍향쪽으로 30~40°로 상향 고정한다.
② 살포차량을 가능한 바람을 가로지르며 주행시켜야 한다.
③ 연무작업은 밤 10시 후부터 새벽 해뜨기 직전까지가 좋다.
④ 10km/sec 이상 바람이 불 때에는 살포할 수 없다.
⑤ 무풍일 때는 살포할 수 없다.

042 다음은 잔류분무 살포방법에 대한 내용이다. ( ) 안에 들어갈 말로 바르게 연결된 것은?

> ㄱ. 위에서 아래로, 아래서 위로 ( )를 겹치게 살포한다.
> ㄴ. 노즐과 벽면거리는 항상 ( ) 정도를 유지하여야 한다.
> ㄷ. 희석액이 벽면에 ( )이 되도록 살포한다.

① ㄱ : 5cm, ㄴ : 30cm, ㄷ : $20cc/m^2$
② ㄱ : 5cm, ㄴ : 46cm, ㄷ : $40cc/m^2$
③ ㄱ : 10cm, ㄴ : 40cm, ㄷ : $40cc/m^2$
④ ㄱ : 10cm, ㄴ : 50cm, ㄷ : $40cc/m^2$
⑤ ㄱ : 15cm, ㄴ : 60cm, ㄷ : $40cc/m^2$

043 경유로 희석할 필요가 없고 고농도의 살충제 원제를 살포하는데 살충제의 입자의 크기는 5~50μm로 살포하는 방법은?

① 에어로솔
② 가열연무
③ 극미량연무(ULV)
④ 미스트
⑤ 잔류분무

044 다음 살충제 살포방법 중 가장 큰 입자로 분사하는 것은?

① 가열연무
② 미스트
③ 에어로솔
④ 잔류분무
⑤ 극미량연무

045 다음 그림은 베레스원추통이다. 이것을 이용하여 채집할 수 있는 곤충으로 맞는 것은?

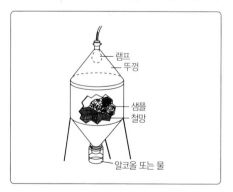

① 등에모기, 나방파리
② 쌀겨모기, 소형파리류
③ 진드기, 벼룩
④ 바퀴, 모기
⑤ 빈대, 체체파리

046 분사구(노즐)의 형태 중 모기유충 등 수서해충의 방제 시 적합한 것은?

① 부채형
② 직선형
③ 원추형
④ 원추—직선조절형
⑤ 방사형

047 살충제를 살포할 때 공시곤충(모기, 파리등)을 강제 노출시켜 살충효력을 평가하는 시험은?

① 생물검정시험
② 살충제효력시험
③ LD_{50} 시험
④ 치사율 정도시험
⑤ LC_{50} 시험

048 살충제의 감수성·저항성 시험과 관련하여 아보트공식이 사용된다. 다음 중 맞는 것은?

① 아보트공식＝[{시험군 치사율(%)－대조군 치사율(%)}/{100－대조군 치사율(%)}]×100
② 아보트공식＝[{시험군 치사율(%)－대조군 치사율(%)}/{100＋대조군 치사율(%)}]×100
③ 아보트공식＝[{시험군 치사율(%)＋대조군 치사율(%)}/{100－대조군 치사율(%)}]×100
④ 아보트공식＝[{시험군 치사율(%)＋대조군 치사율(%)}/{100＋대조군 치사율(%)}]×100
⑤ 아보트공식[{시험군 치사율(%)－대조군 치사율(%)/{100－시험군 치사율(%)}]×100

049 생물검정시험에서 잔류분무된 살충제의 잔류성 검사목적으로 사용되는 기구는?

① 모기망　　　　② 노출깔대기
③ 끈끈이줄　　　④ 유문등
⑤ 페트리접시

050 다음 생물검정시험용 기구 중 공간살포에 이용되는 것은?

① 모기망　　　　② 노출깔대기
③ 살문등　　　　④ 유문등
⑤ 끈끈이줄

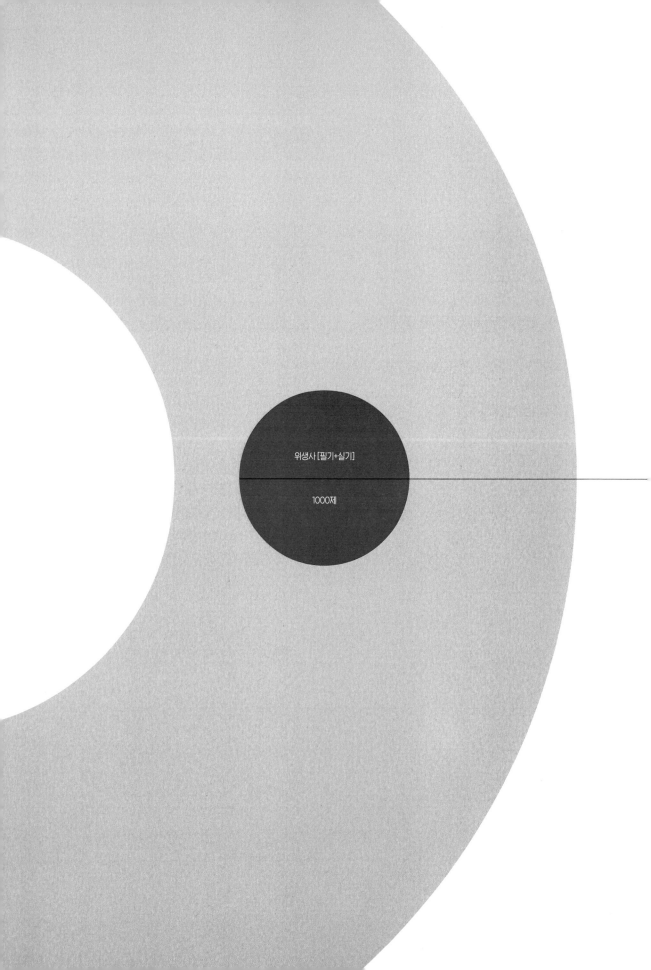

위생사 [필기+실기]

1000제

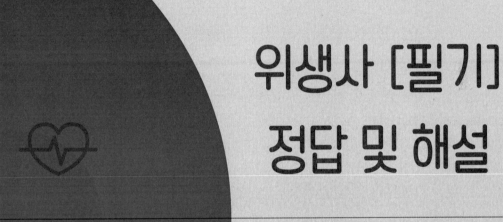

위생사 [필기]
정답 및 해설

SANITARIAN

1과목 위생관계법규 [필기]

001	①	002	②	003	③	004	③	005	②
006	⑤	007	⑤	008	④	009	②	010	⑤
011	①	012	④	013	⑤	014	⑤	015	④
016	④	017	①	018	②	019	①	020	④
021	②	022	③	023	⑤	024	②	025	④
026	①	027	③	028	③	029	①	030	①
031	④	032	④	033	④	034	②	035	③
036	②	037	⑤	038	③	039	④	040	③
041	③	042	②	043	③	044	④	045	②
046	④	047	④	048	⑤	049	⑤	050	③
051	②	052	①	053	④	054	⑤	055	②
056	④	057	②	058	④	059	④	060	⑤
061	④	062	①	063	②	064	③	065	⑤
066	⑤	067	⑤	068	③	069	④	070	①
071	④	072	③	073	④	074	②	075	③
076	①	077	④	078	⑤	079	⑤	080	①
081	④	082	④	083	③	084	③	085	④
086	①	087	③	088	③	089	③	090	①
091	⑤	092	⑤	093	①	094	③	095	④
096	②	097	③	098	③	099	⑤	100	④
101	②	102	③	103	③	104	⑤	105	⑤
106	⑤	107	⑤	108	③	109	①	110	③
111	⑤	112	①	113	④	114	①	115	③
116	⑤	117	⑤	118	⑤	119	⑤	120	④
121	①	122	⑤	123	⑤	124	①	125	③

126	③	127	④	128	③	129	①	130	④

001 정답 ①
공중위생관리법은 공중이 이용하는 영업의 위생관리 등에 관한 사항을 규정함으로써 위생수준을 향상시켜 국민의 건강증진에 기여함을 목적으로 한다.

002 정답 ②
다수인을 대상으로 위생관리서비스를 제공하는 영업으로서 숙박업, 목욕장업, 이용업, 미용업, 세탁업, 건물위생관리업을 말한다.

003 정답 ③
공중위생관리법상 건물위생관리업은 공중이 이용하는 건축물·시설물 등의 청결유지와 실내공기정화를 위한 청소 등을 대행하는 영업을 말한다.

004 정답 ③
공중위생영업의 신고를 한 자는 공중위생영업을 폐업한 날로부터 20일 이내에 시장·군수·구청장에게 신고하여야 한다.

005 정답 ②
공중위생영업의 종류별 시설 및 설비기준
- 이용업 : 소독기, 자외선살균기
- 미용업 : 소독기, 자외선살균기
- 건물위생관리업 : 마루광택기, 진공청소기, 안전벨트·안전모 및 로프, 측정장비(먼지, 일산화탄소, 이산화탄소)

006 정답 ⑤
목욕장 욕조수의 수질기준
- 탁도 : 1.6NTU 이하
- 과망간산칼륨 소비량 : 25mg/L 이하

156

• 대장균군 : 1mL 중에서 1개를 초과하여 검출되지 아니하여야 함

007 정답 ⑤

크레졸소독은 크레졸수(크레졸 3%, 물 97%의 수용액)에 10분 이상 담가둔다.

008 정답 ④

미용업자는 피부미용을 위하여 약사법에 따른 의약품 또는 의료기기법에 따른 의료기기를 사용하여서는 아니 된다.

009 정답 ②

위생사라 함은 위생업무를 수행하는 데 필요한 전문지식과 기능을 가진 자로서 보건복지부장관의 면허를 받아야 한다.

010 정답 ⑤

위생사의 업무
1. 음료수의 처리
2. 쓰레기·분뇨·하수 기타 폐기물의 처리
3. 공중이 이용하는 공중위생접객업소와 공중이용시설 및 위생용품의 위생관리
4. 식품·식품첨가물과 이에 관련된 기구·용기 및 포장의 제조와 가공에 관한 위생관리
5. 유해곤충 및 쥐의 구제
6. 기타 보건위생에 영향을 미치는 것으로서 대통령령이 정하는 업무

011 정답 ①

위생사 면허
위생사가 되고자 하는 자는 다음에 해당하는 자로서 위생국가시험(이하 "국가시험"이라 한다)에 합격한 후 보건복지부장관의 면허를 받아야 한다.
1. 전문대학 또는 이와 동등 이상의 학교(보건복지부장관이 인정하는 외국의 학교를 포함한다. 이하 같다)에서 보건 또는 위생에 관한 교육과정을 이수한 자
2. 전문대학 또는 이와 동등 이상의 학교를 졸업한 자로서 보건복지부령이 정하는 위생업무에 1년 이상 종사한 자
3. 고등학교 졸업자 또는 이와 동등 이상의 학력이 있다고 인정되는 자로서 보건복지부령이 정하는 위생업무에 3년 이상 종사한 자
4. 보건복지부장관이 인정하는 외국의 위생사의 면허나 자격을 가진 자

012 정답 ④

국가시험은 매년 1회 이상 보건복지부장관이 이를 실시하되 그 시험과목, 시험방법, 합격기준 기타 시험에 관하여 필요한 사항은 대통령령으로 정한다.

013 정답 ⑤

부정한 방법으로 국가시험에 응시한 자 또는 국가시험에 관하여 부정행위를 한 자에 대하여는 그 수험을 정지시키거나 합격을 무효로 한다. 수험이 정지되거나 합격이 무효로 된 자는 그 후 2회에 한하여 국가시험에 응시할 수 없다.

014 정답 ⑤

다음에 해당되는 자는 국가시험에 응시할 수 없으며, 위생사의 면허를 받을 수 없다.
1. 정신건강복지법에 따른 정신질환자. 다만, 전문의가 위생사로서 적합하다고 인정하는 사람은 그러하지 아니하다.
2. 마약·대마 또는 향정신성의약품 중독자
3. 이 법 또 감염병의 예방 및 관리에 관한 법률, 검역법, 식품위생법, 의료법, 약사법, 마약법, 대마관리법, 향정신성의약품관리법 또는 보건범죄단속에 관한 특별조치법에 위반하여 금고 이상의 실형의 선고를 받고 그 집행이 종료되지 아니하거나 면제되지 아니한 자

015 정답 ④

보건복지부장관은 면허증의 교부를 신청한 자에게 그 신청한 날부터 14일 이내에 면허증을 교부하여야 한다.

016 정답 ①

면허대장에 기재하여야 할 사항으로 ②, ③, ④, ⑤ 외에 면허증을 재교부한 경우에는 그 사유와 연월일 등이 있다.

017 정답 ①

①의 경우는 면허의 취소사유가 아니라 무효사유에 해당한다. ①의 경우와 같이 부정한 방법으로 국가시험에 응시한 자 또는 국가시험에 관하여 부정행위를 한 자는 면허의 취소가 아니라 무효사유에 해당한다.

위생사 시험자격의 제한 등
① 다음에 해당되는 자는 국가시험에 응시할 수 없으며, 위생사의 면허를 받을 수 없다.
1. 정신건강복지법에 따른 정신질환자. 다만, 전문의가 위생사로서 적합하다고 인정하는 사람은 그러하지 아니하다.
2. 마약 · 대마 또는 향정신성의약품 중독자
3. 이 법 또는「감염병의 예방 및 관리에 관한 법률」, 검역법, 식품위생법, 의료법, 약사법, 마약법, 대마관리법, 향정신성의약품관리법 또는 보건범죄단속에 관한 특별조치법에 위반하여 금고 이상의 실형의 선고를 받고 그 집행이 종료되지 아니하거나 면제되지 아니한 자
② 부정한 방법으로 국가시험에 응시한 자 또는 국가시험에 관하여 부정행위를 한 자에 대하여는 그 수험을 정지시키거나 합격을 무효로 한다.
③ 제2항의 규정에 의하여 수험이 정지되거나 합격이 무효로 된 자는 그 후 2회에 한하여 국가시험에 응시할 수 없다.

018 정답 ③

위생사 합격자 결정
국가시험의 합격자 결정은 필기시험에 있어서는 매 과목 만점의 40퍼센트 이상, 전과목 총점의 60퍼센트 이상 득점한 자를 합격자로 하고, 실기시험에 있어서는 총점의 60퍼센트 이상 득점한 자를 합격자로 한다.

019 정답 ①

위생사는 면허증을 잃어버리거나 못쓰게 된 때 또는 면허증의 기재사항에 변경이 있는 때에는 위생사 면허증 재교부 신청서를 보건복지부장관에 제출하고 면허증을 재교부 받아야 한다.

020 정답 ④

보건복지부장관은 면허를 취소하고자 하는 경우에는 청문을 실시하여야 한다.

021 정답 ②

동일한 명칭의 사용금지 규정에 위반하여 위생사의 명칭을 사용한 자는 100만 원 이하의 과태료에 처한다.

022 정답 ③

위생관리등급의 구분
• 우수업소 : 황색 등급
• 최우수업소 : 녹색 등급
• 일반관리대상업소 : 백색 등급

023 정답 ⑤

식품위생법은 식품으로 인하여 생기는 위생상의 위해를 방지하고 식품영양의 질적 향상을 도모하며 식품에 관한 올바른 정보를 제공하여 국민보건의 증진에 이바지함을 목적으로 한다.

024 정답 ②

집단급식소란 영리를 목적으로 하지 아니하면서 특정 다수인에게 계속하여 음식물을 공급하는 다음의 어느 하나에 해당하는 곳의 급식시설로서 대통령령으로 정하는 시설을 말한다.
• 기숙사
• 학교
• 병원
• 그 밖의 후생기관 등

025   정답 ④

집단급식소는 1회 50명 이상에게 식사를 제공하는 급식소를 말한다.

026   정답 ①

식품이란 모든 음식물을 말하는데 의약으로 섭취하는 것은 제외한다.

027   정답 ③

식품위생이란 식품, 식품첨가물, 기구 또는 용기, 포장을 대상으로 하는 음식에 관한 위생을 말한다.

028   정답 ⑤

식품위생법 제4조(위해식품 등의 판매 등 금지) 참조

029   정답 ①

조리 · 제공한 식품을 보관할 때에는 매회 1인분 분량을 섭씨 영하 18도 이하로 보관하여야 한다.

030   정답 ①

영양표시 대상 유무
- 장기보존식품(레토르트식품만 해당)
- 과자류 중 과자, 캔디류 및 빙과류
- 빵류 및 만두류
- 초콜릿류
- 잼류
- 식용 유지류
- 면류
- 음료류
- 특수용도식품
- 어육가공품 중 어육소시지
- 즉석섭취식품 중 김밥, 햄버거, 샌드위치

031   정답 ④

유전자재조합식품 등의 표시대상, 표시방법 등에 필요한 사항은 식품의약품안전처장이 정한다(식품위생법 제12조의2 제3항).

032   정답 ④

표시·광고에 대하여 심의를 받아야 하는 식품
- 영유아용 식품(영아용 조제식품, 성장기용 조제식품, 영유아용 곡류 조제식품 및 그 밖의 영유아용 식품을 말한다.)
- 체중조절용 조제식품
- 특수의료용 식품
- 임산부 · 수유부용 식품

033   정답 ④

소비자의 위생검사 등을 요청할 수 있는 소비자에 대해 대통령령으로 정하는 일정 수 이상의 소비자란 같은 영업소에 의하여 같은 피해를 입은 20명 이상의 소비자를 말한다.

034   정답 ②

식품 등을 수입신고하려는 자는 식품 등의 수입신고서를 식품 등의 통관장소를 관할하는 지방식품의약품안전처장에게 제출하여야 한다. 이 경우 수입되는 식품 등의 도착 예정일 5일 전부터 미리 신고할 수 있으며, 미리 신고한 도착항, 도착 예정일 등 주요 사항이 변경되는 경우에는 즉시 그 내용을 문서로 신고하여야 한다.

035   정답 ③

지정된 식품위생검사기관의 지정에 관한 유효기간은 지정받은 날부터 3년으로 한다. 유효기간은 보건복지부령으로 정하는 바에 따라 1년을 초과하지 아니하는 범위에서 1회에 한하여 그 기간을 연장할 수 있다.

036   정답 ②

자가품질검사에 관한 기록서는 2년간 보관하여야 한다.

037 　　　　　　　　　　　정답 ⑤

식품위생감시원의 직무
- 식품 등의 위생적인 취급에 관한 기준의 이행 지도
- 수입 · 판매 또는 사용 등이 금지된 식품 등의 취급 여부에 관한 단속
- 표시기준 또는 과대광고 금지의 위반 여부에 관한 단속
- 출입 · 검사 및 검사에 필요한 식품 등의 수거
- 시설기준의 적합 여부의 확인 · 검사
- 영업자 및 종업원의 건강진단 및 위생교육의 이행 여부의 확인 · 지도
- 조리사 및 영양사의 법령 준수사항 이행 여부의 확인 · 지도
- 행정처분의 이행 여부 확인
- 식품 등의 압류 · 폐기 등
- 영업소의 폐쇄를 위한 간판 제거 등의 조치
- 그 밖의 영업자의 법령 이행 여부에 관한 확인 · 지도

038 　　　　　　　　　　　정답 ①

관계 공무원의 직무와 그 밖의 식품위생에 관한 지도 등을 하기 위하여 식품의약품안전처, 특별시 · 광역시도 · 특별자치도 또는 시 · 군 · 구에 식품위생감시원을 둔다.

039 　　　　　　　　　　　정답 ④

대통령령으로 정하는 영업자는 식품위생에 관한 전문지식이 있는 자 중 식품의약품안전처장 또는 시 · 도지사가 지정하는 자를 해당 영업소의 식품 등의 위생관리 상태를 점검하는 시민식품감사인으로 위촉할 수 있다.

040 　　　　　　　　　　　정답 ③

식품의약품안전처장, 시 · 도지사 또는 시장 · 군수 · 구청장은 위생검사 결과 우수등급의 영업소에 대하여는 우수 등급이 확정된 날부터 2년 동안 출입 · 검사 · 수거 등을 하지 아니할 수 있다.

041 　　　　　　　　　　　정답 ③

다음의 영업을 하려는 자는 보건복지부령으로 정하는 시설기준에 맞는 시설을 갖추어야 한다.
- 식품 또는 식품첨가물의 제조업, 가공업, 운반업, 판매업 및 보존업
- 기구 또는 용기 · 포장의 제조업
- 식품접객업

042 　　　　　　　　　　　정답 ②

허가를 받아야 하는 영업 및 허가관청
1. 식품조사처리업 : 식품의약품안전처장
2. 단란주점영업과 유흥주점영업 : 특별자치도지사 또는 시장 · 군수 · 구청장

043 　　　　　　　　　　　정답 ③

허가를 받아야 하는 영업 및 허가관청
1. 식품조사처리업 : 식품의약품안전처장
2. 단란주점영업과 유흥주점영업 : 특별자치도지사 또는 시장 · 군수 · 구청장

044 　　　　　　　　　　　정답 ③

건강진단을 받아야 하는 사람은 식품 또는 식품첨가물을 채취 · 제조 · 가공 · 조리 · 저장 · 운반 또는 판매하는 일에 직접 종사하는 영업자 및 종업원으로 한다. 다만 완전 포장된 식품 또는 식품첨가물을 운반하거나 판매하는 일에 종사하는 사람은 제외한다.

045 　　　　　　　　　　　정답 ②

영업에 종사하지 못하는 사람은 다음의 질병에 걸린 사람으로 한다.
- 감염병의 예방 및 관리에 관한 법률에 따른 제1군감염병

- 감염병의 예방 및 관리에 관한 법률에 따른 결핵(비감염성인 경우는 제외)
- 피부병 또는 그 밖의 화농성 질환
- 후천성면역결핍증(감염병의 예방 및 관리에 관한 법률에 따라 성병에 관한 건강진단을 받아야 하는 영업에 종사하는 사람만 해당)

046 정답 ④

식품위생교육의 대상
- 식품제조 · 가공업자
- 즉석판매제조 · 가공업자
- 식품첨가물 제조업자
- 식품운반업자
- 식품소분 · 판매업자(식용얼음판매업자 및 식품자동판매기영업자는 제외)
- 용기 · 포장류 제조업자
- 식품접객업자

047 정답 ④

우수업소의 지정 : 식품의약품안전처장 또는 특별자치도지사 · 시장 · 군수 · 구청장

048 정답 ③

모범업소의 지정 : 특별자치도지사 · 시장 · 군수 · 구청장

049 정답 ⑤

위해요소중점관리기준 대상 식품
- 어육가공품 중 어묵류
- 냉동수산식품 중 어류 · 연체류 · 조미가공품
- 냉동식품 중 피자류 · 만두류 · 면류
- 빙과류
- 비가열음료
- 레토르트 식품
- 김치류 중 배추김치

050 정답 ③

식품을 제조 · 가공 또는 판매하는 자 중 식품이력관리를 하는 자는 등록기준을 갖추어 해당 식품을 식품의약품안전처장에 등록할 수 있는데 등록의 유효기간은 등록한 날부터 3년으로 한다. 다만 그 품목의 특성상 달리 적용할 필요가 있는 경우에는 보건복지부령으로 정하는 바에 따라 그 기간을 연장할 수 있다.

051 정답 ②

위생수준 안전평가 결과 우수등급 영업소는 보건복지령으로 정한 로고 등을 해당 영업소와 그 영업소에서 제조 · 가공 · 조리 및 유통하는 식품 등에 표시하거나 그 사실을 광고할 수 있다. 이 경우 그 표시 · 광고기간은 우수등급이 결정되어 통보 받은 날부터 2년으로 한다.

052 정답 ①

조리사를 두지 않아도 되는 경우
다음의 어느 하나에 해당하는 자가 두는 영양사가 조리사의 면허를 받은 자인 경우 조리사를 따로 두지 아니할 수 있다.
- 복어를 조리 · 판매하는 영업자
- 영양사를 두어야 하는 집단급식소를 설치 · 운영하는 자

053 정답 ④

집단급식소의 조리사의 직무
- 집단급식소에서의 식단에 따른 조리업무
- 구매식품의 검수 지원
- 급식설비 및 기구의 위생 · 안전실무
- 그 밖에 조리실무에 관한 사항

집단급식소의 영양사의 직무
- 집단급식소에서의 식단작성 · 검식 및 배식관리
- 구매식품의 검수 및 관리
- 급식시설의 위생적 관리
- 집단급식소의 운영일지 작성
- 종업원에 대한 영양지도 및 식품위생교육

정답 및 해설

054 정답 ⑤

조리사가 되려는 자는 국가기술자격법에 따라 해당 기능 분야의 자격을 얻은 후 특별자치도지사·시장·군수·구청장의 면허를 받아야 한다.

055 정답 ②

조리사의 결격사유
- 정신건강복지법에 따른 정신질환자
- 감염병의 예방 및 관리에 관한 법률에 따른 감염병환자(단, B형간염환자는 제외)
- 마약류관리에 관한 법률에 의한 마약이나 그 밖의 약물 중독자
- 조리사 면허의 취소처분을 받고 그 취소된 날부터 1년이 지나지 아니한 자

056 정답 ④

식품위생심의위원회의 설치
보건복지부장관 또는 식품의약품안전처장의 자문에 응하여 다음의 사항을 조사·심의하기 위하여 보건복지부에 식품위생심의위원회를 둔다.
1. 식중독 방지에 관한 사항
2. 농약·중금속 등 유독·유해물질 잔류 허용 기준에 관한 사항
3. 식품 등의 기준과 규격에 관한 사항
4. 그 밖에 식품위생에 관한 중요 사항

057 정답 ②

식품위생심의위원회는 위원장 1명과 부위원장 2명을 포함한 100명 이내의 위원으로 구성한다.

058 정답 ③

식품산업의 발전과 식품위생의 향상을 위하여 한국식품산업협회를 설립한다.

059 정답 ④

식품의약품안전처장의 위탁을 받아 식품이력추적관리업무와 식품안전에 관한 업무를 효율적으로 수행하기 위하여 식품안전정보원을 둔다.

060 정답 ⑤

위해식품 등의 공표방법
위해식품 등의 공표명령을 받은 영업자는 지체 없이 위해 발생사실 또는 위해식품 등의 긴급회수문을 신문 등의 진흥에 관한 법률에 따라 등록한 전국을 보급지역으로 하는 1개 이상의 일반일간신문에 게재하고, 식품의약품안전처의 인터넷 홈페이지에 게재를 요청하여야 한다.

061 정답 ④

식품위생법상의 청문
식품의약품안전처장, 시·도지사 또는 시장·군수·구청장은 다음의 어느 하나에 해당하는 처분을 하려면 청문을 하여야 한다.
- 수입식품신고 대행자 등록취소
- 식품위생검사기관의 지정취소
- 위해요소중점관리기준 적용업소의 지정취소
- 영업허가 또는 등록의 취소나 영업소의 폐쇄명령
- 조리사 등의 면허취소

062 정답 ⑤

식중독에 관한 조사보고
다음의 어느 하나에 해당하는 자는 지체 없이 관할 보건소장 또는 보건지소장에게 보고하여야 한다. 이 경우 의사나 한의사는 대통령령으로 정하는 바에 따라 식중독환자나 식중독이 의심되는 자의 혈액 또는 배설물을 보관하는 데에 필요한 조치를 하여야 한다.
1. 식중독환자나 식중독이 의심되는 자를 진단하였거나 그 사체를 검안한 의사 또는 한의사
2. 집단급식소에서 제공한 식품 등으로 인하여 식중독환자나 식중독으로 의심되는 증세를 보이는 자를 발견한 집단급식소의 설치·운영자

063 정답 ②

식품의약품안전처장은 식중독 발생의 원인을 규명하기 위하여 식중독 의심환자가 발생한 원인시설 등에 대한 조사절차와 시험 · 검사 등에 필요한 사항을 정할 수 있다.

064 정답 ⑤

마황, 부자, 천오, 초오, 백부자, 섬수, 백선피, 사리풀을 이용하여 판매할 목적으로 식품 또는 식품첨가물을 제조 · 가공 · 수입 또는 조리한 자는 1년 이상의 징역에 처한다.

065 정답 ⑤

집단급식소를 설치 · 운영하려는 자는 보건복지부령으로 정하는 바에 따라 특별자치도지사 · 시장 · 군수 · 구청장에게 신고하여야 한다.

066 정답 ⑤

조리 · 제공한 식품의 매회 1인분 분량을 보건복지부령으로 정하는 바에 따라 144시간 이상 보관할 것

067 정답 ⑤

집단급식소의 설치 · 운영자는 조리 · 제공한 식품을 보관할 때에는 매회 1인분 분량을 섭씨 영하 18도 이하로 보관하여야 한다.

068 정답 ③

식품위생과 국민의 영양수준 향상을 위한 사업을 하는 데에 필요한 재원에 충당하기 위하여 시 · 도 및 시 · 군 · 구에 식품진흥기금을 설치한다.

069 정답 ④

식품의약품안전처장, 시 · 도지사 또는 시장 · 군수 · 구청장은 식품위생법에 위반되는 행위를 신고한 자에게 신고 내용별로 1천만 원까지 포상금을 줄 수 있다.

070 정답 ①

> **식품위생법상의 벌칙**
> 다음의 어느 하나에 해당하는 질병에 걸린 동물을 사용하여 판매할 목적으로 식품 또는 식품첨가물을 제조 · 가공 · 수입 또는 조리한 자는 3년 이상의 징역에 처한다.
> 1. 소해면상뇌증(狂牛病)
> 2. 탄저병
> 3. 가금인플루엔자

071 정답 ④

수출할 식품 또는 식품첨가물의 기준과 규격은 수입자가 요구하는 기준과 규격을 따를 수 있다.

072 정답 ②

> **허가를 받아야 하는 영업 및 허가관청**
> 1. **식품조사처리업의 허가권자** : 식품의약품안전처장
> 2. **단란주점영업과 유흥주점영업 허가권자** : 특별자치도지사 또는 시장 · 군수 · 구청장

073 정답 ④

관능검사란 제품의 성질, 상태, 맛, 냄새, 색깔, 표시, 포장상태 등을 검사하는 것이며, 정밀검사는 물리적 · 화학적 · 미생물학적 방법에 따라 하는 검사이다.

074 정답 ②

감염병이란 제1군감염병, 제2군감염병, 제3군감염병, 제4군감염병, 제5군감염병, 지정감염병, 세계보건기구 감시대상 감염병, 생물테러감염병, 성매개감염병, 인수공통감염병 및 의료관련감염병을 말한다.

075 정답 ③

제1군 감염병이란 마시는 물 또는 식품을 매개로 발생하고 집단 발생의 우려가 커서 발생 또는 유행 즉시 방역대책을

수립하여야 하는 감염병으로 콜레라, 장티푸스, 파라티푸스, 세균성이질, 장출혈성대장균감염증, A형간염 등이 있다.

---

076   정답 ①

제2군감염병이란 예방접종을 통하여 예방 및 관리가 가능하여 국가예방접종사업의 대상이 되는 감염병으로 디프테리아, 파상풍, 홍역, 유행성이하선염, 풍진, B형간염, 폴리오, 일본뇌염, 수두 등이다.

---

077   정답 ④

제3군감염병이란 간헐적으로 유행할 가능성이 있어 계속 그 발생을 감시하고 방역대책의 수립이 필요한 감염병으로 말라리아, 결핵, 한센병, 성홍열, 수막구균성수막염, 레비오넬라증, 비브리오패혈증, 발진티푸스, 발진열, 쯔쯔가무시병, 렙토스페라증, 탄저병, 공수병, 신증후군출혈열, 인플루엔자, 후천성면역결핍증(AIDS), 매독, 크로이츠펠트-야콥병(CJD) 및 변종크로이츠펠트-야콥병(vCJD) 등이 있다.

---

078   정답 ④

감염병의 분류
- **제1군감염병** : 마시는 물 또는 식품을 매개로 발생하고 집단 발생의 우려가 커서 발생 또는 유행 즉시 방역대책을 수립하여야 하는 감염병으로 콜레라, 장티푸스, 파라티푸스, 세균성이질, 장출혈성대장균감염증, A형 간염 등이 있다.
- **제2군감염병** : 예방접종을 통하여 예방 및 관리가 가능하여 국가예방접종사업의 대상이 되는 감염병으로 디프테리아, 파상풍, 홍역, 유행성이하선염, 풍진, B형간염, 폴리오, 일본뇌염, 수두 등이다.
- **제3군감염병** : 간헐적으로 유행할 가능성이 있어 계속 그 발생을 감시하고 방역대책의 수립이 필요한 감염병으로 말라리아, 결핵, 한센병, 성홍열, 수막구균성수막염, 레비오넬라증, 비브리오패혈증, 발진티푸스, 발진열, 쯔쯔가무시병, 렙토스페라증, 탄저병, 공수병, 신증후군출혈열, 인플루엔자, 후천성면역결핍증(AIDS), 매독, 크로이츠펠트-야콥병(CJD) 및 변종크로이츠펠트-야콥병(vCJD) 등이 있다.
- **제4군감염병** : 국내에서 새롭게 발생하였거나 발생할 우려가 있는 감염병 또는 국내 유입이 우려되는 해외유행 감염병으로 페스트, 황열, 뎅기열, 바이러스성 출혈열, 두창, 보툴리눔독소증, 중증 급성호흡기증후군

(SARS), 조류인플루엔자 인체감염증, 신종인플루엔자, 야토병, Q열, 웨스트나일열, 신종감염병증후군, 라임병, 진드기매개뇌염, 유비저, 치쿤구니야열 등이 있다.
- **제5군감염병** : 기생충에 감염되어 발생하는 감염병으로 정기적인 조사를 통한 감시가 필요하며 회충증, 편충증, 요충증, 간흡충증, 폐흡충증, 장흡충증 등이 있다.

---

079   정답 ④

보건복지부장관은 감염병의 예방 및 관리에 관한 기본계획을 5년마다 수립·시행하여야 한다.

---

080   정답 ①

감염병의 예방 및 관리에 관한 주요 시책을 심의하기 위하여 보건복지부에 감염병관리위원회를 둔다.

---

081   정답 ④

감염병관리위원회 심의 사항
- 기본계획의 수립
- 감염병 관련 의료제공
- 감염병에 관한 조사 및 연구
- 감염병의 예방·관리 등에 관한 지식보급 및 감염병 환자 등의 인권 증진
- 해부명령에 관한 사항
- 예방접종의 실시기준과 방법에 관한 사항
- 감염병 위기관리대책의 수립 및 시행
- 예방·치료의약품 및 장비 등의 사전비축, 장기구매 및 생산에 관한 사항
- 예방접종 등으로 인한 피해에 대한 국가보상에 관한 사항
- 그 밖에 감염병의 예방 및 관리에 관한 사항으로서 위원장이 위원회의 회의에 부치는 사항

---

082   정답 ④

의사나 한의사는 감염병 발생 사실이 있으면 소속 의료기관의 장에게 보고하여야 하지만, 의료기관에 소속되지 아니한 의사 또는 한의사는 그 사실을 관할보건소장에게 신고하여야 한다.

083 　　　　　　　　　　정답 ④

> **감염병 신고**
> - **의료기관 소속 의사 및 한의사** : 소속 의료기관의 장에게 보고 → 의료기관의 장은 제1군감염병부터 제4군감염병까지는 지체 없이, 제5군감염병 및 지정감염병의 경우에는 7일 이내에 관할 보건소장에게 신고
> - **의료기관에 소속되지 아니한 의사 및 한의사** : 관할보건소장에 신고
> - **육군, 해군, 공군 또는 국방부 직할부대에 소속된 군의관** : 소속 부대장에 보고 → 소속부대장은 관할보건소장에게 지체 없이 신고
> - **감염병 표본감시기관** : 보건복지부장관 또는 관할보건소장에게 신고

084 　　　　　　　　　　정답 ③

가축전염병예방법에 따라 인수공통감염병의 발생신고를 받은 특별자치도지사 · 시장 · 구청장 · 읍장 또는 면장은 탄저, 고병원성조류인플루엔자, 광견병, 그 밖에 대통령령으로 정하는 인수공통감염병의 경우는 즉시 질병관리청장에게 통보하여야 한다.

085 　　　　　　　　　　정답 ④

> **해부명령**
> 질병관리청장은 감염병 전문의, 해부학, 병리학 또는 법의학을 전공한 사람을 해부를 담당하는 의사로 지정하여 해부를 하여야 한다.

086 　　　　　　　　　　정답 ①

감염병의 진단 및 학술연구 등을 목적으로 고위험병원체를 국내로 반입하려는 자는 대통령령으로 정하는 요건을 갖추어 보건복지부장관의 허가를 받아야 한다.

087 　　　　　　　　　　정답 ④

특별자치도지사 또는 시장 · 군수 · 구청장은 디프테리아, 폴리오, 백일해, 홍역, 파상풍, 결핵, B형간염, 유행성이하선염, 풍진, 수두, 일본뇌염, 그 밖에 보건복지부장관이 감염병의 예방을 위하여 필요하다고 인정하여 지정하는 감염병에 대하여 관할 보건소를 통하여 정기예방접종을 실시하여야 한다.

088 　　　　　　　　　　정답 ③

> **예방접종에 관한 역학조사**
> 질병관리청장 또는 시장 · 군수 · 구청장은 다음의 구분에 따라 조사를 실시하고 예방접종 후 이상반응사례가 발생하면 그 원인을 밝히기 위하여 역학조사를 할 수 있다.
> - **질병관리청장** : 예방접종의 효과 및 예방접종 후 이상반응에 관한 조사
> - **시장 · 군수 · 구청장** : 예방접종 후 이상반응에 관한 조사

089 　　　　　　　　　　정답 ③

> **감염병에 관한 강제처분**
> 보건복지부장관, 시 · 도지사 또는 시장 · 군수 · 구청장은 해당 공무원으로 하여금 다음의 어느 하나에 해당하는 감염병환자 등이 있다고 인정되는 주거시설, 선박 · 항공기 · 열차 등 운송수단 또는 그 밖의 장소에 들어가 필요한 조사나 진찰을 하게 할 수 있으며, 그 진찰 결과 감염병환자 등으로 인정될 때에는 동행하여 치료받게 하거나 입원시킬 수 있다.
> - 제1군감염병
> - 제2군감염병 중 디프테리아, 홍역 및 폴리오
> - 제3군감염병 중 결핵, 성홍열 및 수막구균성수막염
> - 제4군감염병 중 보건복지부장관이 정하는 감염병
> - 세계보건기구 감시대상 감염병
> - 생물테러감염병

090 　　　　　　　　　　정답 ①

감염병 예방에 관한 업무를 처리하기 위하여 보건복지부 또는 시 · 도에 방역관을 둔다.

091   정답 ⑤

⑤는 시 · 도가 부담할 경비이다. 국가가 부담할 경비는 ①, ②, ③, ④ 외에 표본감시활동에 드는 경비, 예방접종약품의 생산 및 연구 등에 드는 경비, 보건복지부장관이 설치한 격리소 · 요양소 또는 진료소 및 지정된 감염관리기관의 감염병관리시설 설치 · 운영에 드는 경비, 위원회의 심의를 거친 품목의 비축 또는 장기구매를 위한 계약에 드는 경비, 외국인 감염병환자 등의 입원치료, 조사, 진찰 등에 드는 경비, 예방접종 등으로 인한 피해보상을 위한 경비 등이다.

092   정답 ⑤

제5군감염병에 관한 조사 · 연구 등 제5군감염병의 예방사업을 수행하기 위하여 한국건강관리협회를 둔다.

093   정답 ①

①은 5년 이하의 징역 또는 5천만 원 이하의 벌금, ②는 3년 이하의 징역 또는 3천만원 이하의 벌금, ③은 2년 이하의 징역 또는 2천만 원 이하의 벌금, ④와 ⑤의 경우는 200만 원 이하의 벌금에 처한다.

094   정답 ③

소독하여야 하는 시설
- 공중위생관리법에 따른 숙박업소(객실 수 20실 이상인 경우만 해당), 관광진흥법에 따른 관광숙박업소
- 연면적 300제곱미터 이상의 식품접객업소
- 여객자동차운수사업법에 따른 시내버스 · 농어촌버스 · 마을버스 · 시외버스 · 전세버스 · 장의자동차, 항공법에 따른 항공기와 공항시설, 해운법에 따른 여객선, 항만법에 따른 연면적 300제곱미터 이상의 대합실, 철도사업법 및 도시철도법에 따른 여객운송 철도차량과 역사 및 역무시설
- 유통산업발전법에 따른 대형마트, 전문점, 백화점, 쇼핑센터, 복합쇼핑몰, 그 밖의 대규모 점포와 전통시장 및 상점가 육성을 위한 특별법에 따른 전통시장
- 종합병원 · 병원 · 요양병원 · 치과병원 및 한방병원
- 한 번에 100명 이상에게 계속적으로 식사를 공급하는 집단급식소
- 주택법에 따른 기숙사 및 50명 이상을 수용할 수 있는 합숙소
- 공연법에 따른 공연장(객석 수 300석 이상인 경우만 해당)
- 초 · 중등교육법 및 고등교육법에 따른 학교
- 학원의 설립 · 운영 및 과외교습에 관한 법률에 따른 연면적 1천제곱미터 이상의 학원
- 연면적 2천제곱미터 이상의 사무실용 건축물 및 복합용도의 건축물
- 영유아보육법에 따른 어린이집 및 유아교육법에 따른 유치원(50명 이상을 수용하는 어린이집 및 유치원만 해당)
- 주택법에 따른 공동주택(300세대 이상인 경우만 해당)

095   정답 ④

예방접종 등에 따른 피해보상 항목
- **진료비** : 예방접종피해로 발생한 질병의 진료비 중 국민건강보험법에 따라 보험자가 부담하거나 지급한 금액을 제외한 잔액 또는 의료급여법에 따라 의료급여기금이 부담한 금액을 제외한 잔액
- **간병비** : 입원진료의 경우에 한정하여 1일당 5만 원
- **장애인이 된 사람에 대한 일시보상금** : 장애인복지법에서 정한 장애 등급에 따른 다음 각 목의 금액
- 가. **장애 등급 1급인 사람** : 사망한 사람에 대한 일시 보상금의 100분의 100
- 나. **장애 등급 2급인 사람** : 사망한 사람에 대한 일시 보상금의 100분의 85
- 다. **장애 등급 3급인 사람** : 사망한 사람에 대한 일시 보상금의 100분의 70
- 라. **장애 등급 4급인 사람** : 사망한 사람에 대한 일시 보상금의 100분의 55
- 마. **장애 등급 5급인 사람** : 사망한 사람에 대한 일시 보상금의 100분의 40
- 바. **장애 등급 6급인 사람** : 사망한 사람에 대한 일시 보상금의 100분의 25
- **사망한 사람에 대한 일시보상금** : 사망 당시의 최저임금법에 따른 월 최저임금액에 240을 곱한 금액에 상당하는 금액
- **장제비** : 30만 원

096   정답 ②

②는 샘물에 대한 설명이며, 먹는샘물이란 샘물을 먹기에 적합하도록 물리적으로 처리하는 등의 방법으로 제조한 물을 말한다.

097 정답 ③

먹는물관련영업이란 먹는샘물 · 먹는염지하수의 제조업 · 수입판매업 · 유통전문판매업, 수처리제 제조업 및 정수기의 제조업 · 수입판매업을 말한다.

098 정답 ③

시 · 도지사는 샘물의 수질보전을 위하여 샘물보전구역을 지정할 수 있다.

099 정답 ⑤

샘물보전구역에서의 금지행위
- 가축전염병예방법에 따른 가축의 사체 매몰
- 폐기물관리법에 따른 폐기물처리시설의 설치
- 토양환경보전법에 따른 특정토양오염관리대상시설의 설치
- 수질 및 수생태계보전에 관한 법률에 따른 폐수배출시설의 설치
- 하수도법에 따른 공공하수처리시설 또는 분뇨처리시설의 설치
- 가축분뇨의 관리 및 이용에 관한 법률에 따른 배출시설 또는 처리시설의 설치
- 그 밖에 대통령령으로 정하는 오염유발시설의 설치

100 정답 ④

샘물 등의 개발허가의 유효기간은 5년으로 한다.

101 정답 ②

먹는샘물 등의 제조업을 하려는 자는 환경부령으로 정하는 바에 따라 시 · 도지사의 허가를 받아야 한다.

102 정답 ③

먹는샘물 등, 수처리제 또는 그 용기를 수입하려는 자는 환경부령으로 정하는 바에 따라 시 · 도지사에게 신고하여야 한다.

103 정답 ③

수질개선부담금의 용도
징수된 수질개선부담금은 다음의 어느 하나에 해당하는 용도에만 사용한다. 다만, 징수비용으로 교부한 금액은 해당 수질개선부담금을 부과 · 징수하는 데에 드는 경비 등으로 사용하여야 한다.
- 먹는물의 수질관리시책 사업비의 지원
- 먹는물의 수질검사 실시 비용의 지원
- 먹는물공동시설의 관리를 위한 비용의 지원
- 그 밖에 공공의 지하수 자원을 보호하기 위하여 대통령령으로 정하는 용도

104 정답 ⑤

환경부장관이나 시. 도지사는 다음의 어느 하나에 해당하는 처분을 하려면 청문을 하여야 한다.
- 샘물 등의 개발허가의 취소
- 환경영향조사 대행자의 등록취소
- 먹는물검사기관의 지정취소
- 먹는물관련영업자의 영업허가나 등록의 취소 또는 영업장의 폐쇄

105 정답 ⑤

⑤는 먹는물 수질검사 지정기관의 상대적 취소사유에 해당한다.

106 정답 ⑤

⑤는 1년 이하의 징역이나 300만 원 이하의 벌금에 처하는 대상이다.

107 정답 ⑤

보건 · 의료기관, 동물병원, 시험 · 검사기관 등에서 배출되는 폐기물 중 인체에 감염 등 위해를 줄 우려가 있는 폐기물과 인체조직 등 적출물, 실험 동물의 사체 등 보건 · 환경보호상 특별한 관리가 필요하다고 인정되는 폐기물은 의료폐기물에 속한다.

108 정답 ②

> **지정폐기물**
> 사업장폐기물 중 폐유·폐산 등 주변 환경을 오염시킬 수 있거나 의료폐기물 등 인체에 위해를 줄 수 있는 해로운 물질로서 대통령령으로 정하는 폐기물을 말한다.

109 정답 ①

> **폐기물관리법 적용대상 예외 항목**
> • 원자력안전법에 따른 방사성 물질과 이로 인하여 오염된 물질
> • 용기에 들어 있지 아니한 기체상태의 물질
> • 수질 및 수생태계 보전에 관한 법률에 따른 수질오염방지시설에 유입되거나 공공수역으로 배출되는 폐수
> • 군수품관리법에 따라 폐기되는 탄약 등

110 정답 ③

국내에서 발생한 폐기물은 가능하면 국내에서 처리되어야 하고, 폐기물의 수입은 되도록 억제되어야 한다.

111 정답 ⑤

시·도지사는 관할 구역의 폐기물을 적정하게 처리하기 위하여 환경부장관이 정하는 지침에 따라 10년마다 폐기물처리에 관한 기본계획을 세워 환경부장관의 승인을 받아야 한다.

112 정답 ①

환경부장관은 국가 폐기물을 적정하게 관리하기 위하여 폐기물처리에 관한 기본계획과 폐기물 통계조사 결과를 기초로 국가폐기물관리 종합계획을 10년마다 세워야 한다.

113 정답 ④

특별자치도지사, 시장·군수·구청장은 관할 구역에서 배출되는 생활폐기물을 처리하여야 한다.

114 정답 ①

> **폐기물처리업의 업종구분**
> • **폐기물 수집·운반업** : 폐기물을 수집하여 재활용 또는 처분장소로 운반하거나 폐기물을 수출하기 위하여 수집·운반하는 영업
> • **폐기물 중간처분업** : 폐기물을 중간처분시설을 갖추고 폐기물을 소각처분, 기계적 처분, 화학적 처분, 생물학적 처분, 그 밖에 환경부장관이 폐기물을 안전하게 중간처분할 수 있다고 인정하여 고시하는 방법으로 중간처분하는 영업
> • **폐기물 최종처분업** : 폐기물 최종처분시설을 갖추고 폐기물을 매립 등의 방법으로 최종처분하는 영업
> • **폐기물 종합처분업** : 폐기물 중간처분시설 및 최종처분시설을 갖추고 폐기물의 중간처분과 최종처분을 함께 하는 영업
> • **폐기물 종합처분업** : 폐기물 중간처분시설 및 최종처분시설을 갖추고 폐기물의 중간처분과 최종처분을 함께 하는 영업
> • **폐기물 중간재활용업** : 폐기물 재활용시설을 갖추고 중간가공 폐기물을 만드는 영업
> • **폐기물 최종재활용업** : 폐기물 재활용시설을 갖추고 중간가공 폐기물을 재활용하는 영업
> • **폐기물 종합재활용업** : 폐기물 재활용시설을 갖추고 중간재활용업과 최종재활용업을 함께 하는 영업

115 정답 ③

폐기물관리법을 위반하여 징역 이상의 형을 선고받고 그 형의 집행이 끝나거나 집행을 받지 아니하기로 확정된 후 2년이 지나지 아니한 자

116 정답 ⑤

⑤는 상대적 취소사유 내지는 6개월 이내의 기간을 정하여 영업의 전부 또는 일부의 정지를 명령할 수 있는 내용이다.

117 정답 ⑤

매년 폐기물의 발생, 처리에 관한 보고서를 다음 연도 2월 말일까지 해당 허가·승인·신고기관 또는 확인기관의 장에게 제출하여야 한다.

118 정답 ⑤

조합에 관하여 이 법에 규정한 것 외에는 민법 중 사단법인에 관한 규정을 준용한다.

119 정답 ⑤

⑤는 3년 이하의 징역이나 2천만 원 이하의 벌금 대상이다.

120 정답 ④

환경부장관은 국가 하수도정책의 체계적 발전을 위하여 10년 단위의 국가하수도종합계획을 수립하여야 한다.

121 정답 ①

특별시장 · 광역시장 · 특별자치도지사 · 시장 또는 군수는 사람의 건강을 보호하는데 필요한 공중위생 및 생활환경의 개선과 환경정책기본법에서 정한 수질환경기준의 유지를 위하여 종합계획 및 유역하수도정비계획을 바탕으로 관할구역 안의 유역별로 하수도의 정비에 관한 20년 단위의 기본계획을 수립하여야 한다.

122 정답 ⑤

개인하수처리시설의 운영관리
개인하수처리시설의 소유자 또는 관리자는 대통령령이 정하는 부득이한 사유로 방류수 수질기준을 초과하여 방류하게 되는 때에는 특별자치도지사 · 시장 · 군수 · 구청장에게 미리 신고하여야 한다.

123 정답 ⑤

개인하수처리시설에 대한 개선명령
특별자치도지사 · 시장 · 군수 · 구청장은 방류수 수질검사 결과 방류수 수질기준을 초과하는 경우에는 당해 시설의 소유자에게 대통령령이 정하는 바에 따라 기간을 정하여 당해 시설의 개선 · 대체 · 폐쇄 또는 시설의 가동상태를 확인할 수 있는 기기의 설치 등 필요한 조치(이하 "개선명령"이라 한다)를 명할 수 있다.

124 정답 ①

시장 · 군수 · 구청장은 개선기간이 끝나거나 이에 따른 보고를 받았을 때에는 보고받은 후 3일 이내에 개선명령의 이행상태를 확인하여야 한다.

125 정답 ③

하수도법상의 과징금 부과
특별자치도지사 · 시장 · 군수 · 구청장은 분뇨수집 · 운반업자에게 영업정지처분을 하여야 할 경우로서 그 영업정지가 당해 사업의 이용자 등에게 심한 불편을 주거나 그 밖에 공익을 해할 우려가 있는 때에는 그 영업정지에 갈음하여 3천만 원 이하의 과징금을 부과할 수 있다.

126 정답 ③

휴업 · 폐업 또는 재개업신고를 하려는 자는 휴업 · 폐업 또는 재개업을 한 날부터 10일 이내 신고서에 등록증을 첨부하여 등록관청에 제출하여야 한다.

127 정답 ④

공공하수처리시설 또는 분뇨처리시설을 운영 · 관리하는 자는 대통령령이 정하는 바에 따라 방류수의 수질검사, 찌꺼기의 성분검사를 실시하고 그 검사에 관한 기록을 5년간 보존하여야 한다.

128 정답 ③

공공하수도관리청은 5년마다 소관 공공하수도에 대한 기술진단을 실시하여 공공하수도의 관리상태를 점검하여야 한다.

정답 및 해설

129 정답 ①

공공하수처리시설의 방류수 수질기준

구분	1일 하수처리용량 500m³ 미만 50m³ 이상	1일 하수처리용량 50m³ 미만
BOD(mg/L)	10 이하	10 이하
COD(mg/L)	40 이하	40 이하
SS(mg/L)	10 이하	10 이하
총질소(mg/L)	20 이하	40 이하
총인(mg/L)	2 이하	4 이하
총대장균군수 (개/ml)	3000 이하	
생태독성(TU)	1 이하	

130 정답 ④

하수도법상의 비용분담
환경부장관은 재정을 하는 때에는 행정안전부장관과 미리 협의하여야 한다.

2과목

환경위생학
[필기]
정답 및 해설

126	④	127	④	128	③	129	④	130	③
131	③	132	①	133	③	134	③	135	⑤
136	③	137	③	138	⑤	139	④	140	①
141	⑤	142	④	143	①				

2과목 환경위생학 [필기]

001	①	002	②	003	③	004	⑤	005	②
006	②	007	①	008	④	009	④	010	④
011	③	012	⑤	013	④	014	②	015	①
016	⑤	017	①	018	③	019	③	020	②
021	③	022	②	023	⑤	024	⑤	025	②
026	①	027	③	028	③	029	③	030	③
031	⑤	032	②	033	⑤	034	①	035	③
036	②	037	③	038	③	039	④	040	③
041	①	042	①	043	①	044	⑤	045	①
046	⑤	047	①	048	①	049	③	050	④
051	①	052	①	053	⑤	054	②	055	②
056	④	057	⑤	058	⑤	059	②	060	②
061	④	062	⑤	063	⑤	064	①	065	①
066	⑤	067	①	068	②	069	③	070	①
071	⑤	072	①	073	①	074	②	075	③
076	④	077	①	078	④	079	⑤	080	②
081	①	082	①	083	⑤	084	④	085	②
086	②	087	④	088	②	089	③	090	⑤
091	⑤	092	①	093	⑤	094	②	095	②
096	②	097	①	098	①	099	③	100	③
101	④	102	④	103	①	104	②	105	④
106	⑤	107	①	108	②	109	⑤	110	①
111	⑤	112	④	113	④	114	②	115	②
116	③	117	④	118	①	119	①	120	②
121	③	122	③	123	①	124	⑤	125	⑤

001 정답 ①

공기의 성분 중 질소(N_2)가 78.09%로 가장 많다.

공기의 성분	
질소(N_2)	78.09%
산소(O_2)	20.95%
아르곤(Ar)	0.93%
탄산가스(CO_2)	0.03~0.035%

002 정답 ②

무산소증이란 혈액 속에 산소가 완전히 없는 상태를 의미하며 이는 회복할 수 없는 조직손상을 가져오고 급기야는 조직사망을 가져온다. 이들 변화가 발생되기까지의 시간은 손상받은 조직의 신진대사율에 따라 다르다. 예를 들면, 뇌 손상은 가장 빨리 오는데 뇌조직이 4~5분간만 무산소상태가 되면 발생한다. 그 외 심장과 망막 또한 산소결핍에 매우 민감하다.

003 정답 ③

일산화탄소 중독 후유증
- 중추신경계 장애
- 뇌(세포)장애
- 신경장애
- 시야협소
- 지각기능장애
- 언어장애
- 운동장애

004   정답 ⑤

군집독이란 다수인이 밀집된 곳에서 오염된 실내공기로 인해 불쾌감, 두통, 권태, 구토, 식욕저하 등을 일으키는 증세를 말한다. 군집독의 예방으로 가장 중요한 것은 실내환기이다.

005   정답 ②

대기 중에 산소의 농도가 10% 이하이면 호흡곤란이 시작되고 7% 이하가 되면 질식이 우려된다.

006   정답 ②

공기성분 중 이산화탄소(CO_2)는 적외선을 흡수하여 온실효과를 일으킨다.

007   정답 ①

잠함병은 고압상태에서 질소(N_2)가 혈액이나 지방조직에 용해되었다가 급격히 감압(정상기압)되면서 질소가 기포를 형성하여 발생되는 병이다.

008   정답 ④

실내공기의 오염원인(군집독 원인)	
물리적 변화	실내온도의 증가, 실내습도의 증가 등
화학적 변화	CO_2의 증가, O_2의 감소, 악취 증가, 기타 가스의 증가

009   정답 ④

표준상태에서 공기의 평균분자량은 약 28.84g이고, 공기의 밀도는 1.293g/L(0℃ 1기압)이다.

010   정답 ④

대기 중의 산소는 약 21% 정도로, 성인은 1회 호흡 시 4~5%의 산소를 소비한다.

011   정답 ③

공기의 밀도는 1.293g/L이다.

012   정답 ⑤

아황산가스(SO_2)는 무색으로 자극성과 액화성이 가하며, 강한 부식력이 특징이다. 황산제조공장, 석탄연소 시 발생하며 산성비의 주원인이다.

013   정답 ④

CO_2를 실내공기의 오탁측정 지표로 사용하는 이유는 전반적인 공기의 상황을 추측할 수 있기 때문이다.

014   정답 ②

군집독은 공기오염의 하나로서 다수인이 좁은 실내공간에 있을 때 식욕저하, 불쾌감, 현기증 등을 보이는 현상이다. 실내온도가 높을 경우, 실내습도가 낮을 경우, 악취 발생의 경우, 실내기류가 적을 경우 등에 주로 발생한다.

015   정답 ①

공기의 살균작용은 태양광선 중에서의 자외선과 오존에 의하여 이루어진다.

016   정답 ⑤

지구온난화현상이란 CO_2, CH_4, N_2O, CFC 등의 대기오염 농도가 증가하여 태양열이 각종 물질에 흡수되어 온도가 상승하는 현상으로 지구의 기후변화, 해수면의 상승, 수자원 악영향, 생태계 파괴, 농업과 산림 피해, 감염병 증가, 엘리뇨현상의 원인이 된다.

017 정답 ①

1차 오염물질과 2차 오염물질

구분	1차 오염물질	2차 오염물질
의의	발생원으로부터 직접 대기로 방출되는 물질	오염발생원에서 배출된 1차 오염물질 간 또는 1차 오염물질과 다른 물질이 반응하여 생성되는 물질
특성	1차 오염물질이 자외선과 반응하여 2차 오염물질을 형성하기 때문에, 아침과 저녁 및 밤에는 대기 중의 농도가 증가하고 낮에는 감소한다.	• 태양광선의 자외선이 있는 한 낮에 대기 중 오염물질의 농도는 증가(12시경 증가, 오후 2시경이 가장 높고 오후 4시경 감소) • 광합성의 정도, 반응 물질의 농도, 지형, 습도 등에 영향을 받는다.
오염물질 예	CO, CO_2, 수소, 탄화수소, 황화수소, 암모니아, 납, 아연, 산화규소, 중금속 산화물 등	오존, PAN, PBN, $NOCl$, 알데히드, 케톤, 아크롤레인, 황산미스트 등

018 정답 ③

• TLV – C(최고허용치) : 어떠한 경우라도 이 허용치를 넘어서는 안 되는 수치
• TLV – STEL(단시간폭로허용치) : 노출 횟수가 하루 5회 이하, 1회에 15분간 계속 폭로되어도 자극, 만성화, 비가역적 조직변화, 재해, 건강상 위험, 작업효율 감소 등이 없는 허용치
• TLV – TWA(시간가중평균허용치) : 1일 8시간, 1주 44시간 동안 반복적으로 폭로되어도 모든 작업자의 건강에 위험이 없는 유해물질 허용치

019 정답 ③

면폐증은 동물의 모피 등 털의 먼지로 발생하는 것으로 모피 작업을 하는 근로자나 모피 동물을 다루는 직종의 근로자에게 발병하기 쉽다.

020 정답 ②

열사병 (울열증, 일사병)	• 체온을 조절하는 중추기능의 장해, 고온·고습·고열에 의한 체온조절의 부조화 • 뇌온상승, 체온상승으로 중추신경계 장해 증상
열쇠약	• 고온상태에서 작업할 경우 비타민B1 결핍현상, 만성적인 열 소모가 유발되어 일어난다. • 고온에 의한 만성 체력소모현상으로 식욕부진, 전신권태, 위장장애, 불면, 빈혈 등의 증상이 나타난다.
열경련	• 고온환경에서의 탈수와 과도한 염분 손실로 나타난다. • 근육경련, 이명, 현기증, 구토, 맥박증가, 동공산대(눈동자가 흐트러지는 현상) 등
열허탈증	• 고온환경에서 혈액순환이 잘 안 되어서 나타나는 증상이다. • 전신권태, 두통, 현기증, 구기, 귀울음, 의식혼미, 혈압강하, 맥박의 강하, 체온저하, 혼수 등 • 서늘한 곳에서 심신을 안정시키고 생리식염수, 포도당 및 강심제 주사를 투여한다.

021 정답 ③

기압이상으로 나타나는 인체의 각종 장애

고기압에 의한 인체의 장애	• 기계적 장애 : 치통, 고막 내외의 압력차에 의한 불쾌감 등 • 화학적 장애 : 질소(마취작용), 산소(손발의 마비와 현기증 및 시력장애), 이산화탄소(산소의 독성과 질소의 마취작용 등)
저기압으로 인한 인체의 장애	• 고산병 • 항공병

022 정답 ②

유럽 국가들이 투기한 폐기물로 인하여 해양오염이 심각해짐에 따라 이들 국가들이 체결한 오슬로협약을 모체로 결성한 것이 런던협약이다.

- **람사르협약** : 1972년 이란의 람사르에서 맺은 국제환경협약으로 습지의 보호와 지속가능한 이용에 관한 국제조약
- **교토의정서** : 1992년 6월 리우 유엔환경회의에서 채택된 기후변화협약을 이행하기 위해 1997년 만들어진 지구온난화 규제와 방지를 위한 국가 간 이행 협약
- **비엔나협약** : 1985년 오스트리아의 비엔나에서 채택된 협약으로 오존층 파괴 원인물질의 규제에 대한 것을 주요 내용으로 하고 있으며, 몬트리올의정서에서 그 내용이 구체화되어 있음
- **파리협약** : 세계지적재산권기구(WIPO)의 주관 아래 1883년 3월 20일 프랑스 파리에서 서명된 최초의 지적재산권 협정 중의 하나

023   정답 ⑤

건강장애를 유발시키는 소음은 소음의 크기, 소음의 주파수, 소음에의 폭로시간 등이다.

024   정답 ⑤

온열환경 인자는 기온, 습도, 기류, 복사열이다.

025   정답 ②

실외의 기온은 지면으로부터 1.5m 백엽상에서의 건구온도를 말한다.

026   정답 ①

실외기온의 측정은 복사열을 피하기 위해 백엽상을 이용하며 수은 온도계를 사용한다.

027   정답 ③

보통 기온의 측정은 수은 온도계를 사용하며, 이상 저온 시에는 알코올 온도계를 사용하고, 측정장소의 접근이 어려울 때에는 전기 온도계를 사용한다.

028   정답 ③

상대습도(비교습도) = (절대습도 / 포화습도) × 100이다.

029   정답 ②

기류 측정기기
- 기상관측용 풍속계 : 회전형(로빈슨형, 에로벤형)
- 실외기류 측정기기 : 풍차 풍속계
- 실내기류 측정기기 : 카타 온도계

030   정답 ③

복사열은 흑구 온도계로 측정한다.

031   정답 ⑤

자연환경의 구분
- 이화학적 환경 : 공기, 물, 토양, 빛, 소리 등
- 생물학적 환경 : 미생물, 위생해충, 쥐 등

032   정답 ②

호흡 시에 소실되는 산소량은 4~5%이고 일반적으로 산소의 농도가 10%이면 호흡곤란, 7%이면 질식사, 4%이면 1분 이내 사망으로 알려져 있다.

033   정답 ⑤

정상공기의 화학적 성분은 질소가 78.1%, 산소 20.93%, 아르곤 0.93%, 이산화탄소 0.03% 등이다.

034   정답 ①

이산화탄소의 실내 허용량은 1,000ppm(0.1%)이다.

035   정답 ③

공기 중 이산화탄소의 농도가 7%이면 호흡곤란이 오고, 10%이면 질식사를 일으킨다.

036 정답 ②

일산화탄소는 공기보다 가벼운 기체이다. 이는 헤모글로빈이 산소와 결합하는 것을 방해하여 혈중 산소농도를 저해하는데, 결국은 조직세포에 공급할 산소부족으로 무산소증에 이르게 하여 중추신경계의 장애를 유발하여 운동장애, 언어장애, 시력저하, 지능저하, 시야협착 등을 야기한다.

037 정답 ③

이산화탄소는 실내공기 오염도의 측정기준이 되고 1시간 동안 배출하는 양은 약 20~22L이며, 오염허용기준은 1시간을 평균으로 1,000ppm 이해(실내기준)이다.

038 정답 ⑤

대기 중의 산소 변동범위는 15~27%(즉, 21±6%)이다.

039 정답 ④

질소는 생리적으로 비독성인 불활성 가스로 인체에 직접적인 영향력이 없다는 특징을 가지는데, 하지만 고압환경하에서 중추신경 마취작용을 일으키기도 한다. 즉 3기압에서는 자극작용, 4기압에서는 마취작용, 10기압 초과 시에는 의식상실이 일어난다.

040 정답 ③

이산화탄소는 실내공기 오염도의 측정기준이 되며 1시간 동안 배출하는 양은 약 20~22L이다. 오염허용기준은 1시간을 평균으로 1,000ppm 이하(실내기준)이다.

041 정답 ①

일산화탄소는 헤모글로빈이 산소와 결합하는 것을 방해하여 혈중 산소농도를 저해하는데, 결국은 조직세포에 공급할 산소부족으로 무산소증에 이르게 하여 중추신경계의 장애를 유발하여 운동장애, 언어장애, 시력저하, 지능저하 그리고 시야협착 등을 야기한다. 잠함병은 이상 기압하에서의 질소에 의한 후유증이다.

042 정답 ①

혈중 일산화탄소의 포화도는 10% 미만이어야 하며, 50% 이상에서는 구토, 60%에서는 혼수상태, 70%에서는 사망하게 된다.

043 정답 ①

일산화탄소 오염허용 기준은 실내에서는 10ppm 이하이고, 실외에서는 25ppm 이하이다.

044 정답 ⑤

아황산가스(SO_2)는 중요한 대기오염의 측정지표이며 환경기준은 0.02ppm 이하이다.

045 정답 ②

오존층은 지상 24~48km로 자외선을 차단하여 생육보호의 기능을 한다.

046 정답 ⑤

감각온도란 실내공기 환경의 온도, 습도, 기류 등 3요소의 종합에 의해서 체감을 표시하는 척도로, 유효온도 또는 실효온도라고도 하며 ET(Effective Temperature)로 표시한다. ET는 기온과 주의 벽면의 평균온도가 같을 때 위에 말한 3요소의 종합에 의한 체감과 똑같은 체감이 되는 무풍시, 습도 100%일 때의 기온을 말한다.

047 정답 ①

기온은 섭씨(℃)와 화씨(℉)로 표시한다.
℃=5/9(℉-32)이고, ℉=5/9℃+32이다.

048 정답 ①

실내에서 가장 적당한 온도 범위는 거실의 경우 18±2℃이고, 침실은 15±1℃, 병실은 21±2℃이다.

049   정답 ①

습도
- **포화습도** : 일정한 공기가 함유할 수 있는 수증기의 한계를 넘을 때의 공기 중 수증기량이나 수증기의 장력을 말함
- **절대습도** : 현재 공기 $1m^2$ 중 함유한 수증기량 또는 수증기 장력
- **상대습도** : 현재의 공기 $1m^2$가 포화상태에서 함유할 수 있는 수증기량과 그 중에 함유되어 있는 수증기량과의 비를 %로 표시한 것

050   정답 ④

아스만 통풍 · 습도계는 기온과 기습을 동시에 함께 측정하는데 건구 온도계와 습구 온도계로 구성되어 있다.

051   정답 ①

기류는 기온과 기압의 차이에 의해 이루어진다.

052   정답 ①

기류의 구분
- **무풍기류** : 0.1m/sec 이하
- **쾌적한 기류** : 실내의 경우 0.2~0.3m/sec, 실외의 경우 1.0m/sec 정도
- **불감기류** : 0.5m/sec 이하

053   정답 ①

카타 온도계는 풍속이 적고 풍향이 일정하지 않은 실내기류 측정에 사용되며, 최상눈금은 100˚F, 최하눈금은 95˚F이다.

기류 측정기구

실내기류 측정	카타 온도계
	• **풍차 풍속계** : 1~15m/sec 범위를 측정
실외기류 측정	• Dines 풍력계 : 20m/sec 이상의 범위를 측정 • **기타** : Robinson 풍력계, 열선기류계 등이 있음

054   정답 ②

①은 포차, ③은 포화수증기량, ④는 포화습도, ⑤는 상대습도이다.

055   정답 ②

① 온도와 습도는 상관관계가 있어 가장 쾌감을 느낄수 있는 범위 즉 작업량, 기류, 습구온도와의 상관관계를 말한다.
③ 불쾌지수는 기온과 기습에 의하여 인체가 느끼는 불쾌감을 숫자로 표시한 것으로 기류, 복사열은 고려하지 않는다.
④ 지적온도란 체온조절에 있어서 가장 적절한 온도, 즉 기온과 기습, 기류 및 복사열에 의하여 이루어진 이상적인 온열조건을 말한다.

056   정답 ④

태양의 방사 에너지는 각각 적외선이 52%, 가시광선이 34%, 자외선이 5%를 차지한다.

057   정답 ⑤

⑤는 자외선에 대한 설명이다. 자외선은 4000Å 이하의 짧은 파장으로 강한 살균력을 나타내며 피부암이나 피부색소 침착의 원인이 되기도 하며 비타민 D를 생성하여 구루병을 예방하기도 하며 칼슘의 대사기능을 하기도 한다.

058   정답 ⑤

대기 중의 습도는 성층권 즉 지상 50km 이하에서만 존재한다.

059   정답 ④

열섬현상은 직경 10km 이상의 도시지역에서 잘 나타나는

현상으로 물 증발에 의한 열소비가 적으며 바람이 적을 때 여름부터 초가을 저녁에 주로 발생한다.

060　　　　　　　　　정답 ②

엘리뇨현상과 라니냐현상

엘리뇨 현상	해수면 온도가 평면보다 0.5℃ 이상이 지속되는 이상 고온현상으로 스페인어로 '신의 아들'을 의미함
라니냐 현상	해수면 온도가 평면보다 0.5℃ 이하로 지속되는 이상 저온현상으로 스페인어로 '여자아이'를 의미함

061　　　　　　　　　정답 ④

기온역전현상

의의	상부의 온도가 하부의 온도보다 높을 때 일어나는 현상임
종류	• 복사성 기온역전현상 : 주로 겨울철에 일어나며 바람이 없고 맑게 갠 밤에 발생하고 밤에 지열의 재복사에 의한 손실에 기인함 • 침강성 기온역전현상 : 고기압권에서 상부 공기의 침강에 의한 단열 압축에 의한 기온상승으로 1954년 이후의 로스앤젤레스 대기오염의 대표적 원인임

062　　　　　　　　　정답 ⑤

광화학적 스모그는 2차성 오염물질이다. 즉 1차성 오염물질 간의 상호작용, 대기 성분과의 반응, 태양 에너지 특히 자외선에 의한 광화학적 반응에 의하여 오염물질이 변형된 것이다.

063　　　　　　　　　정답 ⑤

①의 증기는 열 에너지에 기인하는 휘발성 액체, 고체, 가스상 물질로 물질 고유의 증기압에 좌우된다.
②의 분진은 공기 중에 비산하는 고체입자로서 섬유분, 토양,

모래, 광석에서 유래한다.
③의 매연은 연소 시 불완전 연소에 의해 타지 않고 남은 고체물질인 미세한 입자상의 물질을 말한다.
④의 연무는 분진이 물방울 상의 미립자와 혼합된 상태에서 공기 중에 부유하는 것을 말한다.

064　　　　　　　　　정답 ①

식물에 피해를 주는 유해가스 순서는 $HF > SO_2 > NO_2 > CO > CO_2$ 순이다.

065　　　　　　　　　정답 ①

온실효과
CO_2가 자외선을 흡수함으로써 지표에서 대기로의 에너지 방출은 일어나지 않고 태양에서 지구로 오는 에너지는 계속 증가해 지구 위에 뚜껑을 덮은 것처럼 지표부근의 대기온도가 점점 상승하는 효과를 말한다. 즉 대기중의 CO_2의 적외선 흡수작용에 의해 대기의 온도가 증가하는 현상이다.

066　　　　　　　　　정답 ⑤

산성비
pH 5.6 이하의 빗물을 말하는 것으로 대기환경 중 NOx, SOx, COx 등이 O_2나 H_2O와 결합하여 NO_3, SO_3, CO_3 상태로 빗물에 섞여 내리는 현상으로 산성비의 피해로는 식물의 고사, 건물의 산화, 인체탈모현상, 담수의 산성화로 생태계 파괴 등이 있다.

067　　　　　　　　　정답 ①

카드뮴의 발생원은 아연정련공장, 도료, 축전지, 엔진, TV부품공장 등이며, 뼈마디 등의 골 조직에 통증이 오고 아픈 이타이이타이병의 발생 원인이다.

068　　　　　　　　　정답 ②

수은의 발생원은 안료나 페인트 같은 도료와 온도계 및 습도

계 같은 계기 제조, 농약, 전기용품, 치과 아말감 등인데 유기 수은에 의한 병으로는 언어장애, 난청, 보행장애, 운동장애, 지각장애, 지각장애, 정신장애를 일으키는 미나마타병이 있다.

---

069 정답 ③

지표수는 하천수, 호소수, 저수지수 등이 있는데 유기물질, 미생물, 탁도, 용존산소, 기후변화가 많고, 경도·철·망간 등이 적은 연수이다.

---

070 정답 ①

밀스 라인케 현상
1893년 독일의 밀스가 물의 여과급수로 장티푸스환자의 사망률이 일반 환자의 사망률보다 감소되었다는 것과 라인케가 엘베강에서 물을 여과하여 급수하였더니 일반 환자의 사망률이 감소되었다는 데서 불리우는 것으로 물의 여과 및 소독으로 인한 환자의 감소현상을 말한다.

---

071 정답 ⑤

여름에는 알칼리성화가 되기 쉽고, 겨울철에는 산성화되기 쉽다.

---

072 정답 ①

공기 중 질소의 체적 구성비는 약 78%이고 중량구성비는 75.5%로 절대 다수를 점하고 있다

---

073 정답 ①

순수한 건조 공기 성분의 체적 구성은 질소(78%) > 산소 (21%) > 아르곤(0.93%) > 이산화탄소(0.03%)의 순이다.

---

074 정답 ③

카터 냉각력
여러 조건하의 공기 중에서 36.5℃의 인체표면에서의 열손실 정도를 측정하는 지수 또는 단위시간 동안 단위 인체표면에서 손실되는 열량의 정도를 표시한 지수를 말한다.

---

075 정답 ③

CO_2를 실내공기의 오염측정지표로 사용하는 이유는 전반적인 공기의 상황을 추측할 수 있기 때문이다. CO_2의 농도는 실내공기의 품질에 있어서 매우 중요한 요소이다.

---

076 정답 ④

지표면에서 발생한 대기오염물질은 기류의 이동으로 대기권으로 확산되는데 지역적 특성이나 밤과 낮의 특성 등이 어우러져 어느 지역에서는 가끔 기온이 역전되는 현상이 발생하게 된다. 기온역전현상이 발생하면 대기오염물질의 확산이 이루어지지 못하므로 대기오염의 피해가 가중된다.

---

077 정답 ①

군집독의 원인
- **실내기온** : 실내온도가 높을 경우에 나타난다.
- **실내의 상황** : 좁은 공간에 많은 사람이 있는 경우에 실내온도가 상승하여 나타난다.
- **실내습도** : 습도가 낮거나 높은 경우에 나타난다.
- **실내취기** : 악취가 발생하는 경우에 나타난다.
- **실내기류** : 실내의 기류가 적은 경우에 나타난다.
- **기타** : 일산화탄소, 아황산가스, 먼지 등이 원인이 되기도 한다.

---

078 정답 ④

④는 2차 오염물질에 대한 내용이다.

079 정답 ⑤

2차 오염물질은 광화학적 반응에 의하여 발생하는 오염물질로 오존, PAN, PBN, NOCL, 알데히드, 케톤, 아크로레인, 과산화수소, 황산미스트 등이다.

080 정답 ②

공기의 살균작용은 태양광선 중에서 자외선과 오존에 의해 이루어진다.

공기의 자정작용
• 바람에 의한 희석작용
• 강우, 강설, 우박 등에 의한 세정작용
• 산소, 오존, 과산화수소 등에 의한 산화작용
• 식물의 CO_2와 O_2의 교환에 의한 탄소동화작용
• 자외선에 의한 살균작용
• 중력에 의한 침강작용

081 정답 ①

인체 열의 생산은 골격근(59.5%) > 간(21.9%) > 신장(4.9%) > 심장(3.6%) > 호흡(2.8%) > 기타(7.8%) 순으로 발생한다.

082 정답 ①

지구온난화현상은 CO_2, CH_4, N_2O, CFC 등의 대기오염농도가 증가하여 태양열이 각종 물질에 흡수되어 온도가 상승하는 현상으로 지구의 기후변화, 해수면 상승, 수자원 악영향, 생태계 파괴, 농업과 산림 피해, 감염병 증가, 엘리뇨현상의 원인이 된다.

083 정답 ⑤

불쾌지수란 대기 중 또는 국한된 장소에서 각종의 기상상태 및 온열조건에 의해 사람이 느끼는 불쾌의 정도를 숫자로 표시한 지수이다.
• **불쾌지수** ≥ 70 : 10% 정도의 사람이 불쾌한 상태
• **불쾌지수** ≥ 75 : 50% 정도의 사람이 불쾌한 상태
• **불쾌지수** ≥ 80 : 거의 모든 사람이 불쾌한 상태
• **불쾌지수** ≥ 85 : 모든 사람이 견딜 수 없는 불쾌한 상태

084 정답 ④

지표수는 지하수에 비해 부식성이 크고 유기물이 많이 함유되어 있으며, 미생물과 세균의 번식이 많다. 또한 공기의 각종 성분이 용해되어 있고 용존산소가 많으며, 경도가 낮고 오염되기 쉽다.

085 정답 ②

DO(용존산소)가 증가한다는 것은 오히려 물이 순수하다는 의미이므로 하수가 흘러 들어오게 되면 DO가 감소하게 된다.

086 정답 ②

물의 자정작용
생물학적 산화－환원작용	오염물질이 수중 생물이나 수중 미생물의 호흡 및 섭식에 의하여 산화－환원되는 작용이 이루어져 물이 자연적으로 정화되는 과정
화학적 산화－환원작용	수중에서 화학작용이 발생하여 오염물질이 응집되고 정화되는 과정
물리적 자정작용	이학적으로 여러 현상이 물에서 일어나는 작용으로 여과, 침전, 희석, 폭기, 흡착, 응집 등이 일어나는 과정

087 정답 ④

물의 소독으로 가장 이용성이 높은 것은 염소처리법으로, 염소소독제는 대체로 가격이 싸고 그 취급이 용이하며 잔류효과와 소독효과가 높다.
①의 이온처리법은 음이온의 소독방법으로 속효성은 아니지만 0.04~0.1ppm의 농도로 상당히 효과가 있다.
②의 오존법은 오존의 산화력을 이용하는 방법으로 침전물이 없고 맛이나 냄새 및 잔류성이 없다. 하지만 전력소모가 커서 비경제적이다.
③의 자외선법은 200~300mm(2,500~2,800Å)의 파장 자외선을 이용하는 방법이다. 그늘진 부분에서는 효과가 없다.
⑤의 자비법은 100℃에서 30분간 가열하는 방법으로 가정에서 주로 사용하나 대량소독은 곤란하다.

088　　정답 ②

완속여과법과 급속여과법의 비교

구분	완속여과법	급속여과법
예비처리	보통침전	약품침전
여과속도	3~9m/day	50~200m/day
생물막 제거	사면대치	역류대치
탁도, 색도, 높은물	좋지 않음	좋음
조류 발생 쉬운 곳	좋지 않음	좋음
수면동결 쉬운 곳	좋지 않음	좋음
소요 면적	많음	적음
건설비	많음	적음
유지비	적음	많음

089　　정답 ③

병원성 미생물은 전혀 검출되지 않아야 한다.

수질의 기준

미생물의 수질기준	• 대장균의 수 : 대장균군은 100cc 중 검출되지 않아야 한다. • 일반세균의 수 : 1cc 중 100을 넘지 않아야 한다. • 병원성 미생물 : 전혀 검출되지 않아야 한다.
화학물질 수질기준	• 시안 : 0.01mg/L 이하 • 수은 : 0.001mg/L 이하 • 납 : 0.05ppm 이하 • 불소 : 1.5ppm 이하 • 암모니아성 질소 : 0.5ppm 이하 • 질산성 질소 : 10ppm 이하 • 카드뮴 : 0.01ppm 이하 • 페놀 : 0.005ppm 이하 • 벤젠 : 0.01ppm 이하 • 과망간산칼륨 소비량 : 10ppm 이하 • 염소이온 : 250ppm 이하 • 철 : 0.3ppm 이하 • 망간 : 0.3ppm 이하

물의 속성에 의한 수질기준	• 색도는 5도, 탁도는 0.5UTN 이하여야 한다. • 소독에 의한 냄새, Chlorine 이외의 냄새, 맛 등이 없어야 한다. • pH는 5.8~8.5여야 한다. • 경도는 300ppm 이하여야 하고, 증발잔류물은 500ppm 이하여야 한다.

090　　정답 ⑤

염소소독은 독성이 있고 냄새가 나며, 염소소독에 대한 불신이 있다는 단점이 있다.

091　　정답 ⑤

합류식 하수처리방법은 하수처리 중 빗물이 혼입되면 처리용량이 많아지게 되는 단점이 있다.

092　　정답 ①

혐기성처리법과 호기성처리법

혐기성 처리법	• 임호프조법 : 부패조법의 결점을 보완하기 위해 개발한 방법으로 침전실과 오니소화실로 분리하여 처리하는 폐수처리법 • 부패조법 : 하수 중 비중이 적은 부유물이 떠올라 부사가 형성되면 부패조 안으로 산소의 유입량이 적어져 활발한 혐기성균의 활동으로 오염물질을 분해시키는 방법
호기성 처리법	• 살수여상법 : 여상(돌, 모래 등) 표면에서 생장하는 호기성 미생물에 의한 정화작용을 이용하는 방법 • 활성오니법 : 총 하수량의 20~30% 정도에 해당하는 활성오니를 넣고, 여기에 산소를 공급하여 유기물질을 산화시켜 분해를 유도하는 방법 • 오니소화법 : 하수에 분리된 고형성분인 오니를 임호프조에 넣고 가온시켜 소화시키는 방법 • 기타 호기성처리법 : 산화지법, 회전원판법, 관개법 등이 있다.

093   정답 ⑤

BOD(생물학적 산소요구량)는 공공수역의 오염지표로 매우 의미 깊게 이용되며, COD(화학적 산소요구량)는 유독물질을 배출하는 공장폐수의 오염도를 알고자 할 때 적당하다.

094   정답 ②

DO(용존산소)는 수온이 낮을수록, 기압이 높을수록 증가한다.

095   정답 ②

①의 부영양화현상은 수중에 질소, 인 등의 영양물질이 폐쇄적인 수역에 과다하게 존재하는 경우 질소와 인을 섭취하고 생활하는 조류가 많이 번식하게 되어 나타나는 현상이다.
③의 자정작용현상은 물과 공기 등이 여러 원인으로 깨끗하게 정화되는 작용을 말한다.
④의 라니냐현상은 해수면의 온도가 평년보다 0.5℃ 이상 낮게 나타나는 현상이다.
⑤의 엘리뇨현상은 해수면의 온도가 평년보다 0.5℃ 이상 높게 6개월 이상 지속되는 현상이다.

096   정답 ②

①의 TLm은 수중 생물을 일정한 시간 동안 물에 넣어둔 상태에서 이 생물들이 50% 정도 살아남을 수 있는 유해물질의 농도를 말한다.
②의 LC_{50}은 수중 생물을 24시간 또는 48시간 동안 오염된 물에 넣어 둘 경우, 그 수중 생물의 50%를 사망시키는 독성물질의 농도를 말한다.
③의 TLC는 허용농도로 물에 존재하는 최소한 독성물질의 한계허용 수치를 말한다.
④의 pH는 수중에 존재하는 수소이온농도의 고저를 나타내는 지수이다.
⑤의 SS는 물속에 들어 있는 $0.1\mu m$ 이상의 크기의 물질(부유물질)이다.

097   정답 ①

부영양화현상은 수중에 질소, 인 등의 영양물질이 폐쇄적인 수역에 과다하게 존재하는 경우 질소와 인을 섭취하고 생활하는 조류가 많이 번식하게 되어 나타나는 현상을 말한다.

098   정답 ⑤

창의 개각과 입사각에서 개각은 4~5°가 좋으며, 입사각은 28° 이상이 좋다.

099   정답 ④

의복의 열전도율은 피복의 함기성과 반비례한다. 의복의 방한력 단위는 CLO를 사용한다. CLO는 2면 사이의 온도 구배가 0.18℃일 때 1시간 $1m^2$에 대하여 1cal의 열통과를 허용하는 것 같은 열의 절면도에 해당한다. 방한력이 가장 좋은 것은 4CLO이며, 방한화는 2.5CLO, 방한 장갑은 2CLO, 보통의 작업복은 1CLO이다.

100   정답 ③

①의 생활폐기물이란 사업장폐기물 이외의 폐기물을 말한다.
②의 사업장폐기물이란 대기, 수질, 소음, 진동 배출시설 설치 운영 사업장에서 발생하는 폐기물을 말한다.
④의 감염성 폐기물이란 지정폐기물 중 인체 조직 등 적출물, 탈지면, 실험동물 사체 등을 말한다.
⑤의 건설폐기물이란 건설이나 토목 현장에서의 폐 콘크리트 또는 폐 목재 등을 말한다.

101   정답 ④

폐기물 처리방법 중 중간처리는 소각 · 파쇄 · 고형화 · 중화 등이 있으며, 최종처리방법으로 매립이나 해역배출 등이 있다.

102   정답 ④

매립지의 사용시기는 매립한 쓰레기가 안정화되는 12~20년 정도이고, 건물은 20년 이후에 지을 수 있도록 되어 있다.

103   정답 ①

자연조명은 태양을 광원으로 하는 주간조명으로 연소물질을 방출하지 않고 항상 균일한 조광량은 눈에 해를 주지 않는다.

정답 및 해설

104 정답 ②

쓰레기 매립지의 사용시기는 매립 후 10~20년 이상이 지나야 하며 건물을 짓기 위해서는 20년 이후가 적당하다.

105 정답 ④

위생적인 일반 쓰레기 처리방법으로 소각법과 매립법을 들 수 있으나 소각법이 대체적으로 제일 위생적인 방법이라고 할 수 있다.

106 정답 ⑤

부적절한 조명으로 인해 시력감퇴, 안정피로, 안구진탕증, 시야협착, 수명, 두통 등의 증상을 나타낸다. 진폐증은 각종 분진을 대량으로 흡인한 결과 폐에 장애를 일으키는 질병이다.

107 정답 ①

청력장애의 발생요인으로 소음의 크기, 소음에 폭로된 시간, 소음의 주파수, 각 개인의 감수성, 소음의 시간적 요소 등이 있다.

108 정답 ②

건강한 사람이 들을 수 있는 음량범위의 주파수는 20~20,000Hz이다. 일반적으로 음역의 주파수가 4,000Hz 이상인 경우 직업성 난청이 유발된다.

109 정답 ⑤

가장 편안함을 느낄 수 있는 한계소음치는 정한바 없다.

110 정답 ①

열경련증이란 고온 환경하에서의 탈수와 과도한 염분 손실로 나타나는 것으로 근육경련, 이명, 현기증, 구토, 맥박증가 등의 증상을 보인다.

111 정답 ⑤

열피로증(열허탈증)이란 혈액순환이 잘 안 되서 나타나는 증세로 부적절한 혈관신경 조절, 심박출량 감소, 피부혈관 확장, 탈수 등이 그 원인이다.

112 정답 ④

잠함병이란 고압의 상태에서 급격하게 감압하는 경우에 혈액과 조직에 용해되어 있던 질소가 기포화되어 질소가 혈중에 유리된다. 이 상황에서 질소의 기포에 의하여 순환장애 및 인체조직의 파괴 증상이 나타나는 병을 말한다.

113 정답 ④

> **환경과 질병**
> • 고기압 환경에서의 질병 : 잠함병(잠수병)
> • 저기압 환경에서의 질병 : 고산병, 항공병
> • 진동 환경에서의 질병 : 레이노드 증후군

114 정답 ②

진폐증이란 분진이 폐에 축적되어 폐에 질환을 일으키는 것으로 일반적으로 진폐증을 유발하는 분진의 크기는 0.5~5μm 정도이다.

115 정답 ②

①의 몬트리올 의정서는 지구의 오존층을 보호하기 위하여 염화불화탄소, 할론 등 온존층 파괴물질의 사용을 규제하도록 맺은 국제환경협약이다.
③의 교토의정서란 온실가스 배출량의 규제에 대한 제2기 기후변화협약이라고 볼 수 있다.
④의 발리로드맵은 교토의정서의 제1기 공약기간이 끝나는 2013년부터 발효시키기로 합의한 것으로 주요 내용은 온실가스 감축목표 달성, 기후변화 적응기금 마련, 열대우림 보호, 기후변화 대응에 노력하는 개발도상국에 선진국의 기술이전 등이다.
⑤의 람사협약이란 1972년 이란의 람사에서 맺은 국제환경협약으로 생물자원의 생산기능, 자연정화 기능 등을 갖춘 습지를 보전하기 위한 협약이다.

116 　　　　　　　정답 ③

납 중독의 4대 증상으로는 치아에 나타나는 납 빛깔의 줄기, 빈혈, 소변에서 Corproporphyrin의 검출, 염기성 적혈구 수의 증가 등이다.

117 　　　　　　　정답 ④

복사열을 피하기 위해서는 백엽상을 이용하고 수은 온도계를 사용한다. 이상 저온시에는 알코올 온도계를 사용하고 측정장소의 접근이 어려울 때에는 전기 온도계를 사용한다.

118 　　　　　　　정답 ①

하루 중에서 최저기온은 일출 30분 전이고, 최고온도는 오후 2시 전후이다.

119 　　　　　　　정답 ①

기온의 일교차는 내륙 > 해안 > 산림 순이며, 기온의 연교차는 열대지방 > 온대지방 > 한대지방 순이다.

120 　　　　　　　정답 ②

대기권에서는 지상으로부터 100m씩 상승함에 따라 0.5~0.7℃씩 낮아진다.

121 　　　　　　　정답 ③

온도계의 종류 및 사용
- **수은 온도계** : 일반적으로 백엽상에서 기온 측정
- **알코올 온도계** : 이상 저온시 사용
- **전기 온도계** : 측정장소에 사람이 접근하기 곤란할 때 사용

122 　　　　　　　정답 ③

습도를 측정하는 계기로는 모발 습도계, 자기 습도계, 아스만 통풍 습도계, August 건구습구 온도계 등이 있다.

123 　　　　　　　정답 ①

기습은 하루 중 기온이 제일 높은 오후 2시경에 가장 낮으며 보통 절대온도와 반비례한다.

124 　　　　　　　정답 ⑤

기류의 분류
- **무풍** : 0.1m/sec 속도의 기류
- **불감기류** : 0.2~0.5m/sec 속도의 기류
- **최적기류** : 1m/sec 속도의 기류

125 　　　　　　　정답 ⑤

복사열을 측정하는 온도계로는 흑구 온도계, 습구흑구 온도계가 있는데 습구흑구 온도계는 증발에 의한 영향도 고려하여 측정할 수 있는 온도계이다.

126 　　　　　　　정답 ④

온도의 종류

감각온도	• 등감온도, 실효온도, 체감온도라고도 함 • 온도, 습도, 기류 등의 3인자가 종합하여 인체에 주는 온감을 지수로 표시한 온도
수정감각온도	기온, 습도, 기류 등의 3인자에 복사열을 첨가하여 4인자와 관련하여 나타내는 온도
지적온도	인체에 지극히 적절한 온도 즉 열의 생산과 발산이 균형을 유지하여 가장 적당한 온감과 쾌적감을 느끼는 온도

127 정답 ④

공기의 자정작용
- **희석작용** : 기류에 의하여 공기가 혼합되는데 이 혼합 과정에서 공기의 희석작용이 일어나 공기가 깨끗해 진다.
- **살균작용** : 공기 중에는 태양광선 중의 하나인 자외선 이 있는데 이 자외선은 병원성 세균을 살균하는 작용 을 한다. 따라서 공기가 깨끗해지는 자정작용을 하는 것이다.
- **세정작용** : 비와 눈 등에 의해 대기 중에 용해성 가스 및 부유먼지가 제거된다.
- **교환작용** : 식물의 탄소동화작용 과정에서 공기 중의 이산화탄소와 산소가 교환되며 이 과정에서 공기를 정화시킨다.
- **산화작용** : 산소, 오존, 과산화수소 등에 의한 산화작 용으로 공기가 정화된다.

128 정답 ③

기온역전의 종류
- **방사성 역전** : 일몰 직후에 대기의 밑층이 위층보다 먼저 냉각됨으로써 기온이 역전되는 현상
- **전선성 역전** : 한랭전선이나 온난전선이 통과할 때 대 기의 기온이 혼합되어 기온이 역전되는 현상
- **침강성 역전** : 고기압하에서 오염된 공기가 하층부에 서 상층부의 차가운 대기층으로 상승하지 못하고 다 시 침강하여 나타나는 기온역전현상

129 정답 ④

군집독은 실내의 기류가 매우 적은 경우에 주로 발생한다.

130 정답 ③

일산화탄소는 산소와 헤모글로빈의 결합을 방해하여 혈중 산소의 농도를 저하시킨다.

131 정답 ③

복류수는 지표수와 지하수의 중간층에 존재하는 물로서 지표 수보다 탁도는 낮고 경도는 높다. 표류수보다 수질이 비교적

양호하여 소도시의 수원으로 이용된다.

132 정답 ①

인공정수처리법
- **폭기법** : 정수처리의 첫 번째 과정으로서 물을 공기에 접촉시키는 방법으로 물의 자정작용을 응용하는 기법 이다.
- **응집법** : 수중의 불순물을 응집시켜 침전하게 하는 방 법이다.
- **침전법** : 응집된 수중의 부유물질이나 미생물을 침전 시키는 방법으로 보통침전과 약품침전이 있다.
- **여과법** : 물을 여과시켜 정수하는 방법으로 급속여과 법과 완속여과법이 있다.
- **소독법** : 주로 염소소독법을 말한다.

133 정답 ③

부영양화란 수중에 질소, 인 등이 과다하게 존재하는 경우 질 소와 인을 섭취하고 생활하는 조류(동물성 플랑크톤, 식물성 플랑크톤)가 많이 번식하게 되어 발생하는 것으로 DO의 감 소와 COD의 증가가 일어난다.

134 정답 ③

수질오염의 원인물질과 증상
미나마타병	• 원인물질 : 메틸 수은 • 증상 : 사지마비, 언어장애, 시청 각 기능의 장애
이타이이타이병	• 원인물질 : 카드뮴 • 증상 : 신장기능 장애, 골연화증
가네미유증	• 원인물질 : PCB(다염화비페닐) • 증상 : 피부암, 기형아출산, 사산, 악성피부질환

135 정답 ⑤

소각법은 소각시설의 설치에 비용이 많이 든다는 단점이 있 다.

136　　　　정답 ③

매립법은 땅속에 쓰레기를 버린 후 흙을 덮는 방법으로 매립지의 경사도는 30°가 적당하다.

137　　　　정답 ③

매립방법은 지하수의 위치가 표면에서 멀리 떨어진 건조한 곳에 땅을 파고 쓰레기의 두께가 3m를 넘지 않도록 매립한다.

138　　　　정답 ⑤

주택의 위치는 지하수위가 땅속에서 1.5m 이상 되는 곳이 적절하다.

139　　　　정답 ④

창의 전체면적이 바닥면적의 1/20 이상이어야 자연환기가 원만하게 이루어진다.

140　　　　정답 ①

런던협약은 유럽의 북해가 여러 나라에서 투기한 폐기물로 인하여 해양오염이 심각해짐에 따라 유럽국가들이 모여 체결한 '오슬로협약'을 모체로 탄생하였는데 협약에 가입한 국가는 매년 자국이 해양에 투기한 오염물질의 총량을 런던협약 사무국에 신고하여야 한다.

141　　　　정답 ⑤

⑤는 람사르협약의 주요 내용이다.

142　　　　정답 ④

몬트리올의정서는 지구 오존층을 보호하기 위하여 염화불화탄소, 할론 등 오존층 파괴물질의 사용을 규제한 국제환경협약이다.

143　　　　정답 ①

온실가스 배출량 규제 관련 회의
- **리오협의** : 온실가스 배출을 규제하기 위한 기후변화 협약
- **교토의정서** : 온실가스 배출량 규제에 대한 제2기 기후변화 협약
- **발리로드맵** : 교토의정서에 의한 제1기 공약기간이 끝나는 2013년부터 발효(온실가스 감축목표 달성)

126	⑤	127	④	128	⑤	129	②	130	④
131	④	132	⑤	133	②	134	⑤	135	④
136	④	137	④	138	①	139	⑤	140	④

3과목 위생곤충학 [필기]

001	②	002	②	003	④	004	⑤	005	④
006	③	007	②	008	④	009	③	010	③
011	②	012	④	013	③	014	④	015	③
016	②	017	③	018	④	019	⑤	020	⑤
021	⑤	022	②	023	①	024	③	025	④
026	①	027	②	028	①	029	⑤	030	④
031	⑤	032	①	033	③	034	③	035	⑤
036	①	037	⑤	038	⑤	039	②	040	①
041	⑤	042	⑤	043	⑤	044	②	045	④
046	②	047	①	048	⑤	049	⑤	050	③
051	③	052	⑤	053	⑤	054	②	055	⑤
056	③	057	③	058	⑤	059	⑤	060	⑤
061	③	062	⑤	063	②	064	⑤	065	①
066	②	067	①	068	⑤	069	④	070	⑤
071	①	072	⑤	073	④	074	③	075	④
076	③	077	⑤	078	②	079	⑤	080	⑤
081	④	082	①	083	②	084	②	085	⑤
086	④	087	④	088	⑤	089	⑤	090	④
091	④	092	④	093	④	094	③	095	④
096	④	097	⑤	098	④	099	⑤	100	①
101	③	102	③	103	⑤	104	③	105	⑤
106	④	107	②	108	⑤	109	③	110	①
111	②	112	⑤	113	③	114	⑤	115	④
116	①	117	⑤	118	③	119	①	120	③
121	④	122	④	123	②	124	①	125	④

001 정답 ②

위생곤충학의 발달사
- **Manson** : 반크로프티 사상충이 모기 체내에서 감염 상태로 발육함을 증명(1878)
- **Ross** : 중국얼룩날개모기(학질모기)가 말라리아를 전파시킨다는 사실 증명(1898)
- **Simond** : 벼룩이 흑사병(페스트)를 전파시킨다는 사실 입증, 위생곤충학 발달의 획기적 전기 마련(1898)
- **Walter Reed** : 황열을 에집트숲모기가 전파시킨다는 사실 입증(1900)
- **Nicoll** : 이가 발진티푸스를 전파시킨다는 사실 입증(1909)
- **Cleland** : 각다귀(Aedes)속 모기가 뎅기열을 전파시킨다는 사실 입증(1916)

002 정답 ②

곤충의 가해방법

직접피해	간접피해

• 기계적 외상
• 인체기생
• 독성물질의 주입
• 알레르기성 질환
	• 기계적 전파
	  (물리적 전파)
	• 생물학적 전파
	  (발육과 증식)

003 정답 ④

생물학적 전파 유형

증식형	• 흑사병(페스트) • 발진열 • 발진티푸스 • 유행성 재귀열 • 뇌염 • 황열 • 뎅기열
발육형	사상충(모기)

발육증식형	• 말라리아 • 수면병(체체파리)
경란형	• 양충병(쯔쯔가무시병) • 록키산홍반열 • 진드기매개 재귀열

면이나 배쪽에 열려있어 호흡을 돕는 호흡문으로, 곤충의 흉부에 2쌍이 있다.

004   정답 ⑤

뉴슨스란 질병을 매개하지는 않고 단순히 사람에게 불쾌감, 불결감, 혐오감, 공포감을 주는 종류로서 깔따구, 노린재, 나방파리, 귀뚜라미 등이 있다.

005   정답 ④

곤충의 구성
• **두부** : 눈, 촉각(더듬이) 1쌍, 구부가 있다.
• **흉부** : 3쌍의 다리와 2쌍의 날개가 있다.
• **복부** : 말단부에 마디로 되어 있는 부속지가 있다.

006   정답 ③

곤충의 외피
• **표피층** : 복잡한 구조로 되어 있으며 시멘트층과 밀랍층(왁스층)은 얇은 층으로 손상을 입으면 다시 진피세포층에서 분비물이 세도관을 통해 나와 재형성된다.
• **진피층** : 진피세포로 형성되어 있으며 일부는 변형되어 극모 등을 형성하는 조모세포로 되어 있다.
• **기저막** : 진피 밑에 얇은 막으로 되어 있으며 진피와 체강 사이에 경계를 이루고 있는 층으로 진피세포의 분비로 형성된다.

007   정답 ②

밀랍층은 곤충의 외피 중 내수성이 가장 강한 부분이다.

008   정답 ④

기문이란 기관호흡을 하는 곤충이나 무척추동물들의 몸의 측

009   정답 ③

파리목에는 후시가 퇴화하여 평균곤으로 되어 있으며, 바퀴목과 딱정벌레목에서는 전시가 경화해서 시초 또는 복시가 되었다.

010   정답 ③

전위는 섭취한 먹이의 역행 방지, 고체 먹이를 분쇄하는 역할을 한다.
• **욕반** : 매끄러운 표면을 걸을 때 도움을 주는 것으로 부절의 말단에 있다.
• **소낭 · 맹낭** : 먹이를 일시 저장하는 역할을 한다.
• **타액선** : 입안에서 타액이 나오는 것으로 흡혈성 곤충의 경우는 항응혈성 물질을 함유하고 있어 혈액의 응고를 방지한다.

011   정답 ②

중장에서는 여러 가지 효소가 분비되어 잡식성 곤충은 복합효소를, 흡혈하는 곤충은 주로 단백질효소를 분비하여 위의 역할을 한다.

012   정답 ④

곤충의 체내에서 생기는 탄산염, 염소, 인, 염 등 노폐물은 말피기관에서 여과되어 후장을 통해 분과 함께 배설된다.

013   정답 ③

개식계는 곤충의 촉각(더듬이)과 날개 입구에 있는 펌프기관으로 혈액이 원활하게 흘러 들어가는 것을 도와주는 역할을 한다.

014   정답 ④

암컷의 정자보관은 수정낭의 역할이다.

혈림프액

곤충의 피로서 담황색, 담녹색, 무색이며, 영양분을 조직에 공급하고, 노폐물을 배설기관으로 운반하며, 체내의 수분유지와 산소공급을 돕고, 혈압을 이용하여 호흡작용과 탈피과정을 돕는다.

방제 방법	복잡하다.	쉽다.
대표적 동물	모기, 파리, 벼룩, 나방, 등에 등	이, 바퀴, 빈대, 진드기 등

015 　　정답 ③

곤충의 기관낭은 체온을 증가시키는 역할이 아니라 체온을 식히는 역할을 한다.

016 　　정답 ②

베레제기관은 암컷 빈대만이 가지고 있는 기관으로 정자를 일시 보관하는 장소이다.

017 　　정답 ③

- **부화** : 알에서 유충으로 깨고 나오는 것을 말한다.
- **영기** : 유충의 각 탈피과정 사이를 말한다.
- **변태** : 부화한 곤충이 발육하는 동안 일정한 형태적 변화를 말한다.
- **발육** : 알에서 성충까지의 변화 과정 전반을 말한다.

018 　　정답 ④

생활사 중 어느 시기에만 인간에게 영향 또는 피해를 주는 것은 완전변태의 특징에 해당한다.

완전변태와 불완전변태

구분	완전변태	불완전변태
의의	알에서 나온 유충이 번데기 과정을 거쳐 성충이 된다.	알에서 나온 유충이 번데기 과정을 거치지 않고 성충이 된다.
발육 단계	알 → 유충 → 번데기 → 성충	알 → 유충 → 성충
특징	생활사 중 어느 시기에만 인간에게 영향을 준다.	전 생활사를 통하여 인간에게 영향을 준다.

019 　　정답 ⑤

분류계급은 계 → 문 → 강 → 목 → 과 → 속 → 종으로 종(種)은 분류상 가장 말단계이다.

020 　　정답 ⑤

진드기는 거미강에 속한다.

위생절지동물의 분류

곤충강	바퀴목, 노린재목(반시목), 이목, 벌목, 벼룩목, 나비목, 딱정벌레목, 파리목(쌍시목)
갑각강	가재, 게, 물벼룩 등
지네강	왕지네, 땅지네, 들지네 등
노래기강	띠노래기, 질삼노래기, 각시노래기, 땅노래기
거미강	거미, 진드기, 전갈 등

021 　　정답 ⑤

바퀴의 생활사

- 잡식성이고 야간활동성이다.
- 군거성이고 다리는 질주성을 가진다.
- 서식에 적합한 온도는 28~33℃이다.
- 가주성 바퀴는 온도나 습도가 높은 으슥한 곳에 주로 서식하며, 유충과 성충의 서식지가 같다.

022 　　정답 ②

이질바퀴는 미국바퀴라고도 하는 것으로 체장 35~40mm로 옥내 서식바퀴 중 가장 대형바퀴이며, 온도와 습도가 높은 장소에서 서식한다.

023 정답 ①

뎅기열은 모기가 매개하는 감염병이다.

024 정답 ③

학질모기과(중국얼룩날개모기속) 유충은 호흡관이 없는 반면에 각 복절마다 배면에 한 쌍의 장상모가 있어 수면에 펴서 몸을 수평으로 유지하여 떠 있게 한다. 즉 장상모의 역할은 수면에 수평으로 뜨게 하는 것이다.

025 정답 ④

모기의 유충은 4회의 탈피로 번데기가 되며, 마지막 배마디에 있는 1쌍의 기문을 통해 대기 중의 산소를 호흡한다.

026 정답 ①

모기가 숙주동물을 찾아가는 요인으로 1차적으로 탄산가스이고, 2차적으로 시각, 체온, 습기 등이다. 모기가 숙주의 피를 흡혈할 때 숙주로부터 가장 먼 거리에서 숙주를 찾을 수 있는 것은 체취이다.

027 정답 ④

집모기, 학질모기(중국얼룩날개모기), 늪모기는 야간활동성이며, 숲모기는 주간활동성을 가진다.

028 정답 ①

모기의 개체밀도에 크게 작용하는 요인은 기온과 강수량이다. 즉 높은 기온과 많은 강수량은 개체수가 폭발적으로 증가하는 중요한 요인이 된다.

029 정답 ⑤

복절배판에 장상모를 가진 모기는 중국얼룩날개모기(학질모기, 말라리아 매개)이다.

030 정답 ④

④는 토고숲모기에 대한 설명이며, 중국얼룩날개모기는 논, 관개수로, 늪, 빗물 고인 웅덩이 등 깨끗한 곳에서 서식한다.

031 정답 ⑤

모기의 매개질병

매개모기	매개질병
작은빨간집모기	일본뇌염
중국얼룩날개모기	말라리아
토고숲모기	사상충
에집트숲모기	황열, 뎅기열, 뎅기출혈열

032 정답 ①

먹파리는 꼽추파리라고도 하는 것으로 회선사상충을 옮긴다.

033 정답 ②

파리는 대형의 하순 끝에 있는 순판의 내부표면이 부드러운 막으로 되어 있으며 여기에 30개의 작은 관상의 홈이 있어 먹이를 식도로 운반하는 통로 구실을 하는 의기관이 있다.

034 정답 ④

수면병은 체체파리가 옮기는 질병이다.

035 정답 ⑤

베레제기관은 정자를 일시 보관하는 장소이다.

빈대의 생활사
- 야행성, 군거성으로 사람의 피를 빨아 먹는다.
- 불완전변태를 하며 자충(유충)은 5회 탈피하는데 각 영기마다 흡혈이 필요하다.
- 암컷의 경우 제4복판에 각질로 된 홈이 있어 교미공을 형성하고 그 곳에 베레제기관이 있어 정자를 일시 보관한다.
- 뚜렷한 질병 전파 매개의 증거는 없으나 집안에 사는 개체는 긴 주둥이로 사람을 찌르고 피를 빨며 불쾌한 가려움을 주고 몸에 많은 개체가 발생하면 수면부족을 일으킨다.

---

036   정답 ①

벼룩은 암수 모두 흡혈을 한다.

벼룩의 생활사
- 완전변태를 하며 성충의 수명은 약 6개월이다.
- 암수 모두 흡혈을 하며 체장의 약 100배 정도를 점프한다.
- 숙주선택이 엄격하지 않으며 숙주가 죽으면 재빨리 떨어져 다른 동물로 옮긴다.
- 마루의 갈라진 틈, 먼지 속, 부스러기, 숙주동물의 둥지에 산란한다.
- 흑사병(페스트)균에 감염된 벼룩은 정상적인 벼룩보다 자주 흡혈을 하며 수명이 짧다.

---

037   정답 ⑤

독나방은 연 1회 우화하는데 7월 중순~8월 상순 사이에 나타난다.

---

038   정답 ④

진드기의 매개질병
- **참진드기과** : 라임병, Q열, 진드기매개 뇌염, 진드기매개 티푸스(록키산홍반열) 등
- **물렁진드기과(공주진드기)** : 진드기매개 재귀열
- **옴진드기** : 옴이라고 불리는 피부병
- **집먼지기과** : 기관지천식, 비염, 아토피성피부염, 결막 알레르기 등

- **털진드기과** : 양충병(쯔쯔가무시병)
- **모낭진드기과(여드름진드기과)** : 특히 코주변 여드름
- **중기문아목** : 생쥐진드기로 리케치아폭스 매개

---

039   정답 ②

쥐는 야간활동성이지만 시력은 빈약하여 색맹이며 근시이다.

---

040   정답 ①

거주성 쥐의 방제방법 중 효과적이고 영구적인 방법은 발생원 및 서식처를 제거하도록 환경을 개선하는 것이다.

---

041   정답 ⑤

구서작업은 쥐의 개체군 밀도가 낮은 겨울이 가장 효과적이고 그 다음이 여름이다.

쥐의 개체군 밀도 제한요인

물리적 환경	• 먹이, 은신처, 기후 • 개체군 크기 : 봄>여름>가을>겨울 순임
천적과의 관계	개, 고양이, 매, 말똥가리, 부엉이, 뱀 등
개체 간의 경쟁	개체군의 밀도가 높아질수록 이종 간 또는 동종 간의 경쟁이 심해짐

---

042   정답 ⑤

2차 독성이 거의 없는 것은 만성살서제이다.

급성살서제와 만성살서제

급성살서제	만성살서제
• 기피성, 2차 독성 • 독작용이 신속하여 섭취 후 1~2시간 이내에 증상이 나타남 • 사전미끼 설치 필요	• 저항성, 향응혈성 • 1차적으로 혈액의 응고요인을 방해함 • 2차적으로 모세혈관을 파괴시켜 내부출혈이 계속되어 빈혈로 서서히 죽게 됨

043 정답 ⑤

식독제란 먹었을 때 소화기관에 들어가 살충작용을 하는 약제를 말하는데 이에는 비소, 붕산, 비산동, 염화수은 등이 있으며 ⑤는 기피제이다.

044 정답 ②

DDVP는 디클로르보스로 유기인계 살충제이다.

살충제의 구분	
유기염소계 살충제	DDT, HCH(BHC), 디엘드린, 알드린, 크로덴, 헵타크호, 엔드린
유기인계 살충제	아자메티포스, 크로피리포스, 크마포스, 다이아지논, 디크로보스(DDVP), 디메소에이트, 이피엔, 휀크로포스, 훼니트로티온, 헨티온, 마라티온, 나레드, 파라티온, 템포스, 트리크로폰
카바메이트계 살충제	알디카브, 벤디오카브, 벤프라카브, 카바릴, 카보후린, 프로폭서, 카탑, 훼녹시카브, 아이소프로카브, 메톨카브, 피리미카브, 피로란
피레스로이드계 살충제	피레스린, 테트라메스린, 라에스린, 싸이호르스린, 바스린, 디메스린, 퍼메스린, EXMIN

045 정답 ④

피레스로이드계 살충제는 살충 후 회복률을 보완하는 동시에 살충력을 보다 높이기 위해 효력증강제를 혼용한다.

046 정답 ②

①은 수화제, ③은 용제, ④는 분제, ⑤는 입제이다.

047 정답 ①

입자가 작을수록 부유시간이 길고 접촉기회가 높아진다.

048 정답 ⑤

살충제 자체가 저항성을 나타내는 유전자의 돌연변이를 유발하지는 않는다.

049 정답 ①

살충제의 위험도는 동일 살충제, 동일 농도의 경우 제제에 따라 용제 > 유제 > 수화제 > 분제 > 입제 순이다.

050 정답 ③

분사구는 풍향 쪽으로 30~40도로 하향 조정한다.

051 정답 ③

극미량연무 시 입자의 크기는 5~50μm로 가열연무(0.1~40μm)보다 약간 크다.

052 정답 ⑤

표면에 일정하게 약제를 분무할 경우에는 부채형 분사구를 사용한다.

> **잔류분무의 분사구**
> - **부채형** : 표면에 일정하게 약제 분무할 때
> - **직선형** : 좁은 공간에 깊숙이 분사할 때
> - **원추형** : 다목적으로 사용하며 모기유충 등 수서해충 방제 시 적합
> - **원추-직선조절형** : 직선형과 원추형으로 필요에 따라 조절할 수 있는 방법

053 정답 ⑤

증식형은 곤충 체내에서 수적 증식을 일으키는 페스트(쥐벼룩), 뇌염(집모기), 황열, 뎅기열(모기), 유행성 재귀열(이), 발진열(벼룩) 등이 해당된다. ⑤의 말라리아(모기)는 발육 증식형이다.

054 정답 ②

발육형은 곤충 체내에서 발육만 하는 경우로 숙주에 의하여 감염되는 사상충증(모기) 등이 해당된다.

055 정답 ⑤

곤충의 구기 형태

저작형	바퀴, 흰개미, 풍뎅이, 나방의 유충
흡수형	모기, 진딧물
스펀지형	집파리
흡관형	나비, 나방
저작흡수형	벌

056 정답 ③

곤충의 복부는 11환절로 구성되며 수컷의 제9환절에 있는 파악기는 공중에서 교미할 때 수컷이 암컷을 잡는 역할을 한다.

057 정답 ③

소화계에서 전장에 있는 전위는 섭취한 먹이의 역행을 방지하고, 고체 먹이를 분쇄하는 기능을 하며, 중장 부위는 위의 역할을 하여 먹이의 소화 및 흡수작용을 한다. 그리고 후장에는 배설기관인 말피기씨 기관이 있다.

058 정답 ⑤

⑤는 소화계 중의 하나인 중장 부위를 말한다.

059 정답 ⑤

생식계에서 특징적인 것으로 복무 말단에 위치하여 교미할 때 이용되는 수컷의 파악기가 있고, 암컷 빈대에 있는 빈대의 정자 보관장소인 베레제기관 등이 있다.

060 정답 ⑤

탈피 횟수는 파리가 2회, 이가 3회, 모기는 4회, 빈대는 5회, 바퀴벌레는 6회이다.

061 정답 ③

알이 유충이 되는 것은 부화, 유충이 번데기가 되는 것은 용화, 번데기가 성충이 되는 것은 우화라고 한다.

062 정답 ⑤

불완전변태와 완전변태

불완전변태	• 번데기를 거치지 않는 형태로 알 → 유충 → 성충의 과정을 거친다. • 완전변태에서 유충이 자라지 않는 것과는 달리 유충이 자란다. • 유충을 자충 혹은 약충이라고도 한다. • 이, 빈대, 바퀴, 트리아토민 노린재, 진드기 등이 있다.
완전변태	• 알 → 유충 → 번데기 → 성충의 4가지 모든 과정을 거친다. • 각 과정마다 곤충들은 자라지 않고 태어날 때의 그 크기를 유지하면서 사는 것이 특징이다. • 모기, 파리, 깔따구, 벼룩, 등에 등이 있다.

063 정답 ④

바퀴벌레의 탈피는 5~8회이고 평균 6회를 한다.

064 정답 ③

독일바퀴는 가주성 바퀴 중 가장 소형으로 크기는 10~15mm 정도이다.

065 정답 ①

이질바퀴(미국바퀴)는 세계적으로 분포하지만 북부지방에는 서식하지 않는다.

066 　　정답 ②

잔류분무방법은 1회의 분무로 3개월 이상의 효과가 있으며 완전구제효과를 나타내는 가장 경제적인 방법이다.

067 　　정답 ①

②와 ③은 속효성이 있고 휘발성이 있는 살충제를 직접 사용하는 방법이다.

④의 잔류분무법은 1회 분무로 장시간 효과가 있으며 완전구제효과를 나타내는 가장 경제적인 방법이다.

⑤의 분제살포법은 손이 닿지 않는 장소인 가구, 서랍, 냉장고 등에 있는 바퀴벌레를 구제하는 방법이다.

068 　　정답 ④

몸이는 1일 평균 2회, 머릿니는 2시간 간격으로 수시 흡혈한다.

069 　　정답 ④

빈대는 불완전변태를 하는 곤충으로 번데기 과정이 없다.

070 　　정답 ⑤

숙주동물의 발견은 1~2m의 근거리에서는 시각에 의해, 10~15m의 중거리에서는 탄산가스(CO_2), 15~20m의 원거리에서는 체취에 의해서 이루어진다.

071 　　정답 ①

말라리아는 학질이라고도 하며 중국얼룩날개모기가 매개한다.

072 　　정답 ⑤

일본뇌염의 매개종은 작은빨간집모기이고 발생 시기는 8월 중순에서 9월 중순이 전체 발생의 90%이다.

073 　　정답 ⑤

월동시기를 보면 빨간집모기는 성충 상태로 동굴이나 지하실에서, 중국얼룩날개모기는 성충 상태로 수풀에서 월동하는 반면, 숲모기의 경우는 알의 상태로 겨울을 보낸다.

074 　　정답 ③

토고숲모기는 해변가 바위 주변의 고인 물에서 주로 발견된다.

075 　　정답 ④

학질모기의 경우 낱개로 되어 있고 방추형이며 부낭으로 물에 뜬다. 그러나 집모기는 난괴를 형성하여 물에 뜨는 것이 특징이고, 숲모기는 낱개로 되어 있지만 물 밑으로 가라앉는 것이 특징이다.

076 　　정답 ③

등에모기는 군무에 의한 교미를 한다.

077 　　정답 ⑤

모래파리의 매개질병으로는 뉴슨즈, 하라라증, 리슈마니아증, 모래파리열, 오로야열 등이 있다. 회선사상충증은 꼽추파리(먹파리)가 매개한다.

078 　　정답 ②

②는 깔따구에 대한 내용이다.

079 　　정답 ⑤

⑤는 등에에 대한 설명이고, 깔따구는 매개질병은 없으나 뉴슨즈의 대표적인 위생곤충이며, 알레르기나 천식을 일으키는 정도이다.

080 　　정답 ⑤

파리의 전파기전은 무엇이나 닥치는 대로 먹는 잡식성, 두툼

한 모양의 구부. 다리에 붙은 주먹 장갑 모양의 욕반. 전구치라는 구조물에 의해 무슨 형태의 음식이든지 모두 먹을 수 있다. 즉 욕반은 다리에 붙어 있다.

081 정답 ④

체체파리는 아프리카 수면병을 매개하는데 자궁에서 부화하여 새끼를 낳는 난태생의 특이한 위생곤충이다.

082 정답 ①

벼룩은 완전변태를 하는 곤충이다.

083 정답 ②

진드기의 매개질병

- **참신느기** : 신느기매개 티부스(톡키산 홍반열), ৬벌, 야토병(툴라레미아), 라임병
- **공주진드기** : 진드기 매개 재귀열
- **털진드기** : 양충병(쯔쯔가무시병)
- **옴 진드기** : 옴
- **여드름 진드기** : 여드름

084 정답 ②

유기염소계 살충제는 매우 안정한 구조로 토양에서 오랜 기간 동안 존재하기 때문에 지하수를 오염시키거나 오염된 토양에서 자란 곡물에 이행되어 가축이나 사람에게 이행될 수 있으므로 종종 문제를 발생시킬 수 있다.

085 정답 ⑤

유기인계 살충제는 사람과 가축에 대한 독성이 강한 약제가 많다.

086 정답 ④

벽면 분무시에 분무량은 보통 40cc/㎡이다.

087 정답 ⑤

① 독먹이법은 미끼먹이를 이용하여 곤충이 좋아하는 먹이와 혼합하여 독먹이를 섞은 후 곤충을 유인하여 식독시키는 방법이다.
② 공간살포법은 입자가 $0.1 \sim 50\mu m$ 연무상태의 분사 원칙이고 이에 해당하는 것으로 가열연무와 극미량 연무가 있다.
③ 잔류분무법의 입자크기는 $100 \sim 400\mu m$로서 단순히 분무라고도 하는데 곤충의 휴식장소, 서식장소, 활동장소에 잔류성 살충제 입자를 투여하는 것이다.
④ 분제살포법은 사람 옷이나 가축의 몸 그리고 벌집의 공격에 사용된다. 또한 바퀴의 구제에도 사용되는데 가장 이상적인 입자는 $10\mu m$ 내외이다.

088 정답 ⑤

쥐는 시각이 빈약하여 색맹이고 근시이다.

089 정답 ⑤

시궁쥐는 체중이 $400 \sim 500g$ 정도이고 머리와 장기 부분의 끝의 길이 즉, 꼬리를 뺀 길이인 두동장이 $200 \sim 270mm$ 정도인데 이보다 꼬리길이인 미장이 짧다.

090 정답 ④

지붕쥐는 미장(꼬리길이)이 두동장(꼬리를 뺀 머리와 장기부분의 끝의 길이)보다 길다.

091 정답 ③

쥐는 송곳니가 없어 토하지 못하므로 일단 살서제를 먹기만 하면 해당 쥐는 반드시 죽게 되어 있다.

092 정답 ④

파리가 매개하는 질환

- **기생충 질환** : 회충, 갈고리촌충 등
- **소화기계 감염병** : 이질, 콜레라, 장티푸스, 파라티푸스 등
- **기타** : 살모넬라식중독, 결핵, 나병, 화농성 질환 등

093 정답 ⑤

안투(ANTU)는 독성이 강하고 특히 집쥐에 효과가 크며 기피성이 강한 약이므로 자주 투여하지 않아야 한다.

094 정답 ③

위생곤충학의 발달사
- **Manson** : 반크로프티 사상충이 모기 체내에서 감염 상태까지 발육함을 증명(1978)
- **Ross** : 중국얼룩날개모기가 말라리아를 전파시킨다는 사실을 밝힘(1898)
- **Simond** : 벼룩이 흑사병을 전파시킨다는 것을 입증 (1898)
- **Walter Reed** : 황열을 이집트모기가 전파시킨다는 것을 입증(1900)
- **Nicoll** : 이가 발진티푸스를 전파시킨다는 사실을 입증(1909)
- **Cleland** : Aedes속 모기가 뎅기열을 전파시킨다는 사실을 밝힘(1916)

095 정답 ④

생물학적 전파 유형

증식형	곤충의 체내에서 병원체가 수적으로 증식한 다음 전파되는 질병으로 흑사병, 발진열, 발진티푸스, 이매개재귀열, 뇌염, 황열, 뎅기열 등이다.
발육형	곤충 체내에서 병원체가 수적 증가는 없고 단지 발육만으로 전파하는 질병으로 사상충증(모기), 로아로아(로아사상충, 등에)가 있다.
발육 증식형	곤충 체내에서 증식과 발육을 함께 하여 전파하는 질병으로 말라리아, 수면병(체체파리) 등이 있다.
경란형	병원체의 일부가 알에서 증식하고 감염된 알에서 부화하여 다음 세대에 자동적으로 감염되는 질병으로 주로 진드기매개 감염병이 이에 속하는데 양충병(쯔쯔가무시병), 록키산홍반열, 진드기매개 재귀열 등이 있다.
배설형	곤충의 체내에서 증식한 병원체가 곤충의 배설물과 함께 배출되어 감염되는 경

우로서 발진티푸스(이), 흑사병(벼룩) 등이 해당된다.

096 정답 ④

유기염소계 살충제
척추동물에 대한 독성이 비교적 낮고 살충력이 강하고 잔류기간이 길어서 세계적으로 널리 사용되어 왔으나, 높은 안정성이 환경오염 문제를 야기시켜 엄격히 사용이 제한되고 있으며, DDT, HCH, 디엘드린, 알드린, 클로텐, 헵타클로, 엔드린 등이 있다.

097 정답 ⑤

⑤는 유기염소계 살충제의 특징이다.

098 정답 ④

피레스로이드계 살충제는 저온 시 효과가 더 높게 나타나며, 항공기내의 공간살포용으로 적합하다.

099 정답 ⑤

마이크로캡슐의 입자크기와 피막두께의 비가 살충효과를 좌우하는 주요 요인이 된다.

100 정답 ①

동일 살충제, 동일 농도의 경우 제제에 따라 용제 > 유제 > 수화제 > 분제 > 입제의 순으로 살충제의 위험도가 높다.

제제의 구분
- **용제** : 살충제 원체를 유기용매로 용해시키고 안정제를 첨가한 것으로 흡수력과 침투력이 강하다.
- **유제** : 살충제 원체를 용매에 용해시킨 후 유화제를 첨가한 것이다.
- **수화제** : 살충제 원체에 증량제와 친수제 및 계면활성제를 가미한 분말이다.
- **분제** : 살충제 원체를 증량제의 분말에 침투시킨 제제이다.

- **입제** : 살충제 원체와 증량제를 혼합하여 물과 점결제를 섞고 여기에 계면활성제나 전분 같은 붕괴촉진제를 첨가하여 일정한 모양의 덩어리로 만든 것이다.

다. 대형의 최대분사량은 시간당 120갤런, 자동차 장착용 평균분사량은 시간당 40갤런 정도이다.

106 　　　　　　　　　　　　정답 ④

극미량연무 방법은 경유로 희석할 필요가 없고 고농도의 살충제 원제를 살포하는 것으로 경비가 절약되고 작업시간과 운행경비가 절감된다.

101 　　　　　　　　　　　　정답 ③

저항성

- **저항성** : 한 살충제에 대해 감수성을 보이던 곤충에서 각종 살충제에 대한 저항성이 생김으로써 동일지역에서 본 살충제에 의해 방제가 불가능한 경우를 의미한다.
- **내성** : 단일 유전자에 의한 특수방위기능이 아닌 다른 요인에 의하여 살충제에 대항하는 힘이 증강되는 경우를 말한다.
- **생태적 저항성** : 살충제에 대한 습성적 반응이 변화함으로써 치사량 접촉을 피할 수 있는 능력을 말한다.
- **교차적 저항성** : 어떤 약제에 저항성이 생길 때 유사한 다른 약제에도 자동적으로 저항성이 생기는 것을 말한다.

107 　　　　　　　　　　　　정답 ②

분사구(노즐) 유형

- **부채형** : 표면에 일정하게 약제를 분무할 때 적당하다.
- **직선형** : 좁은 공간에 깊숙이 분사할 때 유용하다.
- **원추형** : 다목적용으로 모기유충 등 수서해충 방제 시 적합하다.
- **원추-직선조절형** : 직선형과 원추형으로 필요에 따라 조절할 수 있다.

108 　　　　　　　　　　　　정답 ⑤

소낭은 먹이를 일시 저장하는 구실을 하며, 타액선은 흡혈성 곤충의 경우 항응혈성 물질을 함유하고 있어 혈액의 응고를 방지하며, 기문은 호흡기관이고, 말피기관은 배설기관이다.

102 　　　　　　　　　　　　정답 ①

LD_{50}은 수치가 적을수록 독성이 강한 것이다.

103 　　　　　　　　　　　　정답 ⑤

잔류분무시의 잔류량 결정요인으로는 농도, 분사량, 분사속도, 분사거리 등이다.

109 　　　　　　　　　　　　정답 ⑤

혈림프액은 일종의 곤충의 피로 ①, ②, ③, ④ 외에 혈압을 이용하여 호흡작용도 돕고 탈피과정을 돕는 기능을 한다. ⑤는 소화기계로 소낭의 역할이다.

104 　　　　　　　　　　　　정답 ②

공간살포는 대상해충이 주로 활동하거나 숨어 있는 장소의 공간으로 살충제를 미립자로 분사시켜 곤충의 몸에 접촉하여 치사시키는 방법으로 입자가 작을수록 부유시간이 길고 접촉기회가 높아진다.

110 　　　　　　　　　　　　정답 ①

② 암컷이 정자를 보관하는 암컷의 생식기관이다.
③ 복부 말단에 있으며 교미시에 붙잡는 기관이다.
④ 빈대만 가지고 있는 기관으로 암컷 빈대가 정자를 일시 보관하는 장소이다.
⑤ 호흡계 기관으로 공기를 저장하여 호흡을 돕는 역할을 한다.

105 　　　　　　　　　　　　정답 ⑤

가열연무 작업 시 분사량은 최대한으로 증가시키는 것이 좋

111 정답 ②

기생벌은 파리 번데기를 먹고 사는 파리의 천적이다.

파리의 방제	
물리적 방제	쓰레기통 뚜껑 덮기, 수세식 변소 개조, 방충망 설치, 축사주변 청결 등
화학적 방제	살충제 이용(다만, 곤충의 내성에 주의할 것)
생물학적 방제	기생벌 풍뎅이류인 히스터속, 쇠똥풍뎅이속, 똥풍뎅이속, 뿔풍뎅이속 등의 천적 이용

112 정답 ⑤

파리목	
장각아목 (긴뿔파리아목)	모기과, 등에모기과, 나방파리과, 먹파리과(꼽추파리), 깔따구과
단각아목	등에과, 노랑등에과
환봉아목	집파리과, 검정파리과, 쉬파리과, 체체파리과, 초파리과 등

113 정답 ②

바퀴의 크기는 이질바퀴(35~40mm) > 먹바퀴(26~30mm) > 집바퀴(20~25mm) > 독일바퀴(10~15mm) 순이다.

114 정답 ⑤

이는 외부기생성인 흡혈곤충으로, 가축 등의 포유류에 기생하여 피해를 주며, 일부는 전염병을 매개하는 위생해충이다. 고온과 고습에 부적당하며 빛을 싫어한다.

115 정답 ④

이의 자충은 3회 탈피한다.

116 정답 ①

황열병은 이집트모기의 매개 감염병이다.

117 정답 ③

두부의 각종 털은 분류상 중요한 특징이 된다.

118 정답 ⑤

⑤의 경우 유영편이 아니라 두부흉낭이다. 유영편은 난형이고 테두리에 연모가 있는 경우도 있고 또 수 개의 유영편모를 갖고 있는데 이것은 종 분류에 사용되며, 유영편을 이용하여 수중에서 빠른 속도로 움직인다.

119 정답 ①

호흡각은 모기속의 분류 특징이며, 유영편모는 종 분류에 사용된다. 내견모, 중견모, 외견모는 종 감별에 주요한 특징이 된다.

120 정답 ③

모기의 산란방식으로 중국얼룩날개모기속은 물 표면에 1개씩 낳고, 집모기속은 물 표면에 난괴를 형성하며, 숲모기속은 물 밖에 1개씩 낳는다.

121 정답 ④

모기의 유충은 제8절에 있는 1쌍의 기문을 통해 대기 중의 산소를 호흡한다.

122 정답 ④

군무현상 없이 1:1로 교미하는 모기의 종류는 숲모기이다.

123 정답 ②

암모기가 찾아올 수 있는 요인은 움직임에서 오는 음파장이다. 즉 모깃소리가 종 특이성이어서 같은 종의 모깃소리를 식별할 수 있기 때문이다.

124　　　　　　　　　　　　정답 ①

장상모는 수면에 수평으로 뜨게 하는 역할을 한다.
②의 기문은 배면에 1쌍으로 있는 호흡기관이다.
③은 번데기가 유영편을 이용하여 수중에서 빠른 속도로 움직인다.
④의 수정낭은 정자의 저장기관이다.
⑤의 호흡관은 유충의 8절에 있어 끝 부분에 기문이 열려 있다.

125　　　　　　　　　　　　정답 ④

산란방식으로는 중국얼룩날개모기속은 물 표면에 1개씩 낳으며, 집모기속은 물 표면에 난괴를 형성하며, 숲모기속은 물 밖에 1개씩 낳는다.

126　　　　　　　　　　　　정답 ⑤

모기의 개체밀도에 크게 작용하는 요인은 기온과 강수량이다.

127　　　　　　　　　　　　정답 ④

월동 형태를 보면 얼룩날개모기속과 집모기속은 성충의 형태로 월동을 하며, 숲모기속은 알로 월동을 지낸다.

128　　　　　　　　　　　　정답 ⑤

모기가 휴식을 취할 때 학질모기는 벽면과 45~90도를 유지하며, 보통모기과는 수평을 유지한다.

129　　　　　　　　　　　　정답 ②

작은빨간집모기는 일본뇌염 바이러스를 매개하는 모기로 가장 활발히 흡혈하는 시간은 저녁 8시~10시이다.

130　　　　　　　　　　　　정답 ④

일본뇌염모기는 작은빨간집모기로 집모기속에 속한다.

131　　　　　　　　　　　　정답 ④

중국얼룩날개모기는 논, 개울, 늪, 빗물고인 웅덩이 등 주로 깨끗한 곳에 서식한다. 염분이 섞인 물에 주로 서식하는 모기는 토고숲모기이다.

132　　　　　　　　　　　　정답 ⑤

⑤는 중국얼룩날개모기속의 특징이다.

133　　　　　　　　　　　　정답 ②

> **모기매개 질병**
> - **말라리아** : 중국얼룩날개모기
> - **뇌염** : 작은빨간집모기
> - **사상충증** : 토고숲모기
> - **황열병** : 에집트숲모기
> - **뎅기열** : 에집트숲모기

134　　　　　　　　　　　　정답 ⑤

발육억제제 처리는 화학적 방제방법이다.

135　　　　　　　　　　　　정답 ④

유충의 방사선화합물질 섭취는 생물학적 방제방법에 속한다.

136　　　　　　　　　　　　정답 ④

④는 생물학적 방제방법의 한 종류이다.

137　　　　　　　　　　　　정답 ④

모기의 유충은 수서생활을 하며, 성충은 지상생활을 한다.

138　　　　　　　　　　　　정답 ①

로아사상충증과 튜라레미아증은 등에가 매개하며, 파파티시열과 칼라아잘은 모래파리가 매개한다.

139 정답 ⑤

깔따구의 유충은 수질이 오염되어 산소가 적은(BOD가 10~20ppm) 곳에서도 생존할 수 있다.

140 정답 ④

체체파리는 아프리카수면병을 전파한다.

4과목 공중보건학 [필기]

126	③	127	①	128	①	129	③	130	①
131	②	132	⑤	133	⑤	134	③	135	②
136	⑤	137	②	138	⑤	139	①	140	③

■ 4과목 공중보건학 [필기]

001	⑤	002	④	003	②	004	②	005	③
006	②	007	⑤	008	③	009	④	010	⑤
011	⑤	012	⑤	013	②	014	②	015	⑤
016	⑤	017	①	018	⑤	019	②	020	⑤
021	④	022	⑤	023	⑤	024	⑤	025	③
026	③	027	①	028	④	029	④	030	③
031	②	032	①	033	④	034	①	035	②
036	①	037	①	038	①	039	②	040	⑤
041	①	042	⑤	043	②	044	①	045	②
046	⑤	047	③	048	②	049	①	050	②
051	④	052	④	053	⑤	054	③	055	⑤
056	①	057	③	058	②	059	⑤	060	③
061	④	062	②	063	②	064	②	065	⑤
066	②	067	①	068	⑤	069	①	070	①
071	④	072	④	073	①	074	④	075	①
076	①	077	④	078	⑤	079	①	080	①
081	⑤	082	⑤	083	②	084	①	085	④
086	①	087	①	088	②	089	①	090	②
091	③	092	①	093	②	094	①	095	①
096	①	097	④	098	①	099	①	100	③
101	③	102	④	103	①	104	②	105	⑤
106	②	107	①	108	④	109	①	110	①
111	④	112	③	113	①	114	⑤	115	②
116	②	117	①	118	①	119	①	120	②
121	②	122	②	123	①	124	⑤	125	①

---

001   정답 ⑤

공중보건학은 환경위생관리, 감염병 관리, 개인위생에 대한 개인교육, 질병의 조기진단과 예방적 치료를 위한 보건의료 및 간호사업조직, 건강유지에 적합한 생활수준이 누구에게나 확보될 수 있는 사회조직의 발전을 위해 조직화된 지역사회의 노력으로 질병을 예방하고 수명을 연장하며 건강과 능률을 증진시키는 과학이자 기술이라고 정의한다. 질병의 치료는 공중보건학의 대상이 아니다.

002   정답 ④

소화기계 감염병으로는 장티푸스, 세균성이질, 콜레라, 파라티푸스, 폴리오, 유행성간염, 아메바성이질 등이 있다.

003   정답 ②

분석역학이란 기술역학에서 관찰을 통해 얻어진 결과를 기초로 하여 질병발생과 질병발생의 원인 혹은 속성과의 인과관계를 규명하는 역학분석방법으로서 기술역학 다음으로 실시하는 2단계 역학이다. 분석역학의 종류로는 단면조사 연구, 환자－대조군 연구, 코호트 연구 등이 있다.

004   정답 ②

• **범유행성** : 감염병이 일정지역에만 국한되지 않고 전국 혹은 전 세계에 퍼지는 유행 형태
• **지방성 혹은 국지성** : 그 지방의 특이한 상황에 의해서 그 지방에서만 환자가 계속 발생하거나 주기적으로 발생하는 형태
• **풍토병** : 일정한 지역사회 또는 특정집단에 감염성 질환이나 감염성 질병을 일으키는 병원체가 존재하고 있어 계속 감염을 일으키고 있는 질병

005   정답 ③

인플루엔자균은 섭씨 71℃에서 3~5분간 가열하면 사멸되므로 충분히 익혀서 먹으면 된다.

006   정답 ②

풍진은 임신 초기에 이환되었을 때 태아에게 영향을 미치는 감염병으로, 태반감염이 이루어지는 질환으로는 풍진 외에 매독, 톡소플라즈마, ADIS, B형간염 등이 있다.

007   정답 ⑤

감염병의 생물학적 전파

증식형	• 곤충 체내에서 병원체가 증식만 한 후 곤충이 사람을 물을 때 인체 내로 감염되는 형태 • 페스트(쥐벼룩), 뇌염과 황열(모기), 발진티푸스와 재귀열(이), 뎅기열(모기), 발열(벼룩)
발육형	• 곤충 체내에서 병원체가 수적으로 증식하지 않고 형태적 변화를 동반한 발육만 하여 전파하는 형태 • 사상충증
발육 증식형	• 병원체가 곤충 체내에서 증식과 발육을 함께 하여 전파하는 형태 • 말라리아(모기), 수면병(체체파리)
경란형	• 병원체가 난소 내에서 증식하고 생존하면서 그 안에서 부화된 후 다음 세대에 자동적으로 감염되어 전파하는 형태 • 록키산홍반열, 재귀열, 쯔쯔가무시병 등
배설형	• 병원체가 곤충의 체내에서 증식한 후 장을 거쳐 분으로 배설되어 숙주의 피부상처나 호흡기계 등으로 전파하는 형태 • 발진티푸스(이), 발진열과 페스트(벼룩)

008   정답 ③

잠복기, 세대기, 감염기(전염기)
• 잠복기 : 균에 감염되었을 때부터 임상증상이 나타날 때까지의 기간
• 세대기 : 균이 인체에 침입한 때부터 그 균이 인체 내에서 증식한 후 다시 배출되어 다른 사람에게 가장 많은 전염을 일으킬 때까지의 기간
• 감염기 : 병원체가 숙주로부터 배출되기 시작하여 배출이 끝날 때까지의 기간

009   정답 ④

격리기간
• 감염병환자의 격리기간 : 미생물학적 검사에 의하여 균이 없어질 때까지
• 건강격리(검역)기간 : 그 감염병의 최대한 잠복기간

010   정답 ⑤

인공피동면역이란 사람이나 동물에게서 회복기혈청 · 면역혈청 · 감마글로블린 등의 항체를 얻어 주사하여 형성되도록 하는 면역으로 B형간염, 파상풍 등이 그 예이다.

011   정답 ⑤

요충의 성충은 맹장과 소장에 기생하지만 산란할 때에는 항문으로 내려와 알을 낳는다.

012   정답 ⑤

간흡충의 중간숙주는 제1중간숙주가 우렁이이고, 제2중간숙주가 담수어이다.

기생충 질환과 감염경로 및 중간숙주

채소류	회충, 십이지장충, 편충, 요충, 동양모양선충, 분선충 등
어패류	• **간흡충** : 제1중간숙주 우렁이, 제2중간숙주 담수어 • **폐흡충** : 제1중간숙주 다슬기, 제2중간숙주 게, 가재 • **요꼬가와흡충** : 제1중간숙주 다슬기, 제2중간숙주 은어 • **광절열두조충** : 제1중간숙주 물벼룩, 제2중간숙주 송어 · 연어
육류	• **무구조충** : 우육(쇠고기) • **유구조충** : 돈육(돼지고기) • **선모충** : 돈육(돼지고기)

정답
및
해설

013   정답 ②

소독은 병원체 중에서 저온성 균을 사멸시키거나 고온성균의

활동을 정지 또는 억제시키는 것을 의미한다. 반면에 살균과 멸균은 미생물(병원균과 비병원체)을 사멸시키는 것을 의미한다.

014 　　　　　　　　　　　정답 ②

①은 재생산율, ③은 총재생산율, ④는 자연증가율, ⑤는 인구의 자연증가율이다.

015 　　　　　　　　　　　정답 ⑤

태아 및 영유아의 구분
- **초신생아** : 생후 1주까지의 아이
- **후신생아** : 생후 1주부터 생후 4주까지의 아이
- **신생아** : 생후 4주까지의 아이
- **영아** : 생후 1년 미만의 아이
- **유아** : 생후 1~5년까지의 아이
- **주산기** : 임신 28주부터 생후 1주까지

016 　　　　　　　　　　　정답 ⑤

학교보건법의 목적
이 법은 학교의 보건관리와 환경위생 정화에 필요한 사항을 규정하여 학생과 교직원의 건강을 보호·증진함을 목적으로 한다.

017 　　　　　　　　　　　정답 ①

학교의 장은 매년 1회 이상 학생을 위하여 건강진단을 실시하여야 한다.

018 　　　　　　　　　　　정답 ⑤

①, ②, ③, ④는 WHO의 공중보건교육전문위원회가 제시한 보건교육의 목적이다.

019 　　　　　　　　　　　정답 ②

포괄수가제는 질병을 적절하게 분류하여 그에 따른 수가를 미리 책정하여 그에 따라 진료비를 지불하는 방식이다.

진료비 지불방식
- **인두제** : 의료인이 맡고 있는 일정지역의 주민수에 일정금액을 곱하여 지급하는 방식
- **봉급제** : 기본급을 지불하는 방식
- **행위별수가제** : 동일한 질병이라도 의료인의 행위에 따라 다르게 지급되는 방식

020 　　　　　　　　　　　정답 ⑤

WHO는 말라리아근절사업, 결핵관리사업, 성병과 에이즈관리사업, 모자보건사업, 영양개선사업, 환경위생개선사업, 보건교육개선사업, 신종감염병관리사업 등을 하며 성병치료사업은 하지 않는다.

021 　　　　　　　　　　　정답 ④

상관계수란 어떤 모집단에서 2개 변량의 변화 추이계수이다. 즉 한 값이 변함에 따라 다른 한 값이 변하는 정도를 나타내는 계수이다.

022 　　　　　　　　　　　정답 ⑤

포괄수가제란 진료의 종류나 양에 관계없이 요양기관종별 및 입원일수별로 미리 정해진 일정액의 진료비만을 부담하는 제도를 말한다. 진료비총액이 미리 책정되어 있어 불필요한 진료행위와 환자의 진료비 부담이 줄어든다는 장점이 있다. 반면, 의료인이 적극적인 진료가 가능하다는 것은 행위별수가제의 장점이다. 행위별수가제는 동일한 질병이라도 의료인의 행위에 따라 진료비가 다르게 지급되는 제도를 말한다.

023 　　　　　　　　　　　정답 ⑤

공중보건사업의 최소단위는 지역사회 주민이다.

024 　　　　　　　　　　　정답 ⑤

세계적으로 가장 빈번하게 활용되는 건강지표로는 평균수명,

조사망률, 비례사망지수, 영아사망률 등이 있다.

진균 또는 사상균	무좀 및 각종 피부질환의 원인으로 진균과 사상균이 있다.

025 　　　　　　　　　　정답 ③

역학은 주로 개인이나 가족 그 이상의 큰 집단을 주요 대상으로 한다.

029 　　　　　　　　　　정답 ④

호흡기계 감염병은 일반적으로 면역성이 낮다.

026 　　　　　　　　　　정답 ③

역학의 가장 중요한 기능은 질병의 원인 및 발생요인을 파악하는 것이다.

030 　　　　　　　　　　정답 ③

전파경로에 따른 감염병의 분류
- **호흡기** : 디프테리아, 백일해, 폐렴, 유행성이하선염, 성홍열, 나병, 결핵, 두창, 감기, 홍역, 독감, 풍진, 구균성수막염 등
- **소화기** : 세균성이질, 폴리오, 콜레라, 파상열, 살모넬라, 파라티푸스, 장티푸스, 간염 등
- **개방저와 피부** : 옴, 유행성결막염, 페스트, 발진티푸스, 야토병, 일본뇌염, 파상풍, 트라코마 등
- **성기점막** : 매독, 임질, 연성하감 등

027 　　　　　　　　　　정답 ①

질병발생의 요인
- **병인** : 미생물(병원체), 물리화학적 요소, 정서적 요소, 유전적 인자 등
- **숙주** : 성, 연령, 인종, 개인의 체질, 면역 등
- **환경** : 기후, 기온, 습도, 지형, 직업, 주거형태, 전파체, 인구분포, 사회구조 등

031 　　　　　　　　　　정답 ②

헬리코박터균은 위산, 면역, 항체 등에 의하여 사멸되지 않는다.

028 　　　　　　　　　　정답 ④

디프테리아는 디프테리아 박테리아에 의해 발생하는 급성, 독성 매개성 호흡기 감염병이다.

감염병을 유발시키는 병원체의 유형	
박테리아	세균성 질환을 일으키는 것으로 장티푸스, 콜레라, 결핵, 디프테리아, 백일해, 나병 등이 있다.
바이러스	세포 내에 기생하는 바이러스에 의해 유발되는 것으로 홍역, 폴리오, 유행성간염, 일본뇌염, 공수병(광견병), 유행성이하선염, AIDS 등이 있다.
리케차	박테리아와 크기가 흡사하며 세포 내에 기생하는 점은 바이러스와 비슷하다. 발진티푸스, 발진열 등이 있다.
기생충	동물성 기생체로서 단세포와 다세포가 있는데 말라리아, 아메바성이질, 회충, 십이지장충, 유구조충, 무구조충, 간디스토마, 폐디스토마 등이 있다.

032 　　　　　　　　　　정답 ①

제1군감염병에 대한 질문이다. 제1군감염병은 마시는 물 또는 식품을 매개로 발생하고 집단발생의 우려가 커서 발생 또는 유행 즉시 방역대책을 수립하여야 하는 감염병으로 A형간염, 콜레라, 장티푸스, 파라티푸스, 세균성이질, 장출혈성대장균감염증 등이 해당한다.

033 　　　　　　　　　　정답 ④

일본뇌염균의 동물병원소는 돼지이다.

정답 및 해설

034 　　　　　　　　　　정답 ①

인수공통감염병이란 사람과 동물이 감염병균을 주고 받아 두 숙주 모두에게 감염병을 일으키는 감염병을 말한다.

- **쥐와 사람** : 양충병, 발진열, 선페스트, 렙토스피라증
- **소와 사람** : 탄저병, 결핵, 브루셀라증, 살모넬라증, 보툴리눔독소증, 광우병
- **개와 사람** : 광견병, 톡소프라즈마증, 일본주혈흡충증
- **돼지와 사람** : 일본뇌염, 탄저병, 렙토스피라증, 살모넬라증
- **양과 사람** : Q열, 탄저병, 보툴리즘
- **닭 · 오리와 사람** : 조류독감

035 　　　　　　　　　　정답 ②

치명률이란 어떤 질환에 의한 사망자수를 그 질환의 환자수로 나눈 것으로, 치명률이 높다는 것은 병원체의 독성이 크다는 의미이다.

036 　　　　　　　　　　정답 ①

정기예방접종에 해당되는 감염병으로는 디프테리아, 폴리오, 백일해, 홍역, 파상풍, 결핵, B형간염, 유행성이하선염, 풍진, 기타 보건복지부장관이 필요하다고 인정하여 지정하는 감염병이 있다.

037 　　　　　　　　　　정답 ①

DPT ＝ 디프테리아(Diphtheria), 백일해(Pertussis), 파상풍(Tetanus)

038 　　　　　　　　　　정답 ①

전염기간은 감염자로부터 병원균이 배출되어 새로운 숙주로 들어가는 기간을 말하며 주로 호흡기계 질환의 경우는 증상이 시작되기 전부터 나타난다.

039 　　　　　　　　　　정답 ④

앓고 나면 면역이 영구로 되는 감염병으로는 일본뇌염, 발진열, 홍역, 백일해 등이 있으며 반면에 비교적 약한 면역만 형성되는 감염병으로는 매독, 임질, 말라리아 등이 있다.

040 　　　　　　　　　　정답 ⑤

감수성지수(접촉감염지수)란 감수성이 있는 사람이 병원체에 접촉됐을 때 그 감염병에 감염되는 비율을 말하는데 홍역과 두창 95% ＞ 백일해 60~80% ＞ 성홍열 40% ＞ 디프테리아 10% ＞ 폴리오 0.1% 순이다.

041 　　　　　　　　　　정답 ③

후천적 면역의 구분	
능동 면역	• 독소나 병원체에 의하여 생체 세포가 스스로 활동하여 생기는 면역 즉 항원의 자극에 의해 항체가 형성되어지는 면역을 말한다. • **자연능동면역** : 감염병에 이환된 후 형성되는 이환 후 면역과 불현성 감염에 의하여 형성되는 잠복면역으로 나뉘는데 백일해, 유행성이하선염, 홍역, 장티푸스, 수두, 일본뇌염 등이다. • **인공능동면역** : 사람에 의한 인공적인 항원 접종으로 면역을 얻는 것으로 생균백신, 사균백신 및 순화독소를 이용한 인위적인 면역을 말한다.
수동 면역	• 이미 면역을 보유하고 있는 개체가 가지고 있는 항체를 다른 개체가 받아서 면역력이 나타나는 면역현상이다. • **자연수동면역** : 태아가 모체로부터 태반을 통해서 항체를 받거나, 생후에 모유를 통해서 항체를 받아 면역이 되는 경우로 인플루엔자, 홍역, 소아마비, 디프테리아 등이 있다. • **인공수동면역** : 사람이나 동물에게서 회복기 혈청 · 면역혈청 · 안티톡신, 감마글로블린 등의 항체를 얻어 주사하여 형성되도록 하는 면역으로 B형간염, 파상풍 등이 있다.

042 　　　　　　　　　　정답 ⑤

백신의 분류	
생균백신	광견병백신, 홍역백신, 결핵백신, 두창백신, 황열백신, 탄저병백신, 천연두백신 등
사균백신	콜레라백신, 장티푸스백신, 파라티푸스백신, 백일해백신, 일본뇌염백신, 폴리오백신 등

043 　　　　정답 ②

요충은 항문주위에 산란을 하며 주로 맹장과 소장에 기생한다. 피부를 통하여 경피감염을 하는 것으로 산란과 동시에 감염력이 생기며 자가감염을 하기도 한다.

044 　　　　정답 ①

간디스토마(간흡충)의 제1중간숙주는 우렁이, 제2중간숙주는 담수어이다.

045 　　　　정답 ②

폐흡충(폐디스토마)의 제1중간숙주는 다슬기이며, 제2중간숙주는 가재 · 게이다.

046 　　　　정답 ⑤

채소류의 섭취에 의한 기생충 질환으로는 회충, 십이지장충, 편충, 요충, 동양모양선충, 분선충 등이 있다.

047 　　　　정답 ③

유구조충의 숙주는 돼지고기를 날로 섭취하여 감염되는 것이 일반적이다.

048 　　　　정답 ③

어패류로부터 감염되는 기생충증
- **간흡충증** : 제1중간숙주는 우렁이, 제2중간숙주는 담수어
- **폐흡충증** : 제1중간숙주는 다슬기, 제2중간숙주는 게 · 가재
- **요꼬가와흡충증** : 제1중간숙주는 다슬기, 제2중간숙주는 은어
- **광절열두조충증** : 제1중간숙주는 물벼룩, 제2중간숙주는 송어 · 연어

049 　　　　정답 ①

유구조충(갈고리촌충)과 선모충은 돼지고기, 무구조충(민촌충)은 소고기로부터 감염된다.

050 　　　　정답 ②

기생충 감염경로 및 중간숙주	
채소로부터 감염되는 기생충	회충, 십이지장충, 편충, 요충, 동양모양선충, 분선충 등
어패류로부터 감염되는 기생충	• 간흡충 : 제1중간숙주는 우렁이, 제2중간숙주는 담수어 • 폐흡충 : 제1중간숙주는 다슬기, 제2중간숙주는 가재 · 게 • 요꼬가와흡충 : 제1중간숙주는 다슬기, 제2중간숙주는 은어 • 광절열두조충 : 제1중간숙주는 물벼룩, 제2중간숙주는 송어 · 연어 • 아니사키스 : 바다어류로부터 감염되는 기생충(대구, 청어, 고등어, 갈치, 오징어 등)
육류로부터 감염되는 기생충	• 무구조충(민촌충) : 소고기 • 유구조충(갈고리촌충) : 돼지고기 • 선모충 : 돼지고기

051 　　　　정답 ④

생석회는 농촌 화장실의 분변 소독에 많이 이용된다.

052 　　　　정답 ④

석탄산계수 = 소독약품의 희석배수 / 석탄산의 희석배수
$5 = X / 30$
소독약품의 희석배수(X) = 150

053 　　　　정답 ⑤

과일이나 채소의 세척에는 100ppm의 크로르칼키를 사용한다.

054 정답 ③

소독약은 용해성이 높고 침투력이 강해야 한다.

> **소독약의 구비조건**
> • 살균력이 강할 것
> • 저렴하고 사용법이 간단할 것
> • 금속 부식성이 없을 것
> • 용해성이 높을 것
> • 침투력이 강하며 안전성이 있을 것

055 정답 ⑤

석탄산은 의류, 실험대, 용기, 오물, 토사물, 배설물 등의 소독에 이용되는데 3%의 석탄산을 사용한다.

056 정답 ①

일반적인 자비소독(열탕소독)은 100℃의 끓는 물에서 15~20분간 실시하는 소독이며 소독력을 높이기 위해 특수 자비소독은 끓는 물에 증조 1~2%나 석탄산 5% 또는 크레졸 2~3%를 첨가하면 소독효과가 높아진다.

057 정답 ③

산업보건이란 유해한 작업환경 조건으로 발생할 질병을 예방하고 근로자의 건강을 보호·증진하여 생산성을 향상시키며 직업병 예방을 위하여 실시하는 것이다.

058 정답 ①

우리나라 근로기준법상 근로시간은 휴게시간을 제외하고 1일 8시간, 1주 40시간을 초과할 수 없다.

059 정답 ⑤

근로기준법상 작업시간을 단축해야 하는 경우로는 신규로 채용된 자, 야간작업을 하는 경우, 심신 이상자, 저임금 근로자, 의식주 조건과 작업환경이 극히 불량한 경우, 작업내용이 극도로 강해진 경우 등이다.

060 정답 ③

항아리형은 출생률이 사망률보다 낮아 인구가 감소하게 되는 유형으로 0~14세의 인구가 65세 이상의 인구의 2배 이하로 되는 유형이다.

061 정답 ④

별형은 젊은 연령인구가 많이 존재하는 도시인구유형으로 유입형이다. 반면에 호로형은 농촌형으로 생산연령인구가 유출되어 생산연령층의 비율이 낮아지는 유형이다.

062 정답 ④

> **재생산율**
> • 총재생산율 : 한 여성이 일생 동안 여아를 몇 명 낳는지를 나타내는 지수
> • 순재생산율 : 여성의 연령에 따라 사망하는 율을 고려한 생산지수

063 정답 ②

자궁 내 장치법(루프법)은 피임을 목적으로 자궁강 내에 장착하는 피임기구로 자궁 내 수정란의 착상을 막는 방법이다.

064 정답 ①

②의 안정인구란 인구 이동이 없는 폐쇄인구 상황에서 인구의 성별·연령별 사망률과 가임여성의 연령별 출산율이 일정하게 오랫동안 지속되어 인구규모는 변하나 인구구조는 변하지 않고 일정한 형태를 이루는 인구를 말하며, ③의 정지인구는 출생률과 사망률이 같아 인구규모가 변하지 않고 일정한 수준을 유지하게 되는 경우의 인구를 말한다.

065 정답 ⑤

생명표란 일정한 기간에 성별, 연령별 등으로 정지인구에 투영하여 표현한 것으로 성별 및 연령별 인구수, 생존자수, 사망자수, 생존율, 사망률, 평균여명 등이 필요하다.

066　정답 ②

신생아란 생후 4주(만 28일 이내)까지의 아이를 말한다.

067　정답 ①

순재생산율(NRR)이란 가임여성의 사망을 고려하여 일생동안 여아를 낳는 수의 비를 말한다.
- 순재생산율 1 이상 : 인구증가
- 순재생산율 1 이하 : 인구감소
- 순재생산율 1 : 인구증감 없음

068　정답 ⑤

세계보건기구(WHO)가 규정한 조산아라 함은 임신기간이 28주부터 38주 이내에 태어난 아이로서 출생할 때에 체중이 2.5kg 이하인 아이를 말한다.

069　정답 ①

영아사망률은 1년간 출생아수와 출생 후 1년 미만의 사망자수의 비율이다. 이는 지역사회 보건수준평가에 제일 많이 이용되는 보건통계자료이다.

070　정답 ①

② 영아사망률 = (생후 1년 미만의 영아사망수 ÷ 당해 연도의 출생아수) × 1,000
③ 신생아사망률 = (생후 28일 미만의 사망수 ÷ 당해연도의 출생아수) × 1,000
④ 주산기사망률 = (임신 28주 이후의 태아사망수와 생후 7일 이내의 신생아사망수 ÷ 당해 연도의 출산아수) × 1,000
⑤ 영아후기사망률 = (생후 28일 이후 1년 미만의 사망수 ÷ 당해 연도의 출생수) × 1,000

071　정답 ④

학교보건법은 학교의 보건관리와 환경위생 정화에 필요한 사항을 규정하여 학생과 교직원의 건강을 보호 · 증진함을 목적으로 한다.

072　정답 ④

학교교실의 보건위생적 조건
- 적정조명 : 80~120룩스
- 적정온도 : 18±2℃
- 적정습도 : 50~60%

073　정답 ①

토론방식
- **심포지움** : 비슷한 지적수준을 지닌 청중을 대상으로 특정한 주제에 대하여 전문가가 연설하는 방식
- **강연회** : 일방적 의사전달방법으로 강사가 청중 앞에서 연설하는 방법
- **패널디스커션** : 몇 사람의 전문가가 청중 앞의 단상에 앉아서 자유롭게 사회자의 진행에 따라 토론하는 방식
- **롤 플레잉** : 개별접촉방법을 청중 앞에서 실연하는 방법

074　정답 ④

워크숍은 보통 2~3일 정도 일정이 소요되는 교육 방법으로 특정한 직종에 종사하는 사람들이 각각 경험과 연구를 통하여 얻은 결과를 발표하고 의논한다.

075　정답 ①

보건통계란 지역사회나 국가의 보건수준 및 보건상태를 나타내주며, 보건사업의 필요성을 결정해 준다. 또한 보건에 관한 법률의 개정이나 제정을 촉구하며 보건사업의 우선순위를 결정하며 보건사업의 절차, 분류 등의 기술 발전에 도움을 준다. 보건사업의 활동에 지침이 되며 보건사업의 성패를 결정하는 자료를 제공한다. 보건사업에 대한 공공지원을 촉구하며 보건사업의 기초자료가 되기도 한다.

076　정답 ①

세계보건기구의 주요사업으로는 말라리아근절사업, 결핵관리사업, 성병과 에이즈관리사업, 모자보건사업, 영양개선사업, 환경위생개선사업, 보건교육개선사업, 신종감염병관리사업 등을 한다.

정답
및
해설

077 　　　　　　　　　　　정답 ④

보건행정조직의 원칙
- **조정의 원칙** : 공동목표를 달성하기 위한 행동 통일의 수단이 되는 원칙
- **목표의 원칙** : 상부조직의 장기적인 목표와 하부조직의 단기적인 목표의 명확성 유지
- **명령통일의 원칙** : 명령을 통일성이 있어야 한다는 원칙
- **분업의 원칙** : 업무의 전문화, 기능화, 동질화의 원칙
- **계층화의 원칙** : 업무를 효율적으로 수행하기 위하여 체제가 계층화되어야 한다는 원칙
- **책임과 권한의 일치원칙** : 권한과 책임은 일치해야 한다는 원칙
- **통솔범위의 원칙** : 업무의 속성, 감독자의 자질, 구성원들의 근무장소 분산의 정도 등을 고려하여 통솔의 범위를 정해야 한다는 원칙

078 　　　　　　　　　　　정답 ⑤

국민소득증가율은 경제지표로 보건상태를 비교하는 통계치와 직접적인 관련이 적다.

079 　　　　　　　　　　　정답 ⑤

질병 예방대책
- **1차 예방** : 예방접종, 환경위생관리, 생활조건 개선, 보건교육, 모자보건사업
- **2차 예방** : 건강진단, 감염병환자의 조기치료, 질병진행완화, 후유증 방지 등
- **3차 예방** : 재활치료, 사회생활 복귀

080 　　　　　　　　　　　정답 ①

인구증가의 규제방법으로 멜더스는 도덕적 억제(성순결, 만혼주의)와 빈곤 등을 들고 있으며, F. Place는 피임에 의한 산아조절(신멜더스주의)을 주장하였다.

081 　　　　　　　　　　　정답 ⑤

정태조사란 일정시점에 있어서 일정지역의 인구의 크기, 성별·연령별 구조, 국적별·배우자별 구조, 직업별·산업별 구조, 인구의 분포, 인구의 밀도 등에 관한 통계를 말한다.

082 　　　　　　　　　　　정답 ⑤

인구의 동태적 지표란 인구의 변동을 중심으로 한 통계로 출생, 사망, 전입, 전출, 혼인, 이혼 등이 동태조사의 지표가 된다.

083 　　　　　　　　　　　정답 ②

- **1차 성비** : 태아의 성비
- **2차 성비** : 출생시의 성비
- **3차 성비** : 현재의 성비

084 　　　　　　　　　　　정답 ①

인구구조 유형
- **피라미드형** : 인구증가형
- **종형** : 인구정지형
- **항아리형** : 인구감소형(선진국형)
- **별형** : 도시형(생산층인구 유입형)
- **호로형** : 농촌형(생산인구 유출형)

085 　　　　　　　　　　　정답 ④

세계보건기구는 1948년 4월 7일 26개국 회원국의 비준을 거쳐 발족되었고 본부는 스위스 제네바에 두고 있다.

086 　　　　　　　　　　　정답 ①

WHO 6개 지역사무소
- 동지중해지역사무소 – 이집트의 알렉산드리아
- 동남아시아지역사무소 – 인도의 뉴델리
- 서태평양지역사무소 – 필리핀의 마닐라
- 미주지역사무소 – 미국의 워싱턴
- 유럽지역사무소 – 덴마크의 코펜하겐
- 아프리카지역사무소 – 콩고의 브라자빌

087 정답 ①

세계보건기구(WHO)의 주요 기능
- 국제보건 사업의 지도 · 조정
- 회원국 정부에 대한 보건 분야 지원
- 질병퇴치 및 환경위생 증진
- 보건 분야의 연구 및 교육 추진
- 보건복지 분야의 국제규범제정 등

088 정답 ①

Gulick이 말한 행정의 일반적 순서(POAC)는 기획, 조직, 실행, 관리 순이다.

089 정답 ③

행정에 있어서 주어진 목적을 달성하기 위한 인적 · 물적자원의 능률적인 관리방법인 3S는 표준화(Standardization), 전문화(Specialization), 단순화(Simplification)이다.

090 정답 ①

국민건강보험법에서 규정하는 요양급여로 가입자 및 피부양자의 질병 · 부상 · 출산 등에 대하여 진찰 · 검사, 약제 · 치료재료의 지급, 처치 · 수술 기타의 치료, 의료시설에의 수용, 예방 · 재활, 입원, 간호, 이송 요양급여를 실시한다.

091 정답 ③

사회보장의 종류
① 사회보험
- 소득보장 : 연금보험, 고용보험, 산재보험
- 의료보장 : 건강보험, 산재보험, 노인장기요양보험
② 공공부조
- 소득보장 : 기초생활보장
- 의료보장 : 의료급여
③ 사회서비스
- 사회복지서비스 : 노령연금, 장애자연금 등
- 보건의료서비스 : 환경위생사업, 위생적인 급수사업, 감염병관리사업 등

092 정답 ①

행위별수가제 : 동일한 질병이라도 환자에게 제공되는 의료인의 행위에 따라 수가가 다르게 지급되는 것으로 우리나라에서 채용하는 제도이다.
포괄수가제 : 진료 내용이 유사한 입원환자군에 대해 사전에 일정한 급여액을 정해 보험진료비를 정액 지불하는 제도를 말한다.

093 정답 ③

의료법상의 의료기관은 종합병원, 병원, 의원, 치과병원, 의원, 치과의원, 한방병원, 한의원, 요양병원, 조산원 등이 있으며 보건소와 약국은 보건의료시설이다.

094 정답 ①

보건소 소속공무원은 보건직 공무원으로 행정체계상 행정안전부에 속한다.

095 정답 ①

공중보건사업 수행의 3요소는 보건봉사, 보건교육, 관계법규이다.

096 정답 ①

보건교육방법 중 개인접촉방법은 가정방문, 진찰, 건강상담, 예방접종 등이 있다.

097 정답 ④

심포지움은 집단접촉교육방법이다.

098 정답 ④

학교의 보건 · 위생 및 학습 환경을 보호하기 위하여 교육감은 대통령령으로 정하는 바에 따라 학교환경위생 정화구역을 설정 · 고시하여야 한다. 이 경우 학교환경위생정화구역은 학교 경계선이나 학교설립예정지 경계선으로부터 200미터를 넘을 수 없다.

099 정답 ④

> **보건의료**
> • **1차 보건의료** : 예방접종사업, 식수위생관리사업, 모자보건사업, 영양개선사업, 풍토병관리사업, 통상질병의 일상적 치료사업 등을 말한다.
> • **2차 보건의료** : 주로 응급처치를 요하는 질병이나 급성질환의 관리사업과 병원에 입원치료를 받아야 하는 환자관리사업을 말한다.
> • **3차 보건의료** : 재활을 요하는 환자, 노인의 간호 등 장기요양이나 만성질환자의 관리사업 등을 말한다.

100 정답 ③

보건의료사업은 1차, 2차, 3차 보건의료사업으로 구분하는데 3차 보건의료는 재활을 요하는 환자, 노인의 간호 등 장기요양이나 만성질환자의 관리사업으로서 노령화 사회에서 노인성 질환의 관리에 커다란 기여를 하고 있다.

101 정답 ③

산업혁명으로 공중보건의 사상이 싹튼 시기, 국민의 복지를 국가적 관심사로 받아들이게 된 시기는 근세 여명기이다.

102 정답 ④

영국에서는 1948년 세계 최초로 공중보건법을 제정·공포하였으며 이 법에 기준하여 공중보건국과 지방보건국을 설치하여 보건행정의 기틀을 마련하게 되었다.

103 정답 ④

예방의학적 사상이 시작된 시기, 예방백신이 개발된 시기는 1850~1900년의 확립기이다.

104 정답 ②

①은 직업병의 저서, ③은 우두종두법 개발, ④는 열병환자 조사보고, ⑤는 위생학교실을 창립(뮌헨대학)하였다.

105 정답 ⑤

역학이란 인간집단을 대상으로 질병의 발생요인을 파악하고 요인 간의 상호관계를 규명하며, 그 빈도와 분포를 파악하여 예방대책을 수립하는 학문이지 질병치료의 학문은 아니다.

106 정답 ②

① 기술역학은 인간집단에서 발생되는 질병의 분포, 경향 등을 인적·지역적·시간적 특성에 따라 사실 그대로를 기술하여 조사·연구하는 제1단계 역학을 말한다.
③ 이론역학은 전염병의 발생모델 유행현상을 수학적으로 분석하여 이론적으로 그 유행법칙이나 현상을 수식화하는 3단계적 역학을 말한다.
④ 실험역학은 임상역학이라고도 하며, 실험군을 원인에 의도적으로 노출시키기는 역학으로 인간을 대상으로 하여야 하는 어려움이 있다.
⑤ 작전역학은 보건의료 서비스의 효과 판정에 이용된다.

107 정답 ③

이론역학은 전염병의 발생모델 유행현상을 수학적으로 분석하여 이론적으로 그 유행법칙이나 현상을 수식화하는 3단계적 역학으로 어떤 질병의 발생이나 유행을 예측하는 데 이용되는 접근방법이다.

108 정답 ④

> **병원체**
>
> | 병원체 | 질병 |
> |---|---|
> | 세균성 | 디프테리아, 결핵, 성홍열, 백일해, 장티푸스, 파라티푸스, 콜레라, 세균성이질, 페스트, 임질, 매독, 나병 등 |
> | 바이러스성 | 홍역, 폴리오, 일본뇌염, 유행성이하선염, 두창, 풍진, 유행성간염, 황열, B형간염, 광견병, AIDS, 유행성출혈열 |
> | 리케치아성 | 양충병, Q열, 발진열, 발진티푸스, 록키산홍반열 등 |
> | 원충성 | 말라리아, 아메바성이질 등 |

109 정답 ①

생물학적 전파 유형

- **증식형 전파** : 병원체가 곤충의 체내에서 수적 증식만 한 다음 다른 사람에게 공격할 때 전파되는 것으로 흑사병, 황열, 일본뇌염, 발진티푸스, 발진열, 재귀열 등이 있다.
- **발육형 전파** : 병원체가 곤충의 체내에서 수적 변화는 없고 단지 발육만 한 다음 다른 사람에게 전파되는 것으로 사상충병이 대표적이다.
- **발육증식형 전파** : 병원체가 곤충의 체내에서 발육과 증식을 해서 다른 사람에게 전파하는 것으로 말라리아, 수면병 등이 있다.
- **경란형 전파** : 알(세대)을 경유하여 대대로 계속 질병을 일으키는 것으로 주로 진드기매개 질병이 속하는데 양충병(쯔쯔가무시병), 록키산홍반열, 진드기매개 재귀열 등이 있다.
- **배설형 전파** : 곤충의 체내에서 증식한 후 장관을 거쳐 배설물과 함께 배출되어 전파하는 것으로 발진티푸스, 발진열, 이매개 재귀열 등이 있다.

110 정답 ①

비활성전파체(무생물 전파체)

- **공기 전파** : 디프테리아, 결핵, 홍역, 백일해, 풍진, 성홍열, 천연두 등
- **토양 전파** : 파상풍
- **물 전파** : 장티푸스, 파라티푸스, 콜레라, 소아마비, 이질, A형간염(유행성간염)
- **우유 전파** : 결핵, 파상열, Q열
- **음식물 전파** : 식중독, 콜레라
- **개달물 전파** : 환자가 쓰던 무생물로 환자의 손수건, 컵, 안경, 장신구 등으로부터 전파되는 것으로 트라코마가 대표적 질환이다.

111 정답 ④

신숙주에의 침입을 통한 감염병 분류

- **호흡기** : 결핵, 디프테리아, 성홍열, 백일해, 수막구균성수막염, 두창, 홍역, 인플루엔자 등
- **소화기** : 장티푸스, 이질, 파라티푸스, 콜레라, 폴리오, 유행성간염 등

- **성기점막** : 매독, 임질, 연성하감, 전염성 농가진 등
- **점막피부** : 파상풍, 페스트, 발진티푸스, 일본뇌염, 트라코마, 에이즈, 말라리아 등

112 정답 ③

병원소란 병원체가 그 안에서 생산되어 대기하고 있는 생물과 무생물을 말하며, 병원체는 질병을 일으키는 생물을 말한다.

113 정답 ④

세계 최초의 사회보장법은 1935년 미국에서 제정되었다.

114 정답 ⑤

치명률이란 어떤 질병에 걸린 환자 100명 중에서 사망하는 사람의 수를 말한다.

115 정답 ②

의료인이라 함은 의사, 치과의사, 한의사, 간호사, 조산사를 말한다.

116 정답 ①

표준편차는 분산의 제곱근의 값으로 산포도의 대소를 비교하는 데 가장 잘 사용된다.

117 정답 ⑤

공중보건학의 발전단계

고대기	• 기원전~서기500년 • 히포크라테스
중세기	• 500년~1500년 검역소 설치 • 방역의사, 빈민구제의사 활동
여명기	• 1500~1850년 공중보건의 사상이 싹틈 • 최초의 보건학저서 발간(J.P.Frank)

	최초의 국세조사(스웨덴), 제너 종두법 개발, 세계최초의 공중보건법 제정공포(1848, 영국)
확립기	• 1850~1900, 예방의학사상 시작 • 콜레라 역학조사(J. Snow)
발전기	• 1900~현재, 1919년 영국 보건부설립 • 1948년 WTO발족(1차 보건의료, 건강증진)

118 　　　　　　　정답 ①

건강이란 단순히 질병이 없고 허약하지 않은 상태만을 의미하는 것이 아니라 육체적 · 정신적 건강과 사회적 안녕의 완전한 상태를 의미한다(세계보건기구).

119 　　　　　　　정답 ①

코호트 연구(전향성 조사)란 특정 요인에 노출된 집단과 노출되지 않은 집단을 추적하고 연구 대상 질병의 발생률을 비교하여 요인과 질병 발생 관계를 조사하는 연구방법으로 아래와 같은 장단점을 가진다.

장점	• 폐암과 같은 흔한 병에 적합하다. • 편견이 적어 객관적이다. • 위험도 산출이 가능하다.
단점	• 조사경비가 많이 든다. • 장기간의 관찰이 필요하다. • 조사노력이 많이 들고 탈락률이 높다.

120 　　　　　　　정답 ②

상대위험도란 비교위험도라고도 하는데 위험요인에 폭로된 집단의 발병률 ÷ 비폭로된 집단의 발병률이다.

121 　　　　　　　정답 ②

발생률이란 단위인구당 일정기간에 새로 발생한 환자수로 표시되는 것으로 발생률 = (일정기간 동안 환자의 발생수 ÷ 총인구수) × 1000 이다.

122 　　　　　　　정답 ②

귀속위험도는 기여위험도라고도 하는데 위험요인에 폭로된 실험군의 발병률 － 비폭로군의 발병률이다.

123 　　　　　　　정답 ①

병원소란 병원체계 안에서 생산되어 대기하고 있는 생물과 무생물을 말하는 것으로 사람(환자, 보균자), 동물(개, 소, 돼지), 토양(오염된 토양) 등이다.

124 　　　　　　　정답 ①

감염병의 발생과정은 병원체 － 병원소 － 병원소로부터의 탈출 － 전파 － 새로운 숙주에의 침입 － 숙주의 감수성과 면역의 과정을 거친다.

125 　　　　　　　정답 ①

자연능동면역이란 질병에 감염된 후 회복된 결과로 형성되는 면역을 말한다.

126 　　　　　　　정답 ③

태아가 모체로부터 태반이나 수유를 통해 받는 면역은 자연수동면역이다.

127 　　　　　　　정답 ①

자연능동면역과 질병
• **현성 감염 후 영구면역** : 홍역, 수두, 유행성이하선염, 백일해, 콜레라, 장티푸스, 발진티푸스, 페스트, 두창, 성홍열, 황열 등
• **불현성 감염 후 영구면역** : 일본뇌염, 폴리오, 디프테리아
• **약한 면역** : 폐렴, 수막구균성수막염, 세균성이질
• **감염면역(면역 형성이 안 되는 것)** : 성병(임질, 매독), 말라리아

128　　　　　　　정답 ①

인공능동면역과 질병
- **생균 백신** : 결핵, 홍역, 황열, 수두, 폴리오, 광견병, 탄저병, 두창
- **사균 백신** : 일본뇌염, 폴리오, 백일해, 장티푸스, 콜레라, 파라티푸스
- **순화 독소** : 파상풍, 디프테리아

129　　　　　　　정답 ③

역학의 감염병 시간적 현상
- **추세변화** : 장기변화로 장티푸스, 디프테리아, 인플루엔자(독감) 등이다.
- **순환변화(주기적 변화)** : 홍역, 백일해, 일본뇌염
- **계절적 변화** : 여름에는 소화기질환, 겨울에는 호흡기질환
- **불규칙변화** : 돌발적 유행 감염병으로 주로 수인성 감염병이 대부분이다.

130　　　　　　　정답 ①

검역법에 규정된 검역감염병은 콜레라, 페스트, 황열이다.

131　　　　　　　정답 ②

① **독력** : 질병의 위중도와 관련된 개념이다.
③ **병원력** : 병원체가 감염된 숙주에게 현성질환을 일으키는 능력을 말한다.
④ **치명률** : 그 질병에 걸렸을 때 일정기간 내 사망하는 확률을 말한다.
⑤ **제2차 발병률** : 환자와 접촉자 중에서 새로 발병한 비율을 말한다.

132　　　　　　　정답 ⑤

인구증가라 함은 자연증가(출생 − 사망) + 사회증가(유입 − 유출)를 포함한다.

133　　　　　　　정답 ⑤

⑤의 경우는 WTO가 아니라 국제노동기구(ILO)에서 분류하였다.

134　　　　　　　정답 ③

사산율 = (연간사산아수 ÷ 연간출생아수) × 100이다.

135　　　　　　　정답 ②

②는 증식의 원리 내용이다. 규제의 원리는 인구는 식량에 의해서 규제된다는 원리이다.

136　　　　　　　정답 ⑤

α−Index = 영아사망수 / 신생아사망수이다.

137　　　　　　　정답 ②

지역사회보건의 기본적인 접근방법은 치료와 진료가 아니라 1차 보건의료를 기본적인 바탕으로 하고 있다.

138　　　　　　　정답 ⑤

보건소는 행정안전부 소속기관이며, 시 · 군 · 구가 관리책임을 맡고 있다.

139　　　　　　　정답 ①

노령화사회로 진입됨에 따라 경제적 의미가 커지고 있다.

140　　　　　　　정답 ③

상관계수란 한 값이 변함에 따라 다른 한 값이 변하는 정도를 나타내는 계수이다.

정답 및 해설

5과목 식품위생학 [필기]

001	⑤	002	⑤	003	④	004	③	005	④
006	③	007	④	008	②	009	①	010	③
011	②	012	②	013	④	014	⑤	015	④
016	③	017	④	018	⑤	019	⑤	020	④
021	③	022	①	023	④	024	⑤	025	⑤
026	⑤	027	④	028	③	029	④	030	②
031	⑤	032	⑤	033	④	034	①	035	⑤
036	②	037	③	038	④	039	①	040	①
041	④	042	⑤	043	①	044	⑤	045	③
046	④	047	⑤	048	⑤	049	①	050	①
051	④	052	④	053	④	054	⑤	055	⑤
056	④	057	④	058	④	059	①	060	③
061	①	062	⑤	063	④	064	⑤	065	③
066	②	067	⑤	068	①	069	⑤	070	④
071	④	072	⑤	073	⑤	074	②	075	⑤
076	①	077	⑤	078	③	079	②	080	②
081	⑤	082	②	083	①	084	⑤	085	⑤
086	②	087	④	088	④	089	⑤	090	④
091	④	092	⑤	093	⑤	094	⑤	095	①
096	⑤	097	①	098	④	099	③	100	③
101	⑤	102	①	103	⑤	104	④	105	①
106	②	107	⑤	108	④	109	①	110	③
111	①	112	③	113	③	114	⑤	115	③
116	⑤	117	④	118	④	119	③	120	②
121	②	122	⑤	123	④	124	⑤	125	⑤

126	①	127	④	128	③	129	⑤	130	①

001 정답 ⑤

중성세제는 소독효과는 거의 없으나 세척효과가 높다.

002 정답 ⑤

미생물의 성장과 관계 깊은 요인이 식품의 부패를 결정하는 중요한 인자가 되는데 이에는 산도, 온도, 습도, 산소 등이다.

003 정답 ④

식품에 의한 위생상의 위해요인으로는 미생물 기인성, 화학물질 기인성, 기생충 기인성, 수질 기인성 등을 들 수 있다.

004 정답 ③

냉동상태에서는 미생물의 증식이 억제되는 효과, 냉장상태에서는 미생물의 활동이 정지되는 효과가 있다.

005 정답 ④

산소와 균
- 혐기성균 : 산소가 있으면 제대로 활동하지 않는 균
- 호기성균 : 산소가 있으면 활동하는 균
- 편성 혐기성균 : 산소가 절대적으로 성장과 증식을 못하게 하는 균
- 편성 호기성균 : 성장과 증식에 산소를 절대적으로 필요로 하는 균

006 정답 ③

식중독균의 잠복기간
- 포도상구균 식중독 : 1~6시간(평균 2시간 정도)
- 살모넬라균 식중독 : 12~24시간
- 장염비브리오균 식중독 : 16~18시간
- 보툴리누스균 식중독 : 12~24시간

007 정답 ④

열과 식중독균
- 장염비브리오균 : 60℃에서 2분 정도면 사멸됨
- 병원성 대장균 : 60℃에서 30분 정도면 사멸됨
- 포도상구균 : 100℃에서 30분 정도면 사멸됨
- 보툴리누스균 : 120℃에서 4분 정도면 사멸됨

008 정답 ②

살모넬라 식중독은 동물인 쥐에 의하여 감염되는 경우가 가장 많다.

009 정답 ①

식물성 자연독
- 버섯독 : Muscarine, Phaline, Amanitatoxin, Choline
- 맥각독 : Ergotoxin
- 감자독 : Solanine
- 미나리독 : Cicutoxin
- 매실독 : Amygdaline
- 곰팡이독 : Mycotoxin
- 된장독과 간장독 : Aflatoxin

010 정답 ③

복어가 독을 가장 강하게 품는 시기는 산란기인 5~7월이며 복어의 독은 동물성 자연독의 대표적인 것으로 생식기(난소) > 창자 > 간 > 피부 순으로 많이 들어있다.

011 정답 ②

폴리오(소아마비)는 바이러스성 경구감염병에 해당한다.

012 정답 ②

유행성간염의 병원소는 사람, 침팬지 등으로, 돌발성 발열과 불쾌감, 황달증상을 보인다.

013 정답 ④

어패류로부터 감염되는 기생충 중간숙주
- 간디스토마 : 제1중간숙주 – 왜우렁, 제2중간숙주 – 민물고기(붕어, 잉어, 모래무지)
- 폐디스토마 : 제1중간숙주 – 다슬기, 제2중간숙주 – 가재, 게, 참게
- 광절열두조충 : 제1중간숙주 – 물벼룩, 제2중간숙주 – 민물고기(송어, 연어, 숭어)
- 아니사키스 : 제1중간숙주 – 갑각류(크릴새우), 제2중간숙주 – 바다생선(고등어, 갈치, 오징어)
- 요코가와흡충 : 제1중간숙주 – 다슬기, 제2중간숙주 – 담수어(붕어, 은어)
- 유구악구충 : 제1중간숙주 – 물벼룩, 제2중간숙주 – 미꾸라지, 가물치, 뱀장어, 최종숙주 – 개, 고양이

014 정답 ⑤

파라옥시안식향부틸은 방부제(보존료)에 해당된다.

015 정답 ④

소포제는 식품의 제조과정에서 발생하는 거품을 방지하거나 감소시켜 식품품질을 향상시키는 첨가물로 대표적으로 규소수지 등이 있다.

016 정답 ③

착색제는 인공적으로 착색을 시켜 천연색을 보환, 미화하여 식품의 매력을 높이는 데 도움을 주는 첨가물을 말한다. 황산동은 비타르계 색소로 채소류 및 과일류의 저장품과 다시마 등의 착색제로 사용된다. 타르계 색소는 주로 과자, 청량음료에 사용된다.

017 정답 ③

①의 개량제는 밀가루의 표백과 숙성기간을 단축시키고 제빵 효과의 저해물질을 파괴시켜 분질을 개량하기 위하여 첨가하는 물질이다.
②의 착향제란 상온에서 휘발성이 있으므로 후각을 자극함으로써 특유한 방향을 느끼게 하여 식욕을 증진시키는 목적으로 식품에 첨가하는 물질이다.

④의 유화제란 잘 혼합되지 않는 두 종류의 액체를 혼합할 때 분리되지 않고 분산시키는 기능을 갖는 물질이다.
⑤의 강화제란 식품에 영양소를 강화할 목적으로 사용되는 첨가물이다.

018 정답 ⑤

5대 영양소란 탄수화물, 지방, 단백질, 비타민, 무기질이다.

019 정답 ⑤

비타민D는 체내에 흡수된 칼슘을 뼈와 치아에 축적하고 뼈의 성장을 촉진해 구루병을 예방한다. 비타민B1, B2, B6은 알레르기에 대한 작용이 있으며, 특히 비타민B2는 항체를 생산시키는 역할을 하여 각종 감염병을 예방하거나 저항력을 높인다.

020 정답 ④

장티푸스 환자는 정상인보다 3배 정도 질소를 더 많이 배출하며, 비타민A와 비타민C를 많이 소모한다.

021 정답 ③

5대 영양소
• **인체에 필요한 열량을 내는 영양소** : 단백질, 탄수화물, 지방
• **인체를 조절하는 영양소** : 무기질, 비타민

022 정답 ①

인체구성 비율은 수분(65%) > 단백질(16%) > 지방(14%) > 탄수화물(소량) > 무기질(5%)로 되어 있다.

023 정답 ④

탄수화물은 인체 내에서 글리코겐의 형태로 근육 및 간에 저장된다.

024 정답 ⑤

단백질의 결핍증상으로는 인체의 발육정지, 인체의 손모, 부종, 빈혈, 병균에의 저항력 감소 등을 가져온다.

025 정답 ⑤

⑤는 무기질 중 수분의 작용이다.

026 정답 ⑤

수분의 결핍현상
• **5% 상실되는 경우** : 갈증을 느낀다.
• **10% 상실되는 경우** : 인체 이상이 온다.
• **15% 이상 상실되는 경우** : 생명에 위험한 상황이 올 수 있다.

027 정답 ④

갑상선의 기능유지에 작용하는 무기질은 요오드이다.

수분의 기능
• 체온조절의 기능
• 노폐물 제거 및 배설 기능
• 영양소의 흡수, 이동, 공급의 기능
• 장기보호와 윤활유의 역할
• 체액의 농도와 산과 염기의 평형유지기능 등

028 정답 ③

인은 인체의 골, 뇌신경의 주성분이 되며 1일 필요량은 성인의 경우 700mg 정도이다. 인이 결핍하게 되면 인체에서의 칼슘 이용도 감소, 영양장애, 질병에 대한 저항력 약화, 뼈의 변질 등을 가져오게 된다.

029　　　　　　　　　　정답 ④

수용성 비타민

비타민B1	120℃에서 1시간 이내에 파괴되며 탄수화물을 산화시키는 데 필요하다. 결핍증상으로 각기증상, 식욕부진, 신경통, 피로감 등이 있다.
비타민B2	세포 내에 단백질과 결합하여 황색산화효소를 생성하며 산화환원작용을 한다. 결핍증상으로 성장정지, 식욕감퇴, 구순염, 설염, 체중감소, 각막염 등이 있다.
비타민B6	임신성 구토증이 있는 사람, 빈혈이 있는 사람, 근육이 약한 사람 등에게 필요하다.
비타민12	유산균의 성장에 필요한 물질을 분해하고 악성빈혈을 완화시켜 주며 결핍현상으로는 빈혈이 있다.
니코틴산 (나이아신)	체내에서 산화작용과 피부에 연관된 작용을 유지하며 결핍하면 펠라그라병이 유발된다.
비타민C	고열에 파괴되고 조직 내 산화작용을 도우며, 결핍될 경우 괴혈병이 유발된다.

030　　　　　　　　　　정답 ②

지용성 비타민

비타민A	b카로틴이라고도 하며 지방에 용해되고, 피부점막의 조직과 기능을 유지시키며, 세균 및 기생충 감염에 대한 저항력을 증진시키고, 야맹증 예방에 도움을 준다.
비타민D	골의 생성에 관여하며 구루병을 예방하고 결핍 시 구루병, 충치와 풍치, 골연화증 등을 유발한다.
비타민E	생식기능과 밀접한 관계가 있으며 결핍 시 불임증, 유산, 근육마비 등이 발생한다.
비타민K	프로트롬빈(혈액응고에 관여하는효소) 생성을 유도하며 신생아에게는 체내에서 합성이 불가능하여 외부에서 공급받아야 하며 결핍 시 혈액의 응고시간이 길어지거나 상처가 난 경우에 지혈이 제대로 되지 않는다.

비타민F	지방대사의 활성과 신체의 발육을 촉진시키며 결핍 시 발육정지와 지방대사장애가 오며 피부가 건조해진다.

031　　　　　　　　　　정답 ⑤

구루병과 충치, 풍치는 비타민D의 결핍 시 나타나는 증상이다.

032　　　　　　　　　　정답 ⑤

식품위생이란 식품, 식품첨가물, 기구 또는 용기·포장을 대상으로 하는 음식에 관한 위생을 말한다.

033　　　　　　　　　　정답 ④

식품위생관리 영역
- 식중독
- 식품을 통한 병원미생물(전염병)의 감염
- 식품을 통한 기생충 질병의 감염
- 식품의 오염(폐수, 농약, 방사능 등) 피해
- 식품보존방법의 부적합
- 식품위생 행정활동
- 부정식품의 단속 및 유통관리
- 식품 검역 등

034　　　　　　　　　　정답 ①

미국 식품위생관련협회가 제시한 식품위생관리의 3대 요건은 식품의 안전성, 식품의 무결성, 식품의 건강성이다.

035　　　　　　　　　　정답 ⑤

⑤의 경우 혐기성 세균이 아니라 호기성 세균이다.

정답
및
해설

036   정답 ②

식품보존료로는 벤조산, 소르브산, 디히드로아세트산, 파라옥시벤조산에스테르, 프로피온산 등이 있으며 ②의 나프탈렌아세테이트는 낙과방지제이다.

037   정답 ③

동물성 식품의 보존은 0∼5℃, 식물성 식품의 보존은 0∼10℃가 적당하다.

038   정답 ④

건조시켜 보존하는 방법은 식품의 수분을 제거하여 미생물의 증식과 활동을 억제하는 방법으로 육류, 어류, 곡류 등은 수분 20% 이하로 보존하여야 한다.

039   성납 ①

위해요소분석이란 위해를 미리 예측하여 그 위해요인을 사전에 파악하는 것을 의미하므로 위해방지를 위하여 사전적으로 예방하기 위한 식품안전관리체계이다.

040   정답 ①

세균성 식중독
- 감염형 식중독 : 살모넬라균, 장염비브리오
- 독소형 식중독 : 포도상구균, 보툴리누스균, 웰치균, 장구균, 병원성독소형대장균군

041   정답 ③

경구감염병은 병원체가 입을 통해 소화기로 침입하여 감염되는 것으로 세균성 식중독에 비해 전염성이 매우 크다.

042   정답 ⑤

병원성대장균은 한전배지(세균생육배지)에서 잘 발육하며 최적 발육온도는 37℃ 정도이다.

043   정답 ①

살모넬라(Salmonella)균은 1885년 샐먼(Salmon)과 스미스(Smith)에 의해서 처음 돼지 콜레라(cholera)의 원인균으로서 처음으로 발견된 것으로, 가장 오래 전에 규명된 식중독균이다.

044   정답 ⑤

⑤는 장염 비브리오균의 내용이다.

045   정답 ③

살모넬라균이 발육하기에 적절한 온도가 35∼37℃ 정도이므로 저온상태로 식품을 보존하고 유통하여야 한다.

046   정답 ④

장염비브리오균은 통성혐기성균이다.

047   정답 ②

장염비브리오균은 염분에 잘 활동하는 식중독 균으로 어패류와 도시락 등 복합조리식품 등이 원인식품이며, 1950년 일본 오사카에서 대규모 식중독사건 발생의 원인균이다.

048   정답 ⑤

독소형 식중독 균으로는 포도상구균, 보툴리누스균, 웰치균, 장구균 등이 있다.

049   정답 ①

포도상구균은 1914년 바버가 규명한 것으로 화농성 질환의 대표적 원인균이며, 엔테로톡신이라고 하는 독소를 생성한다.

050   정답 ①

포도상구균 식중독의 원인식품으로는 우유, 크림과자, 버터, 치즈 등의 유제품이 있다.

051 정답 ④

보툴리누스균의 독소는 A, B, C, D, E, F, G가 있는데 사람에게 식중독을 일으키는 것은 A, B, E, F형 등이다.

052 정답 ④

웰치균에 의한 식중독은 1945년 이후 그 발생률이 점점 증가하였는데 그 후에 학교급식에 의한 식중독, 닭고기에 의한 식중독 등이 나타났다.

> **식중독 원인식품**
> • 포도상구균 : 유제품
> • 장염비브리오균 : 어패류
> • 보툴리누스균 : 햄, 소시지
> • 장구균 : 치즈, 두부와 그 가공품

053 정답 ④

애리조나균은 1939년 미국의 애리조나주에서 서식하는 도마뱀에서 처음으로 분리된 것으로 살모넬라균과 비슷하며 특히 파충류나 가금류에서 균이 검출되는 확률이 높았다.

054 정답 ⑤

⑤는 알레르기성 식중독에 대한 설명이다.

055 정답 ⑤

독버섯의 독소는 무스카린, 팔린, 아마니타톡신, 무스카리딘, 콜린, 뉴린, 필즈톡신 등이며, 솔라닌은 감자의 순에 들어있는 독소이다.

056 정답 ④

무스카린은 독성이 매우 강하며 주로 붉은 광대버섯에 가장 많고, 중독이 되면 군침, 땀 등의 각종 분비액의 증가, 호흡곤란과 위장장애 증상이 나타난다.

057 정답 ④

①은 독버섯, ②는 감자, ③은 청매실, ⑤는 독미나리에 함유된 독성이다.

058 정답 ③

청매실은 아미그달린이고, 리신은 피마자로부터 발생하는 독소이다.

059 정답 ①

테트로도톡신은 복어독으로 동물성 자연독이다.

060 정답 ③

베네루핀은 독소가 있는 간장 독으로, 바지락, 굴, 모시조개 등에 함유되어 있으며 집단 식중독 발생의 원인이 되고 있다. 식후 24시간 이내에 전신권태감, 오심, 구토, 복통, 미열이 나타난다.

061 정답 ①

베네루핀독은 바지락, 굴, 모시조개 등에 함유되어 있으며, 열에 무독화되지 않아 100℃로 3시간 가열하여도 소멸되지 않으나 120℃에서는 50% 이상이 파괴된다.

062 정답 ②

곰팡이균에 의하여 발생하는 독은 대부분이 비단백질성의 저분자화합물이다.

063 정답 ④

곰팡이독 중 뇌와 중추 신경계에 장애를 일으키는 신경독으로는 시트레오비리딘, 시클로피아존산, 파틀린, 말토리진 등이 있다.

064 정답 ①

곰팡이독 유형 중 인체에 간경변, 간종양, 간세포 장애 등을 일으키는 간장독은 아플라톡신, 스테리그마토시스틴, 루테오스키린, 이슬란디톡신 등이 있다.

로 사용하고 있다.

065　　　　　정답 ③

아플라톡신은 아스페르길루스속 곰팡이류의 2차 대사로 생성되는 물질로 인체에 각종 암을 유발시키는 독성물질이다.

066　　　　　정답 ②

보리, 밀, 화분(꽃가루), 식물씨방 등에 기생하는 맥각균은 에르고타민, 에르고톡신 등 맥각독을 생성한다.

067　　　　　정답 ③

신경 및 신장에 장해를 일으키는 페니실륨 독소로 시트리닌, 시트레오비리딘 등이 있다.

068　　　　　정답 ①

시클라메이트는 무색의 결정성 가루로서 물에 잘 녹으며 화학적으로 열에 안정성을 지니며 설탕의 40~50배 정도의 단맛을 지닌다.

069　　　　　정답 ⑤

에틸렌클리콜은 자동차 부동액으로 널리 사용되는 독성 화합물로서 순수한 상태에서 냄새와 색이 없고 점성이 있으며 단맛이 난다.

070　　　　　정답 ④

아우라민은 독성이 강해서 다량 섭취하면 피부에 흑색 반점이 생기고 두통, 맥박감소, 의식불명 등의 증상이 나타나는 염기성 황색 착색료로 단무지, 과자, 각종 면류, 카레 등에 광범위하게 사용되었다.

071　　　　　정답 ④

붕산은 과거 방부효과가 있어 마가린, 어육 연제품, 햄, 베이컨 등에 사용되기도 하였으나, 현재는 소독제 등의 의약품으

072　　　　　정답 ⑤

메탄올은 알코올 발효 때 생성되는 것으로 포도주와 사과주 등의 과실주, 정제가 불충분한 청주, 증류주 등에 이용되었다. ⑤는 유해 첨가물 중 형광염료에 대한 설명이다.

073　　　　　정답 ③

미나마타병은 수은중독에 의한 질병이다. 1956년 일본의 구마모토현 미나마타시에서 메틸수은이 포함된 조개 및 어류를 먹은 주민들에게서 집단적으로 발생하면서 사회적으로 큰 문제가 되었다.

074　　　　　정답 ②

납숭녹은 각종 점가불, 각종 봉기와 기구, 농조림 캔의 땜납 등으로부터 검출되며 급성 중독증상으로 구토, 복통, 인사불성, 사지마비 현상 등이 오며, 만성중독증상으로 빈혈, 배뇨장애, 사지감각장애 등이 유발된다.

075　　　　　정답 ②

이타이이타이병은 아연의 제련과정에서 배출하는 폐광석에 들어있는 카드뮴이 강으로 흘러들어 이를 식수나 농업 용수로 사용한 사람들에게 발생된 병으로 주로 식기도금에서 나온다.

076　　　　　정답 ①

PCB중독은 1968년 일본의 가네미회사가 제조한 쌀겨기름에 폴리염화비페닐(PCB)이 혼입되어 있었기 때문에 이것을 먹은 소비자가 입은 건강피해이다. 이는 다염화비페닐 중독에 의한 것으로 인체의 색소침착, 다량의 침출물 방출 등의 증상을 유발했다.

077　　　　　정답 ⑤

비타민F는 지방대사의 활성과 신체의 발육을 촉진시킨다. 비타민F가 부족할 경우 발육정지와 지방대사장애가 오며 피부가 건조해진다.

078 정답 ③

비타민E는 생식기능과 밀접한 관계가 있으며 비타민E가 부족할 경우 생식기능이 저하되고 불임증, 유산, 근육마비 등이 발생할 수 있다.

079 정답 ②

비타민D는 골의 생성에 관여하고 구루병을 예방하며 Ca와 P의 대사에 관여하여 비타민D가 부족할 경우 구루병, 충치와 풍치, 골연화증 등을 유발한다.

080 정답 ②

비타민B2는 인체의 성장과 발육에 필요한 요소로 부족할 경우 눈의 충혈, 결막염, 각막염, 구강염 등이 생길 수 있다.

081 정답 ⑤

비타민B12는 혈장을 구성하는 주성분으로 결핍 시 신경장애를 보이고, 악성빈혈에 걸릴 수 있다.

082 정답 ②

염화나트륨은 성인의 경우 1일 필요량이 약 15g으로 부족하면 피로, 정신불안, 현기증, 열중증, 무력감 등이 유발된다.

083 정답 ①

인체조절기능은 주로 비타민과 무기질이 하고 있다.

> **단백질의 기능**
> • 근육, 결합조직 등 신체조직의 구성성분
> • 효소, 호르몬, 항체의 구성에 필요
> • 체내 필수 영양성분이나 활성물질의 운반과 저장에 필요
> • 체액, 산-염기의 균형유지에 필요
> • 에너지, 포도당 합성에 필요

084 정답 ②

임산부는 정상인에 비해 보다 많은 열량을 섭취해주어야 하며, 특히 단백질의 부족은 임신중독증을 유발할 수 있으므로 주의해야 한다.

085 정답 ⑤

칼슘은 뼈와 치아를 구성하는 주성분이며, 성인의 경우 체중의 약 1.5~2%가 칼슘으로 구성된다.

086 정답 ③

중성세제는 소독효과가 거의 없다. 하지만 세척효과는 큰 편이다.

087 정답 ④

> **식품의 화학적 검사**
> • 어류와 육류에 대한 암모니아성, 휘발성 아민의 측정, 단백질 침전 등의 검사
> • 식용유지에 대한 과산화물 측정, 카르보닐가 측정 등

088 정답 ④

유기염소계 농약(유기염소제)은 잔류성이 크고 지용성이며 일반적으로 중추신경계에 작용하여 인체에 해를 끼친다. 화학적으로 안정되어 토양 중에서도 오랫동안 잔류하므로 물을 오염시키며, 다른 생물체를 통하여 음식물로 이행, 생물농축 현상이 있어 인체에 축적되어 만성중독을 일으키고, 식욕부진, 이상감각, 운동마비 등의 현상이 나타난다.

089 정답 ②

> **산패변질의 종류**
> • **부패** : 단백질식품이 혐기성 세균에 의해 분해작용을 받아 악취와 유해물질을 생성하는 현상
> • **변패** : 탄수화물, 지방질이 미생물의 작용으로 변질되는 현상
> • **산패** : 유지를 공기 중에 방치했을 때 산성을 띠며, 악

취가 나고 변색이 되는 현상
• **발효** : 탄수화물이 미생물의 작용으로 유기산 알코올 등의 유용한 물질이 생기는 현상

• 잠복기가 3시간 정도로 매우 짧다.
• 원인식품은 우유 및 유제품 등이고, 감염원은 화농성 환자이다.

090 　　　　　　　　　　 정답 ⑤

식품의 부패는 미생물의 성장에 의해 이루어지므로 미생물 생육에 필요한 환경조건으로 온도, 습도, 산도, 산소, 염분 등이 있다.

091 　　　　　　　　　　 정답 ④

Bacillus속
• 내열성 아포를 형성하며 호기성균이다.
• 식품의 오염균 중 가장 보편적이다.
• 전분의 분해력이 강하다.
• Bacillus natto는 청국장 제조에 이용하는 미생물이다.
• 자연계에 널리 분포하며 식품오염의 주역으로 알려진 미생물이다.

092 　　　　　　　　　　 정답 ①

대장균의 정성실험은 1차 추정실험 → 2차 확정실험 → 3차 완전실험 순으로 실시한다.

093 　　　　　　　　　　 정답 ⑤

HACCP(위해요소중점관리기준)의 목적은 식품의 재료 자체, 식품의 제조 · 가공 · 보존 · 유통 · 조리단계를 거쳐 소비자가 섭취하기 전까지 과정에서 발생할 우려가 있는 위해요소를 규명하는 것을 목적으로 한다.

094 　　　　　　　　　　 정답 ⑤

포도상구균 식중독
• 그람양성, 구균, 무아포상, 무편모로 비운동성이며 장독소인 enteroxin을 생성한다.
• 열에 강하여 끓여도 잘 파괴되지 않는다.

095 　　　　　　　　　　 정답 ①

식중독의 구분	
세균성 식중독	• **감염형 식중독** : 살모넬라, 장염 비브리오, 프로테우스, 아리조나 식중독 • **독소형 식중독** : 포도상구균, 보툴리누스 식중독
화학성 식중독	유해첨가물, 유해금속, 농약 중독
자연독 식중독	동물성, 식물성, 곰팡이 중독

096 　　　　　　　　　　 정답 ⑤

살모넬라균 식중독 원인균은 Salmonella Enteritidis이다. Salmonella Typhi은 장티푸스 원인균이다.

097 　　　　　　　　　　 정답 ①

②는 매실독, ③은 독미나리독, ④는 감자, ⑤는 맥각독이다.

098 　　　　　　　　　　 정답 ④

복어의 독은 난소, 간, 피부, 장 순으로 많이 들어 있다.

099 　　　　　　　　　　 정답 ③

식품을 조리하기 전에 인체의 손 소독이나 조리기구 등을 소독하는 데 이용되는 것은 역성비누(양성비누)이다.

100 　　　　　　　　　　 정답 ③

계면활성제란 물과 유지의 경계에 존재하여 두 물질을 혼합

시켜 주는 역할을 하는 것으로 특히 기름이 많이 묻어 있는 포장기구 용기를 세척할 때 사용된다.

101 정답 ⑤

공중보건학이란 조직적인 지역사회의 공동노력을 통해 질병을 예방하고, 수명을 연장시키며, 신체적 · 정신적 효율을 증진시키는 기술이며 과학이다(Winslow교수 정의).

102 정답 ③

1866년 독일 뮌헨대학에 M.V. Pettenkofer가 위생학 강좌를 개설하여 실험위생학을 발전시켰다.

103 정답 ①

감염병의 유행양식으로는 생물학적 현상, 시간적 현상, 지리적 현상, 사회적 현상 등이 있다. 위 문제의 경우는 생물학적 현상에 대한 내용이다.

104 정답 ④

①은 홍역, 유행성이하선염, 풍진 등에 대한 예방주사이고, ②는 현재 결핵 감염 유무 검사방법이며, ③은 구 결핵 감염 유무 검사방법이며, ⑤는 살충제이다.

105 정답 ①

호흡기계 감염병 예방은 미 감염자에게 예방접종을 실시하는 것이 가장 효과적이다.

106 정답 ②

장티푸스는 사람만이 병원소가 되며 나머지는 인수공통감염병으로 사람, 동물이 병원소가 된다.

107 정답 ⑤

탄저병은 양, 소 등이 전파하는 질병이다.

108 정답 ④

렙토스피라증은 가축이나 야생동물, 설치류 등 다양한 병원소를 가지며, 건강보균 숙주인 들쥐의 신장, 세뇨관에 무증상 감염된 후 오줌으로 배설되어 논, 밭에서 작업하는 농부의 상처로 침입하여 감염되는 질병이다.

109 정답 ①

급성감염병은 발생률은 높고 유병률은 낮다. 발생률이란 현재 질병에 새롭게 이환된 사람을 말하고, 유병률이란 한 시점에서의 현재 병을 앓고 있는 사람을 의미한다.

110 정답 ③

만성감염병은 발생률은 낮고 유병률은 높다.

111 정답 ①

②는 성홍열의 감수성 검사방법, ③은 디프테리아의 감수성 검사방법, ④는 장티푸스 검사방법, ⑤는 홍역, 유행성이하선염, 풍진 등에 대한 예방주사이다.

112 정답 ③

저출생, 저사망률은 제3단계 후기확장기로 인구성장둔화형으로 우리나라가 이에 속한다.

C.P.Blacker의 분류
- 제1단계 고위정지기 : 인구정지형(후진국형 인구)
- 제2단계 초기확장기 : 인구증가형(경제개발초기단계 국가의 인구)
- 제3단계 후기확장기 : 인구성장둔화형(우리나라, 중앙 아메리카 등)
- 제4단계 저위정지기 : 인구증가정지형(이탈리아 등)
- 제5단계 감퇴기 : 인구감소형(북유럽, 북아메리카 등)

113 정답 ③

순재생산율이란 어머니의 사망을 고려한 것으로 총재생산율에 모성까지 생존을 곱한 율로 1.0은 인구정지, 1.0 이상은 인구증가, 1.0 이하는 인구감소를 의미한다.

114 　　　　　　　　　　정답 ②

순재생산율이 1.0이면 인구정지형이므로 인구구조유형으로 보면 종형에 해당한다.

인구구조유형
- **피라미드형** : 다산다사형
- **종형** : 저출생, 저사망의 선진국형
- **항아리형** : 출생률이 사망률보다 낮음, 인구감퇴형
- **별형** : 생산연령층 인구가 많이 유입, 도시형
- **호로형** : 노인인구 많음, 농촌형

115 　　　　　　　　　　정답 ③

진료비 지불제도
- **인두제** : 의료인이 맡고 있는 일정지역의 주민수에 일정금액을 곱하여 지급하는 제도
- **봉급제** : 기본급을 지불하는 제도
- **포괄수가제** : DRG(질병군별) 제도로 위 지문 참조
- **행위별수가제(점수제)** : 동일한 질병이라도 의료인의 행위에 따라 수가가 다르게 지급되는 제도
- **총액계약제** : 보험자와 의사단체가 미리 총액을 정해 놓고 치료하는 제도
- **굴신제** : 부유한 사람에게는 많이 받고, 가난한 사람에게는 경감해 주는 제도

116 　　　　　　　　　　정답 ⑤

보건소, 보건지소, 보건진료소 설치
- **보건소** : 시·군·구에 설치한다.
- **보건지소** : 읍·면에 설치한다.
- **보건진료소** : 리·동에 설치한다.

117 　　　　　　　　　　정답 ④

학교보건은 교육부에서 담당한다.

118 　　　　　　　　　　④

보건교육 중 가장 능률적이며 간접효과가 큰 것은 학교보건교육이다. 그 중에서도 초등학교 학생을 상대로 하는 학교보건교육이 효과가 크다.

119 　　　　　　　　　　정답 ③

저소득층이나 노인층에 가장 적합한 보건교육방법은 개인접촉방법이며, 개인접촉방법 중 가정방문은 저소득층·노인층에 유용하다.

120 　　　　　　　　　　정답 ②

이산화탄소(CO_2)는 실내공기의 오염지표로 사용되며 교실의 허용농도는 0.1%(1000ppm)이다.

121 　　　　　　　　　　정답 ②

상대정화구역은 학교경계선으로부터 200m까지의 구역 중 절대정화구역을 제외한 지역으로 한다.

122 　　　　　　　　　　정답 ⑤

⑤는 대푯값에 대한 설명이다. 도수분포란 각 급에 해당하는 도표의 계열을 말한다.

123 　　　　　　　　　　정답 ④

④는 표준편차에 대한 설명이다. 평균편차란 측정치들과 평균치와의 편차에 대한 절댓값의 평균을 말한다.

124 　　　　　　　　　　정답 ②

변이계수란 표준편차 S를 산술평균 X로 나눈 값이다.

125 　　　　　　　　　　정답 ⑤

조산아란 임신 28주~38주 사이에 태어난 2.5kg 이하의 신생아로 조산아 4대 관리원칙은 체온관리, 영양관리, 호흡관리, 감염방지 등이다.

126 정답 ①

평균수명은 0세의 평균여명을 말한다.

127 정답 ④

알파지수가 1에 가까워질수록 보건수준이 높아 사망률이 낮으므로 예방대책 수립이 시급한 경우가 아니다. 오히려 알파지수가 1보다 점점 커질수록 예방대책의 수립이 필요하다.

128 정답 ③

성비의 계산은 여자에 대한 남자의 비이므로 사망성비 = (남자사망수/ 여자사망수) × 100이다.

129 정답 ⑤

전체 인구 중 65세 이상의 노인인구가 7~14%인 경우 고령화사회, 14% 이상이면 고령사회, 20% 이상이면 초고령사회라 한다.

130 정답 ①

표시방법
- **백분율** : 치명률, 동태지수, 부양비, 비례사망지수
- **천분율** : 출생률, 발병률, 유병률, 이환율 등

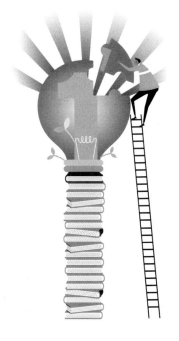

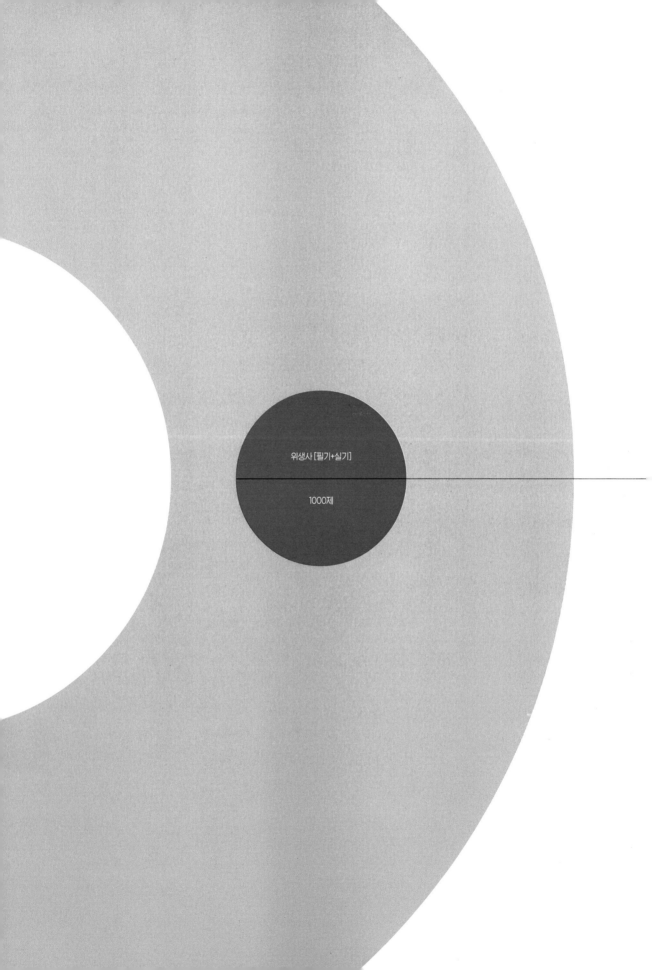

위생사 [실기]
정답 및 해설

SANITARIAN

1과목 환경위생학 [실기]

001	②	002	②	003	③	004	③	005	①
006	⑤	007	①	008	①	009	②	010	②
011	①	012	①	013	①	014	①	015	③
016	③	017	②	018	②	019	②	020	①
021	④	022	⑤	023	⑤	024	②	025	④
026	②	027	①	028	②	029	①	030	③
031	③	032	①	033	④	034	⑤	035	③
036	④	037	④	038	④	039	①	040	①
041	③	042	②	043	③	044	①	045	①
046	②	047	①	048	①	049	②		

001 　　　　　　　　　　정답 ②

ⓒ은 성층권(지상 11~50km)으로 오존은 25~30km에서 최대밀도가 되는데 이 층을 오존층이라고 한다.

002 　　　　　　　　　　정답 ②

아스만 통풍 온습도계는 기온과 기습을 동시에 측정할 수 있으며, 건·습구의 두 가지 온도계가 부속되어 있다. 통풍이 시작된지 5분 정도 지날 때의 눈금이 가장 정확하다.

003 　　　　　　　　　　정답 ③

풍차 풍속계는 기류에 따른 풍차의 회전수에 의해 풍속을 측

정하는 것으로 작은 풍속의 측정, 실외기류 측정에 주로 이용된다.

004 　　　　　　　　　　정답 ③

카타 온도계의 눈금은 최상눈금 100°F, 최하눈금 95°F로 풍속이 약하고 풍향이 일정하지 않은 실내기류 측정에 사용된다.

005 　　　　　　　　　　정답 ①

흑구 온도계는 구부에 검게 칠한 동판으로 되어 있으며, 복사열 측정 온도계로 사용된다.

006 　　　　　　　　　　정답 ⑤

감각온도는 피복, 계절, 성별, 연령별, 기타 조건에 따라 변화하는데 온도, 습도, 기류의 3가지 인자에 의해 이루어진다.

007 　　　　　　　　　　정답 ①

> **불쾌지수 공식**
> $DI = (건구온도 + 습구온도)℃ × 0.72 + 40.6$
> $DI = (건구온도 + 습구온도)℃ × 0.4 + 15$

008 　　　　　　　　　　정답 ①

- 태양이 있는 실외 $WBGT = 0.7NWB + 0.2GT + 0.1DB$
- 실내 또는 태양이 없는 실외 $WBGT = 0.7NWB + 0.3GT$

009 　　　　　　　　　　정답 ②

- 자외선의 파장범위 : 2,000~4,000Å
- 살균력이 강한 선 : 2,400~2,800Å

010 정답 ②

가시광선의 파장은 4,000~7,800Å 정도로 명암을 구분할 수 있는 파장을 말한다.

011 정답 ①

광전지 조도계는 아황산동이나 셀렌이 광전지에 의해 빛을 전류로 바꾸어 조도를 측정하는 조도계로 0.1룩스 이하의 낮은 조도는 측정할 수 없고 조도가 불규칙하다는 단점을 가진다.

012 정답 ①

대류권에서는 평균 기온감률이 0.65℃/100m로서 하층에서 상공으로 올라갈수록 기온이 감소하는 것이 보통이다.

013 정답 ①

ⓒ은 알데히드, ⓒ은 NO_2, ⓔ은 O_3의 곡선이다.

014 정답 ①

복사역전(접지역전)은 복사냉각이 심하게 일어나는 때는 지표에 접한 공기가 상공의 공기에 비해 더 차가워져서(낮아져서) 발생하는 기온역전현상을 말한다.

015 정답 ③

다운드래프트현상이란 오염물질을 배출하는 굴뚝의 풍상측에 굴뚝의 높이에 비교할 만한 건물이 있으면 건물 때문에 난류가 발생하는데 이 난류로 인해 플룸이 풍상측 건물 후면으로 흐르게 되는 현상을 말하는데 이의 방지를 위해 굴뚝의 높이를 주위 건물의 약 2.5배 이상이 되게 한다.

016 정답 ③

다운워시현상이란 굴뚝의 수직 배출속도에 비해 굴뚝높이에서의 평균풍속이 크면 플룸이 굴뚝 아래로 흩날리는 현상을 말하는데 이의 방지를 위해서는 수직 배출속도를 굴뚝높이에서 부는 풍속의 2배 이상이 되게 한다.

017 정답 ②

굴뚝의 유효높이(He)=실제굴뚝높이(Hs)+연기의 상승고(△H) (연기의 중심선 기준)

018 정답 ①

온실효과란 대기 중에 있는 잔류기체가 적외선을 흡수하여 지구의 온도가 높아지는 현상을 말하는데, 온실효과에 기여 순서는 CO_2(66%)>CH_4(15%)>N_2O, CFC, O_3 순이다.

019 정답 ②

〈보기〉의 설명은 성층현상에 대한 내용이며, 전도현상이란 호수에서 봄·가을에 물의 온도변화로 밀도차가 발생하여 수직운동이 가속화되는 현상을 말한다.

020 정답 ①

미생물 생장단계는 유도기 → 대수기(대수성장기) → 정지기(감소성장단계) → 사멸기(내호흡단계)이다.

021 정답 ④

ⓔ 단계는 사멸기로 미생물의 내호흡단계이다. 하·폐수처리에는 내호흡단계의 미생물을 이용한다.

022 정답 ⑤

활성슬러지법은 활성오니법이라고도 하는데 주로 1차 처리된 하·폐수를 2차 처리하기 위하여 채택하는 것으로서 스크린 → 침사지 → 1차 침전지 → 폭기조 → 2차 침전지 → 소독 → 방류 순으로 이루어진다.

023 정답 ⑤

호기성처리방법에는 활성슬러지법, 살수여상법, 산화지법, 회전원판법 등이 있으며, 혐기성처리방법으로는 혐기성 소화, 임호프탱크, 부패조 등이 있다.

024 　　　　정답 ②

분뇨정화조의 구조

부패조	부유물은 스컴이 되고 고형물은 침전되어 슬러지가 된다.
예비 여과조	돌을 쌓아 올린 것으로 밑으로부터 흘러들어오는 오수는 돌 틈을 통과시켜 여과
산화조	거칠은 돌로 쌓여 있는 호기성 균의 증식으로 산화작용이 이루어지도록 한 장치
소독조	염소, 표백분 등으로 소독하여 방류함

025 　　　　정답 ④

폐기물처리 계통도는 일반적으로 발생원 → 쓰레기통 → 손수레 → 적환장 → 차량 → 최종처리(매립) 순으로 이루어진다.

026 　　　　정답 ②

복토란 흙을 덮는 것을 말하는데 일일복토는 15cm, 중간복토는 30cm, 최종복토는 60cm 정도로 한다.

027 　　　　정답 ①

레이노드병이란 평상시 따뜻한 환경에서는 문제가 없으나 차가운 환경에 노출되면 손가락 혹은 발가락이 창백해지면서 심한 통증이 생기고 심한 경우는 손가락, 발가락의 일부가 썩게 되는 경우를 말한다. 직업적으로는 손의 진동이 지속적으로 유발되는 작업환경에 장기간 노출된 경우에 주로 유발된다.

028 　　　　정답 ②

흡광광도법이란 광원으로부터 나오는 빛을 단색화장치 또는 필터에 의하여 좁은 파장 범위의 빛만을 선택하여 적당히 발색시킨 시료 용액층을 통과시킨 다음 광전측광으로 흡광도를 측정하여 목적성분의 농도를 정량하는 방법으로 장치구성은 광원부 → 파장선택부 → 시료부 → 측광부 순으로 이루어진다.

029 　　　　정답 ①

비산먼지 측정을 위한 시료채취의 경우 조업이 중단된 경우는 할 수 없다. 그러므로 대상 발생원의 조업이 계속적으로 이루어지고 있다면 시료채취를 할 수 있다.

030 　　　　정답 ③

링겔만 매연농도에서 1도 증가할 때마다 매연이 20%씩 태양을 차단한다는 뜻이다.

031 　　　　정답 ③

시료채취 시 악취물질은 짧은 시간 내에 하고, 입자상물질과 발암물질은 장시간 채취한다.

032 　　　　정답 ①

벤튜리미터는 긴 관의 일부로서 단면이 작은 목 부분과 점점 축소, 점점 확대되는 단면을 가진 관으로 수두의 차에 의해 직접적으로 관수로의 유량을 계산할 수 있다.

033 　　　　정답 ④

시료채취 시 채수병은 무색경질 유리병이나 폴리에틸렌병 등이 사용된다. 무색경질 유리병은 무색 투명하여 시료 관찰이 쉬우나 시료의 변질이 비교적 쉽고, 폴리에틸렌병은 가볍고 내약품성이 우수해 주로 사용한다. 노말헥산추출물질, 페놀유, 유기인, PCB 등이 포함된 시료 채취 시에는 반드시 유리병을 사용해야 한다.

034 　　　　정답 ⑤

시료를 채우기 전에 시료로 3회 이상 씻은 다음 사용한다.

035 　　　　정답 ③

각각 등분한 지점의 수면으로부터 수심이 2m 미만일 때에는 수심의 1/3 위치에서 채수한다.

036 정답 ④

하천수 시료의 보관
- 온도, 수소이온농도, 용존산소(전극법) : 즉시 측정
- 부유물질 : 4℃, 7일간 보관
- 대장균군 : 4℃, 6시간 보관

037 정답 ④

DO측정에 관계하는 약품으로는 $Na_2S_2O_3$, $MnSO_4$, $NaOH-KI-NaN_3$, H_2SO_4 등이 있다.

038 정답 ④

시료의 전처리 방법
- **잔류염소를 함유한 시료** : 아황산나트륨($NaSO_3$) 용액을 적정하여 제거한다.
- **산성 또는 알칼리성 시료** : 4% 수산화나트륨용액 또는 염산으로 시료를 중화한다.

039 정답 ①

임계점이란 용존산소가 가장 부족한 지점을 말하며, 변곡점이란 산소의 복귀율이 가장 큰 지점을 말한다.

040 정답 ①

광전지가 있다는 것이 조도계의 특징이다.

041 정답 ③

ⓐ은 고도가 올라가도 기온이 변화하지 않는 상태이다.

042 정답 ②

위 그림은 소음측정기구(소음계)로 마이크로폰은 주소음원 방향으로 하며 측정자의 몸으로부터 50cm 이상 떨어져야 한다.

043 정답 ③

용액의 액성을 알아내기 위해서 수소이온농도 즉, pH를 결정하는 방법에 이용하는 약품은 지시약이다.

044 정답 ①

부유물질이란 0.1μm 이상의 크기를 말한다.

045 정답 ①

- ㉠~㉡ : 결합잔류염소가 형성되는 지점
- ㉡~㉢ : 결합잔류염소가 파괴되는 지점
- ㉢ : 불연속점(파괴점)
- ㉢~㉣ : 유리잔류염소가 형성되는 지점

046 정답 ②

- **수돗물** : 3분 방류 후 채수한다.
- **우물물** : 우물물의 중간 깊이에서 채수한다.

047 정답 ①

색도는 5도를 넘지 아니하여야 한다.

048 정답 ①

상수의 정수처리계통도
- **취수** : 수원에서 필요한 수량만큼 모으는 것
- **도수** : 수원에서 정수장까지 도수로를 통해 공급하는 것
- **정수** : 수질을 요구하는 정도로 깨끗하게 하는 것
- **송수** : 정수한 물을 배수지까지 보내는 것
- **배수** : 정수한 물을 배수관을 통해 급수지역에 보내는 것

049 정답 ②

우물의 방수벽은 최소한 3m 이상, 우물은 오염원보다 지반이 높고 20m 이상 떨어져 있어야 한다.

정답
및
해설

2과목

식품위생학 [실기]
정답 및 해설

▌2과목 식품위생학 [실기]

001	②	002	②	003	⑤	004	②	005	②
006	④	007	③	008	②	009	③	010	③
011	②	012	⑤	013	②	014	③	015	④
016	①	017	③	018	④	019	①	020	③
021	①	022	④	023	④	024	①	025	②
026	③	027	④	028	②	029	③	030	④
031	①	032	⑤	033	②	034	⑤	035	①
036	②	037	③	038	②	039	①	040	②
041	③	042	④	043	④	044	②	045	④
046	③	047	④							

001 　　　　　　　　　정답 ②

식품저장고에 동물사육은 금하여야 한다.

002 　　　　　　　　　정답 ②

냉장고는 응축기의 방열을 방해하지 않도록 벽면과 10cm 정도 떨어진 위치에 설치하여야 한다.

003 　　　　　　　　　정답 ⑤

냉장고 식품저장방법

냉동실	육류의 냉동보관, 건조한 김 등
냉장실	• 0~3℃ : 육류, 어류 • 5℃ : 유지가공품 • 7~10℃ : 과채류

004 　　　　　　　　　정답 ②

위장장애자, 화농성질환자, 소화기계 감염병환자 등은 식품 취급 및 조리를 금한다.

005 　　　　　　　　　정답 ②

가열살균법은 미생물의 사멸과 효소의 파괴를 위하여 100℃ 정도로 가열하여 보관하며, 건조 · 탈수법은 수분 함량이 15% 이하가 되도록 보관한다.

006 　　　　　　　　　정답 ④

산화방지제로는 디부틸히드록시톨루엔(BHT), 부틸히드록 시아니졸(BHA), 몰식자산프로필, DL$-\alpha-$토코페롤 등이 있다. 프로피온산나트륨은 빵, 생과자 등에 사용되는 보존료 (방부제)이다.

007 　　　　　　　　　정답 ③

방부제(보존료)로는 데히드로초산(DHA), 안식향산나트륨, 프로피온산나트륨, 프로피온산칼슘 등이 있다.

008 　　　　　　　　　정답 ②

식염첨가법은 10% 이상의 식염으로 저장하며, 설탕첨가법 은 50% 이상의 설탕으로 저장하는 방법이다.

009 　　　　　　　　　정답 ③

난황계수가 0.3~0.4 이상이어야 신선한 계란이다.

- 난황계수 = 난황의 높이/난황의 지름
- 난백계수 = 농후 난백의 높이/(난백의 최장경 + 난백의 최단경)

010 정답 ③

어류의 신선도 감별방법
- 눈의 빛깔이 청정하여 아가미의 색이 선홍색이고 입의 상태는 다물어져 있어야 한다.
- 육질은 탄력이 있고 비늘 상태가 광택이 있어야 한다.
- pH는 5.5 전후의 것이 좋다.

011 정답 ②

어패류의 육질은 알칼리성에 가깝다. 어패류는 육류보다 쉽게 상하기 때문에 항상 신선한 것을 선택해야 한다.

012 정답 ⑤

MO: 원료, Y: 조리방법, M: 크기, 08: 제조연도(2008년), D: 제조월(December, 12월), 17: 제조일자(17일)

013 정답 ②

①은 저온균, ③은 고온균이다.

014 정답 ③

㉠은 편모, ㉡은 세포벽, ㉢은 원형질막, ㉣은 아포 ㉤은 세포질이다.

015 정답 ④

주모균은 균체의 주위에 많은 편모가 분포되어 있는 균을 말한다.

편모의 형태에 따른 세균의 분류

무모균		• 편모가 없는 균 • 포도상구균, 세균성이질
단모균		• 편모가 1개 나있는 균 • 장염비브리오균, 비브리오콜레라균
양모균		균체 양 끝에 각각 1개씩 편모를 가진 균
속모균		균체 한 끝에 다수의 편모가 있는 균
주모균		• 균체의 주위에 많은 편모가 분포되어 있는 균 • 살모넬라균, 병원성대장균, 아리조나균, 보툴리누스균, 장티푸스균

016 정답 ①

연쇄상구균		여러 개의 균이 일렬로 늘어선 형태
쌍구균		균이 2개씩 떨어진 형태
사연구균		4개의 균이 정방형으로 배열된 형태
팔연구균		사연구균 2개가 붙어 있는 형태
포도상구균		포도모양의 불규칙한 배열을 한 형태

017 정답 ③

위 그림은 간균이다. 간균은 살모넬라균, 장염비브리오균, 아리조나균, 보툴리누스균, 세균성이질, 이질아메바균, 장티푸스균, 파상풍균 등이 있다. 포도상구균은 간균이 아니라 구균이다.

018 　　　　　정답 ④

포도상구균은 그람양성 세균이다.

그람양성	• 염색한 세균을 알코올 같은 탈색제로 탈색하여도 색이 머물러 있는 세균 즉, 염색이 되는 것 • 포도상구균, 보툴리누스균
그람음성	• 알코올에 의해 완전 탈색되는 것 • 살모넬라균, 장염비브리오균, 세균성이질균, 장티푸스균, 파상풍균, 병원성대장균

019 　　　　　정답 ①

장염비브리오균은 단모균이며 나머지는 주모균이다.

020 　　　　　정답 ③

폐렴균은 세균세포의 외측에 다당류로 이루어진 협막을 형성한다.

021 　　　　　정답 ①

살모넬라 식중독은 익히지 않은 육류나 계란을 먹었을 때 감염될 수 있는데, 음식물 섭취 후 8~24시간이 지난 뒤 급성장염을 일으켜 발열, 복통, 설사 등의 증상을 나타내는 세균으로 발병한 환자는 3일 이내에 증세가 가벼워진 뒤 회복되므로 치사율은 낮은 것으로 알려졌다.

022 　　　　　정답 ④

포자형성 유무에 따른 세균의 분류
• 무아포성 : 병원성대장균, 포도상구균
• 아포형성 : 웰치균, 보툴리누스균, 파상풍균

023 　　　　　정답 ④

살모넬라에 속하는 균들은 수많은 종류가 있는데 종류에 따라 생기는 질병이 다르다. 살모넬라균이 일으키는 대표적인 질병이 장티푸스다.

024 　　　　　정답 ①

포도상구균은 그람양성, 구균, 무아포성, 무편모 균으로 장독소인 Enterotoxin을 생성하며 원인균은 Staphylococcus aureus이다.

025 　　　　　정답 ②

장염비브리오 식중독은 그람음성, 간균, 단모균, 무포자균이며 원인균은 Vibrio parahaemolyticus이며 원인식품은 어패류 · 도시락 등의 복합조리식품이다.

026 　　　　　정답 ③

보툴리누스 식중독 원인균은 Clostridium botulinum이다.

027 　　　　　정답 ④

유해금속에 의한 식중독
• 수은 : 미나마타병의 원인물질로 시력감퇴, 말초신경마비, 보행곤란 등 신경장애 증상을 일으킨다.
• 카드뮴 : 이타이이타이병을 유발한다.
• 납 : 통조림의 납땜, 법랑제품 등의 유약성분으로 쓰이는 물질로 빈혈을 유발한다.

028 　　　　　정답 ②

Rhodamin은 착색료이다.

029 　　　　　정답 ③

청매의 독성분은 아미그달린이며, 고시풀은 면실류의 독성분이다.

030 　　　　　정답 ④

①은 복어독, ②는 모시조개 · 바지락 · 굴 독소, ③, ⑤는 대합조개 · 홍합 · 섭조개독이다. ④는 곰팡이 대사물질이다.

031   정답 ①

아플라톡신(Aflatoxin)은 간장, 된장을 담글 때 발생하는 독성분으로서 간암을 유발시킨다.

032   정답 ⑤

Ergotamin은 맥각독이다.

033   정답 ②

①, ⑤는 세균, ③, ④는 바이러스에 의한 감염질환이다.

034   정답 ⑤

인축공통감염병
- **결핵** : 결핵균에 오염된 우유로 감염
- **탄저병** : 털에 묻어 있는 아포의 흡입으로 감염
- **파상열** : 소, 염소, 양, 돼지의 동물에게 유산을 일으키고, 사람에게 고열을 유발
- **야토병** : 산토끼의 박피로 감염
- **돈단독** : 종창, 관절염, 패혈증 등을 유발
- **리스테리아** : 패혈증, 내척수막염, 임산부의 자궁내막염 등 유발

035   정답 ①

회충은 장내 군거생활을 하며 인체에 감염 후 75일이면 성충이 되어 산란하게 되는데 소장에 정착하여 생활한다.

036   정답 ②

요충은 경구침입을 하며 항문주위에서 산란하는데 자가감염의 대표적 기생충으로 스카치테이프 도말법을 이용하여 검사한다.

채소류로부터 감염되는 기생충 질환(선충류)
- 회충
- 요충
- 구충(십이지장충, 아메리카구충)
- 편충
- 동양모양선충

037   정답 ③

경피감염을 하는 기생충은 십이지장충(구충, 아메리카구충)이다. 그러므로 인분을 사용한 채소밭에서는 피부를 보호하여야 한다.
① 회충, ② 요충, ④ 편충 암컷, ⑤ 편충 수컷이다.

038   정답 ④

편충은 말채찍 모양을 하고 있으며, 주로 맹장 또는 대장에 기생한다.

039   정답 ①

간디스토마(간흡충)의 제1중간숙주는 왜우렁이, 제2중간숙주는 민물고기(붕어·잉어·모래무지)이다.

040   정답 ②

①은 간디스토마, ③은 광절열두조충, ④는 아니사키스, ⑤는 무구조충의 제1중간숙주이다.

041   정답 ③

그림은 갈고리촌충(유구조충)으로 중간숙주는 돼지이다.

042   정답 ③

위 그림은 람블편모충으로 십이지장, 담낭에 기생한다.

043   정답 ④

위 그림은 곰팡이 중 Penicillium속이다. ④는 Aspergillus속의 특징이다.

Penicilium
- 빗자루 모양의 분생자 자루를 가진 곰팡이
- 페니실린이라는 항생물질을 잘 생성함
- 콜로니가 푸른색을 띄기 때문에 이름 붙여짐
- 곡류를 비롯한 광범위한 식품의 부패균으로 존재함

044 정답 ②

미생물의 생장곡선에서 대사산물의 분비가 최대인 시기는 대수기(증식기)이다.

045 정답 ④

초기부패 판정
- **관능검사** : 냄새, 맛, 외관, 색깔, 조직의 변화상태
- **물리적 판정** : 경도, 점성, 탄성
- **화학적 판정** : 암모니아, 트리메틸아민, 유기산, 질소가스 등
- **미생물학적 판정** : 식품 1g당 세균수가 108 이상일 때

046 정답 ③

페트리접시(Petri dish)는 세균 배양용의 뚜껑이 있는 얕은 유리 또는 플라스틱으로 만든 투명한 접시로 미생물 실험에 이용되는 기구이다.

047 정답 ④

방사선 멸균법이란 방사선 동위원소에서 나오는 방사선을 이용한 저온살균법이다. 살균력이 강한 순서는 γ선＞β선＞α선 순이다.

3과목
위생곤충학
[실기]
정답 및 해설

3과목 위생곤충학 [실기]

001	④	002	③	003	②	004	④	005	②
006	③	007	③	008	①	009	③	010	③
011	④	012	③	013	①	014	⑤	015	③
016	④	017	④	018	①	019	③	020	①
021	①	022	②	023	⑤	024	①	025	②
026	③	027	③	028	③	029	③	030	⑤
031	②	032	①	033	④	034	①	035	④
036	③	037	③	038	②	039	③	040	②
041	①	042	②	043	③	044	④	045	③
046	③	047	①	048	①	049	②	050	①

001 정답 ④

기저막은 진피와 표피 사이에 경계를 이루고 있는 층이며 진피세포의 분비로 형성된다. ㉠은 외표피, ㉡은 표피층, ㉢은 진피층, ㉣은 기저막이다.

002 정답 ③

시각의 보조역할을 하는 것은 ㉢ 단안(홑눈)인데 비교적 빈약하며 영상보다는 움직임에 더 예민하다. 참고로 시각을 주로 담당하는 것은 ㉣ 복안(겹눈)이다. ㉠은 복안선, ㉡은 두정 ㉤은 촉각이다.

003 　　　　　정답 ②

ⓒ 대악은 단단한 구조로 되어 있으며 수평으로 움직이면서 식품을 물어 뜯거나 씹도록 되어 있다. ⊙은 상순, ⓒ은 두순, ⓔ은 볼, ⓜ은 촉수이다.

004 　　　　　정답 ④

바퀴의 두부는 역삼각형으로 작고, 수직으로 위치하고 있다. 발달한 Y자형의 두 개선이 있다. 촉각은 길고 편상이며, 다수절로 100절 이상인 경우가 많다. 1쌍의 복안은 대형이고 단안은 1쌍이다. 구기는 전형적인 저작형이다.

005 　　　　　정답 ②

①은 장각아목(모기), ②는 단각아목(등에), ③은 환봉아목(집파리), ④는 편상(바퀴), ⑤는 사상(노린재)이다.

006 　　　　　정답 ③

ⓒ은 위로서 섭취한 먹이를 소화시키는 장소가 된다.

007 　　　　　정답 ③

타액선은 입 안에 존재하는 것으로 흡혈성 곤충의 경우 항응혈성 물질을 함유하고 있어 혈액의 응고를 방지하는 역할을 한다.

008 　　　　　정답 ①

베레제기관은 빈대만이 가지고 있는 기관으로 암컷 빈대가 정자를 일시 보관하는 장소이다.

009 　　　　　정답 ③

곤충의 암컷 생식기관 중 ⓒ의 수정낭은 정자를 보관하는 장소이다. ⊙은 난소소관, ⓒ은 수정낭선, ⓔ은 질, ⓜ은 주수란관이다.

010 　　　　　정답 ③

ⓒ의 저장낭은 수정관의 일부가 팽대되어 사정할 때까지 정자를 보관하는 기관이다. ⊙은 정자소관, ⓒ은 수정관, ⓔ은 사정관, ⓜ은 음경이다.

011 　　　　　정답 ④

번데기의 과정을 거치므로 완전변태 곤충을 의미하며, 모기, 파리, 벼룩, 나방, 등에 등이 있다.

012 　　　　　정답 ③

위 〈보기〉의 발육단계는 번데기 과정을 거치지 않으므로 불완전변태 곤충을 의미한다. 불완전변태를 하는 곤충으로는 이, 바퀴, 빈대, 진드기 등이 있다.

013 　　　　　정답 ①

곤충의 발육과정
- **부화** : 알에서 유충으로 깨고 나오는 것을 말한다.
- **탈피** : 낡은 외피를 벗고 새로운 외피를 만드는 과정을 말한다. 유충에서 번데기까지 2회 이상 탈피한다.
- **우화** : 번데기가 성충을 탈피하는 것을 말한다.

014 　　　　　정답 ⑤

바퀴 수컷의 날개형태
- **복부전체를 덮음** : 독일바퀴, 먹바퀴, 집바퀴
- **복부와 같음** : 이질바퀴

015 　　　　　정답 ③

바퀴의 날개형태

구분	수컷	암컷
독일바퀴	복부 전체를 덮음	복수선만 약간 노출
이질바퀴	복부와 같음	복부보다 길음

정답 및 해설

먹바퀴	복부 전체를 덮음	복부 전체를 덮음
집바퀴	복부 전체를 덮음	복부 반만 덮음

016 정답 ④

야간활동성 모기로는 집모기 · 학질모기 · 늪모기가 있고, 주간활동성 모기로는 숲모기가 있다.

017 정답 ④

모기가 숙주의 피를 흡혈할 때 숙주로부터 가장 먼 거리에서 숙주를 찾을 수 있는 것은 체취이다. 1차적으로 탄산가스, 2차적으로 시각 · 체온 · 습기 등이다.

010 정답 ①

암모기가 숫모기를 찾아올 수 있는 요인은 숫모기 날개의 움직임에서 오는 음파장 즉 모깃소리가 종 특이성이어서 같은 종의 모깃소리를 식별할 수 있기 때문이다.

019 정답 ③

모기의 생활사
• 번데기에서 성충이 되는 발육과정을 우화라 한다.
• 유충은 기문을 통해 대기 중의 산소를 호흡한다.
• 산란방식 : 중국얼룩날개모기속은 물 표면에 1개씩, 집모기속은 물 표면에 난괴형성, 숲모기속은 물 밖에 1개씩 놓는다.

020 정답 ①

중국얼룩날개모기는 학질모기라고도 하는데 휴식시 $45 \sim 90°$의 각도를 유지한다.

021 정답 ①

중국얼룩날개모기의 특징
• 학질모기라고도 하는데 말라리아를 매개하는 모기이다.
• 중국얼룩날개모기는 호흡관이 없기 때문에 장상모가 있어 몸을 수평으로 유지하여 떠 있게 한다.
• 중국얼룩날개모기의 알은 부낭을 가지고 있다.

022 정답 ②

모기매개질병
• 중국얼룩날개모기(학질모기) : 말라리아
• 작은빨간집모기(뇌염모기) : 일본뇌염
• 토고숲모기 : 사상충
• 에집트숲모기 : 황열병, 뎅기열, 뎅기출혈열

023 정답 ⑤

ⓐ은 유영편으로 종 분류에 사용되는 수 개의 유영편모를 갖고 있다. ㉠은 호흡각으로 모기속 분류의 특징으로 사용된다. ㉡은 촉각, ㉢은 눈, ㉣은 날개이다.

024 정답 ①

중국얼룩날개모기의 유충은 수면에 평형으로 복면을 대고 휴식한다.

025 정답 ②

작은빨간집모기
• 알 : 여러 개의 알을 서로 맞붙어서 낳아 난괴를 형성한다.
• 유충 : 호흡관을 수면에 대고 $45 \sim 90°$각도를 갖고 매달려 휴식한다.
• 성충 : 수면을 기준으로 수평으로 휴식을 한다.

026   정답 ③

등에의 날개에는 회색 내지 갈색의 띠나 무늬가 있어 종 분류의 특징이 되고 있다.

027   정답 ②

작은빨간집모기의 유충은 호흡관을 수면에 대고 $45 \sim 90°$ 각도를 갖고 매달려 휴식한다.

028   정답 ①

등에 촉각의 형태는 속 분류의 중요한 특징이 되며, 등에의 날개는 종 분류의 특징이 된다.

029   정답 ③

집파리는 점액질로 덮여 있는 욕반에 부착시켜서 옮긴다.

030   정답 ⑤

ⓒ의 순판은 의기관이라 불리는 30개의 작은 관상의 홈이 있어 먹이를 식도로 옮기는 통로 구실을 한다. ㉠은 촉각, ㉡은 소악수, ㉢은 하인두, ㉣은 하순이다.

031   정답 ②

위 〈보기〉의 내용은 체체파리에 대한 설명이며, 체체파리는 아프리카수면병을 전파한다.

032   정답 ①

빈대의 암컷은 제4복판에 각질로 된 홈이 있어서 교미공을 형성하는데 그 속에는 정자를 일시 보관하는 장소인 베레제 기관이 있다.

033   정답 ④

벼룩의 소악은 날카로운 구조를 하고 있으나 피부를 뚫는데 사용되지 않고 숙주의 털을 가르며 빠져나가는 데 쓰인다. ㉠은 눈, ㉡은 협즐치, ㉢은 소악촉수, ㉣은 상순이다.

034   정답 ①

흡수형은 밀크·시럽·농 등 엷은 막의 액체를 흡수할 때는 순판의 의기관 면만을 사용한다.

035   정답 ④

집파리 순판과 전구치 유형

흡수결   겹결   긁는결   직접섭취결

036   정답 ③

독나방 유충의 유방돌기에 밀생하고 있는 독모는 평균 $100 \mu m$ 미세한 털로 하단부가 가늘며 뾰족하고 다른 한쪽은 굵다. 이는 독나방의 특이한 습성으로 어느 시기에나 독모를 가지고 있어 피부에 접촉하면 피부염을 일으킨다.

037   정답 ③

참진드기의 매개질병은 라임병, Q열, 진드기매개 뇌염, 진드기매개 티푸스(록키산홍반열) 등이며, 진드기매개 재귀열은 물렁진드기(공주진드기)가 매개하는 질병이다.

038   정답 ③

등줄쥐란 들쥐의 일종으로 검은줄이 머리 위부터 꼬리 밑까지 있고 복면이 회백색이며, 전국적으로 가장 많이 차지하고 있다.

039   정답 ③

- **시궁쥐** : 꼬리길이가 두동장보다 짧거나 같다.
- **등줄쥐** : 꼬리길이가 두동장보다 언제나 짧다.
- **생쥐** : 꼬리길이와 두동장이 비슷하다.
- **곰쥐** : 꼬리길이가 두동장보다 길다.

040 정답 ②

진드기 유충의 형태

참진드기 물렁진드기 털진드기

041 정답 ①

가열연무작업시에는 분사구(노즐)는 풍향쪽으로 30~40°로 하향 고정한다.

042 정답 ②

잔류분무 살포방법
• 살포하는 방향은 위에서 아래로, 다음에는 아래에서 위로 5cm를 겹치게 살포한다.
• 노즐과 벽면거리는 항상 46cm 정도를 유지한다.
• 희석액이 벽면에 40cc/㎡이 되도록 살포한다.
• 살포속도는 2.6m/6sec 정도로 한다.

043 정답 ③

살충제 입자의 크기는 에어로솔은 $30\mu m$ 이하, 가열연무 미립자는 $5\sim15\mu m$, 극미량연무는 $5\sim50\mu m$, 미스트는 $50\sim100\mu m$, 잔류분무는 $100\sim400\mu m$ 정도이다.

044 정답 ④

잔류분무는 살충제 희석액을 $100\sim400\mu m$의 큰 입자로 분사하는 것으로 효과가 오래 지속되는 약제를 표면에 뿌려 대상 해충이 접촉할 때마다 치사시키는 방법이다.

045 정답 ③

베레스원추통이란 내부에 전등을 켜 놓으면 진드기, 벼룩 등이 빛과 열을 피해 알코올 병에 떨어지게 되어 채집한다.

046 정답 ③

원추형은 모기유충 등 수서해충 방제 시 적합하며, 다목적으로 사용된다.

047 정답 ①

생물검정시험이란 살충제를 살포할 때 공시곤충을 강제 노출시켜 살충효력을 평가하는 시험이다.

048 정답 ①

대조군의 치사율이 5% 이상이면 약제처리군의 치사율에 이를 반영시켜야 한다. 대조군의 치사율이 20% 이상이면 시험 결과를 버린다.

아보트공식

$$\frac{\text{시험군 치사율(\%)} - \text{대조군 치사율(\%)}}{100 - \text{대조군 치사율(\%)}} \times 100$$

049 정답 ②

생물검정시험용 노출깔대기는 벽에 잔류분무된 살충제의 잔류성 검사목적으로 사용된다.

050 정답 ①

공간살포의 경우 공중이나 지상에서 공간살포할 때 모기, 파리 등의 공시곤충을 소형 모기망에 넣고 시험한다. 노출깔대기는 살충제의 잔류성 검사목적으로 사용되며, 살문등은 추광성 날벌레를 고압전류에 감전시켜 죽이는 것이며, 유문등은 빛에 모여드는 추광성 날벌레를 채집하기 위한 것이며, 끈끈이줄은 긴 종이테이프를 접착물질로 처리하여 파리를 잡는 데 이용된다.